应用型本科院校“十三五”规划教材/数学

Applied Mathematics Basics On Economics Ⅲ: Probability and Statistics

经济应用数学基础（三）

概率统计

主　编　李 允　侯嫚丹

副主编　刘 辉　裴　巍

哈爾濱工業大學出版社
HARBIN INSTITUTE OF TECHNOLOGY PRESS

内容简介

本书为应用型本科院校规划教材，是按照传承与改革的精神，依据国家教育部高等教育司审定的“高等学校财经管理类”专业核心课程《经济数学基础教学大纲》，结合编者多年将数学与经济学相结合的教学实践成果编写而成的.

全书共分为9章，分别为概率论的基本概念、随机变量及其分布、二维随机变量及其分布、随机变量的数字特征、大数定律与中心极限定理、样本分布、参数估计、假设检验和回归分析简介. 每章最后都有应用实例.

本书是应用型本科院校经济管理类各专业学生的推荐教材，也可作为相关专业学生的学习参考书和从事经济管理工作人员的参考书.

图书在版编目(CIP)数据

经济应用数学基础(三)：概率统计/李允，侯嫚丹主编.
—哈尔滨：哈尔滨工业大学出版社，2011.2(2016.12 重印)
应用型本科院校规划教材
ISBN 978-7-5603-3189-8

Ⅰ.①经… Ⅱ.①李… ②侯… Ⅲ.①经济数学-高等学校-教材 ②概率论-高等学校-教材 ③数理统计-高等学校-教材
Ⅳ.①F224.0 ②O21

中国版本图书馆 CIP 数据核字(2011)第 018052 号

策划编辑 赵文斌 杜 燕
责任编辑 刘 瑶
出版发行 哈尔滨工业大学出版社
社 址 哈尔滨市南岗区复华四道街 10 号 邮编 150006
传 真 0451-86414749
网 址 http://hitpress.hit.edu.cn
印 刷 哈尔滨工业大学印刷厂
开 本 787mm×960mm 1/16 印张 13 字数 283 千字
版 次 2011 年 2 月第 1 版 2016 年 12 月第 6 次印刷
书 号 ISBN 978-7-5603-3189-8
定 价 24.80 元

《应用型本科院校“十三五”规划教材》编委会

序

哈尔滨工业大学出版社策划的《应用型本科院校“十三五”规划教材》即将付梓,诚可贺也。

该系列教材卷帙浩繁,凡百余种,涉及众多学科门类,定位准确,内容新颖,体系完整,实用性强,突出实践能力培养。不仅便于教师教学和学生学习,而且满足就业市场对应用型人才的迫切需求。

应用型本科院校的人才培养目标是面对现代社会生产、建设、管理、服务等一线岗位,培养能直接从事实际工作、解决具体问题、维持工作有效运行的高等应用型人才。应用型本科与研究型本科和高职高专院校在人才培养上有着明显的区别,其培养的人才特征是:①就业导向与社会需求高度吻合;②扎实的理论基础和过硬的实践能力紧密结合;③具备良好的人文素质和科学技术素质;④富于面对职业应用的创新精神。因此,应用型本科院校只有着力培养“进入角色快、业务水平高、动手能力强、综合素质好”的人才,才能在激烈的就业市场竞争中站稳脚跟。

目前国内应用型本科院校所采用的教材往往只是对理论性较强的本科院校教材的简单删减,针对性、应用性不够突出,因材施教的目的难以达到。因此亟须既有一定的理论深度又注重实践能力培养的系列教材,以满足应用型本科院校教学目标、培养方向和办学特色的需要。

哈尔滨工业大学出版社出版的《应用型本科院校“十三五”规划教材》,在选题设计思路上认真贯彻教育部关于培养适应地方、区域经济和社会发展需要的“本科应用型高级专门人才”精神,根据前黑龙江省委书记吉炳轩同志提出的关于加强应用型本科院校建设的意见,在应用型本科试点院校成功经验总结的基础上,特邀请黑龙江省9所知名的应用型本科院校的专家、学者联合编写。

本系列教材突出与办学定位、教学目标的一致性和适应性,既严格遵照学科体系的知识构成和教材编写的一般规律，又针对应用型本科人才培养目标及与之相适应的教学特点，精心设计写作体例，科学安排知识内容，围绕应用讲授理论，做到"基础知识够用、实践技能实用、专业理论管用"。同时注意适当融入新理论、新技术、新工艺、新成果，并且制作了与本书配套的PPT多媒体教学课件，形成立体化教材，供教师参考使用。

《应用型本科院校"十三五"规划教材》的编辑出版，是适应"科教兴国"战略对复合型、应用型人才的需求，是推动相对滞后的应用型本科院校教材建设的一种有益尝试，在应用型创新人才培养方面是一件具有开创意义的工作，为应用型人才的培养提供了及时、可靠、坚实的保证。

希望本系列教材在使用过程中，通过编者、作者和读者的共同努力，厚积薄发、推陈出新、细上加细、精益求精，不断丰富、不断完善、不断创新，力争成为同类教材中的精品。

前　　言

《经济应用数学基础》(包括微积分、线性代数和概率统计三部分内容),是财经管理类的核心课程之一,是一门重要的基础课。这门课程不但为将来从事经济管理工作的学生提供一种定量分析的工具,而且对学生逻辑思维的培养与创新思维的开发起着重要作用。

本书是应用型本科院校规划教材之一,按照传承与改革的精神,结合经管类教学的基本要求编写而成的。

随着大众教育时代的到来,应用型本科教学改革大潮的涌动,如何在教学中推行素质教育,如何培养学生的创新意识与创新精神,如何确保教学质量稳步提高,是我们面临的一个新课题,而教材创新正是该课题中的一个核心内容。过去我们往往只注重知识体系完整、传授方法得当、思维训练严谨,但有时学生学完数学,只会解题却不会应用,感到数学无用武之地而束之高阁,而真要用的时候便手足无措,之所以形成这种局面,除了授课时数和教学方法的固有模式的限制之外,现有的教材过于"阳春白雪",缺乏实际应用,因此,我们编写了这套教材,作为一种尝试与探索。

随着现代科学技术和经济领域的重大变革与面临的挑战,业已深刻地影响着数学的发展,促进数学能动地向各个领域纵横渗透,近二三十年的变化显得尤为突出,它以千姿百态的形式活跃于自然科学、经济科学、生命科学以及人文科学等研究领域。特别是一年一度的大学生数学建模竞赛(MCM),为大学生发挥创造性才能提供了一个广阔的平台,为此我们近几年来为数学教学创新先后完成了两个课题:"经济数学课程教学改革全程优化的研究与实践"和"在民办高校大力开展数学建模教育,努力培养应用型创新人才",力求使常规教学、数学建模、数学实验三者之间相互作用、协调发展、共同提高,激发学生分析问题和解决问题的主动性和能动性,克服学生的依赖心理。

本教材以国家教育部高等教育司审定的"高等学校财经管理类"专业核心课程《经济数学基础教学大纲》为依据,结合应用型本科教育的现实情况,并融进编者多年将数学和经济科学相结合的教学实践的成果,遵循"以应用为目的,以必须够用为度"的原则,借鉴了大量的国内外资料,对经典内容的阐述,力求以经济问题或几何直观为切入点,深入浅出,简明扼要,张弛适度,同时还增加了数学方法的介绍及其经济方面的应用。本教材的一个主要特色是在每一章后面都增加了一节与本章内容相适应的经济应用实例,力求数学科学与经济科学相结合,这部分内容既可以在课堂上介绍,也可以在课外讨论,让学生感到数学大有用武之地,主动地发现问题,能动地解决问题,为大学生数学建模竞赛起到了普及与推动作用,并为后续课程的学习奠定良好的基础。

本书共分 9 章，第 1 章概率论的基本概念，主要内容是随机事件及其古典概型；第 2 章随机变量及其分布，主要内容是离散型和连续型随机变量的分布函数，随机变量的概率分布及其概率密度；第 3 章二维随机变量及其分布，主要内容是二维离散型和连续型随机变量的联合分布函数，联合概率分布和联合概率密度及其边缘分布；第 4 章随机变量的数字特征，主要内容是离散型和连续型随机变量的数学期望、方差、协方差及相关系数；第 5 章大数定律与中心极限定理，主要内容是切比雪夫不等式，大数定律和中心极限定理；第 6 章样本分布，主要内容是简单随机样本与统计量，抽样分布；第 7 章参数估计，主要内容是点估计和一维随机变量的区间估计；第 8 章假设检验，主要内容是一维随机变量正态总体未知参数的假设检验；第 9 章回归分析简介，主要内容是一元线性回归分析和相关性检验与预测。每章最后都有与之相应的应用实例。

本教材在内容上注重概率统计的基本思想，保持经典教材的优点。贴近生活与经济活动的实际，适当引入经济模型，让数学模型进入课堂，加强应用能力的培养。

本教材的原则是“以应用为目的，以必须够用为度”。

本教材的特点是结构严谨、逻辑清晰、前有孕伏、后有变化、逐步渗透、自然衔接、表达自然、文字流畅、便于自学。

美国卡耐基教学促进会指出：“任何大学都不可能向学生传授所有的知识，大学教育的基本目标是要给学生提供终身学习的能力”。教学创新离不开教材创新，一部好的教材可以引导学生走上成功之路，我们希望本教材的改革能达到这一目的。

本书由李允、侯嫚丹任主编，刘辉、裴巍任副主编。参加编写的院校有：哈尔滨德强商务学院、东北农业大学成栋学院、哈尔滨商业大学广厦学院、哈尔滨理工大学远东学院。其中第 1 章和第 7 章由裴巍编写，第 2 章和第 4 章由刘辉编写，第 3 章和第 9 章由侯嫚丹编写，第 5 章和附录部分由李宗秀编写，第 6 章由郑金山编写，第 8 章由凌春英编写，参与编写的还有吴海燕，郎奠波，陈佳妮，陈雪梅，李允提供并编写各章的应用实例，哈尔滨玻璃钢研究院马国峰负责所有图形绘制工作。全书由主编总纂，修改定稿。

本书在编写过程中得到了哈尔滨德强商务学院副院长于长福教授，基础部主任张永士教授，教务处处长韩毓洁教授，东北农业大学葛家麒教授的宝贵指导和支持，在此一并致以诚挚的谢意。

由于编者水平有限，疏漏和不当之处在所难免，敬请读者不吝赐教，使之日臻完善。

编　者

2010 年 12 月于哈尔滨

目　　录

第 1 章

Chapter 1

概率论的基本概念

在日常生活中,人们观察到的现象大体上可以分为两类:一类是可以准确预计结果的,即在某种特定的条件下,某种现象必然发生,这类现象称之为**确定现象**.例如,太阳东升西落;物体抛向高处必然落下;在1个标准大气压下,纯水在零摄氏度就开始结冰;磁铁同极相互排斥,异极相互吸引等.另一类现象与确定现象正好相反,它们不能准确地预计结果,即每次观察的结果都可能不相同,这类现象称之为**随机现象**.例如,抛一枚质地均匀的硬币,其结果可能是正面向上,也可能是反面向上;在相同条件下,测试10只灯泡,观察其正常工作的个数,结果有可能为0,1,…,10;在经济方面,保险业务的增长、银行利率的变化也是不能准确预计的.但是,通过大量的观察、试验和深入的分析,发现随机现象的结果虽然不确定,但也存在着某种规律.例如,重复地抛掷一枚质地均匀的硬币,其正面向上和反面向上的次数之比接近1∶1;通过精确分析,也能发现经济现象中的某种规律性的东西,从而指导生产生活.正如恩格斯所说,在表面是偶然性起作用的地方,这种偶然性始终是受内部隐蔽着的规律支配的,而问题是在于发现这些规律.

这种随机现象中呈现出的规律性,称之为**随机现象的统计规律**.概率论与数理统计就是研究随机现象统计规律的一门学科.

1.1 随机事件与样本空间

1.1.1 随机试验

试验是一个广泛的术语,在自然界和人类社会中,把对某一现象的一次观察称为**一次试**

验.例如:

(1)抛一枚硬币,观察其是正面向上,还是反面向上;

(2)抛掷一颗骰子,观察其出现的点数;

(3)单位时间内,观察某个服务器接收到的请求次数;

(4)观察某校大一新生的身高情况.

上述试验有着共同的特点.首先是其观察的结果不确定,但却可以知道试验所有可能的结果.例如,抛掷一颗骰子,它的结果不确定,但只可能是1点到6点中的一个;测量一批大一新生的身高,测量值也不确定,但却在一定的范围内变化.其次是这些现象在一定条件下都可以重复地观察.综上所述,这些例子有以下特点:

(1)试验在相同的条件下可以重复进行;

(2)试验的所有可能结果都明确,但不唯一;

(3)试验前不能预计哪一个结果会出现.

在概率论与数理统计中,把具有以上特点的试验称为**随机试验**,通常用字母 E 表示.

1.1.2 随机事件及其相关概念

随机试验 E 的所有可能结果是明确的,对于 E 中的每一个可能的基本结果(不可分割)称为**基本事件**,一般用 $\{e\}$ 表示.基本事件对应的元素称为**样本点**,一般用 e 表示.E 中所有样本点的集合称为**样本空间**,用 Ω 表示.基本事件与样本空间的关系,可以表示为 $\Omega=\{e_1,e_2,\cdots\}$.

下面写出引例中的基本事件和样本空间:

(1) 抛一枚硬币,出现的结果可能有两种,令 e_1 表示“正面向上”,e_2 表示“反面向上”,则 $\{e_1\},\{e_2\}$ 为基本事件,$\Omega=\{e_1,e_2\}$ 为样本空间.

(2) 掷一颗骰子,出现的点数可能有6种,分别是 $1,2,\cdots,6$,可以令 $e_i=i(i=1,2,\cdots,6)$,则 $\{e_i\}$ 为基本事件,$\Omega=\{e_1,e_2,\cdots,e_6\}=\{1,2,\cdots,6\}$ 为样本空间.

(3) 单位时间内,服务器接收到的请求次数可能为 $0,1,2,\cdots$,可以令 $e_i=i(i=0,1,2,\cdots)$,则 $\{e_i\}$ 为基本事件,$\Omega=\{e_0,e_1,e_2,\cdots\}=\{0,1,2,\cdots\}$ 为样本空间.

(4) 观察某校大一新生的身高情况,以 m 为单位.从新生中挑选一位同学,以 h 表示其身高,则可以把在一定范围内的任意实数视为基本事件,样本空间可以用 $\Omega=\{h \mid 0.5<h<2.5\}$ 表示.

在上述例子中,(1)、(2) 的样本空间由有限个样本点组成;(3)、(4) 的样本空间由无限个样本点组成,且(3) 中的样本点为可列无穷多个,(4) 中的样本点为不可列无穷多个.

在随机试验 E 中,把由一些样本点构成的集合称为**随机事件**,简称**事件**,用 $A,B,C,\cdots$ 表示.这些集合中的样本点往往带有某些共同的特征.例如,对于掷骰子的试验,可以把“出现偶数点”的情况定义为一个随机事件.定义事件 A 表示“出现偶数点”,则记 $A=\{2,4,6\}$,可以看出事件 A 是由三个样本点组成.也可以定义事件 B 表示“出现2点”,则记 $B=\{2\}$.从以上事件

A,B 的定义可以看出,定义一个事件,可以用文字描述的方式,也可以写成样本点的集合的形式.

随机事件作为样本点的集合,当是所有样本点构成的集合时,它就是样本空间;当是一个样本点构成的集合时,就是基本事件.所以,从集合的观点来看,基本事件是随机事件的子集,随机事件又是样本空间的子集.

当随机试验 E 的结果是 A 中的样本点时,称为**事件 A 发生**.例如,掷骰子的试验,事件 A 表示"出现偶数点",那么当试验结果出现2点时,事件 A 发生,当试验结果出现3点时,事件 A 就没有发生.

每次试验中一定发生的事件,称为**必然事件**,用 Ω 表示.试验中一定不发生的事件,称为**不可能事件**,用 $\varnothing$ 表示.由于样本空间是所有基本事件的集合,那么每次试验的结果必然出现在样本空间中,所以如果把样本空间看做事件,就是必然事件,从符号的表示上也可以看出这一点.需要指出的是,必然事件与不可能事件是每次试验之前就可以准确预计的,其结果不具有随机性,但是为了讨论问题方便,也可以将它们看成是随机事件.

1.1.3　事件间的关系及运算

随机事件是一个由样本点组成的集合,因而事件间的关系可以和集合间的关系进行类比.此外,还可以用图的形式来模拟事件间的关系,用一个矩形来代表样本空间,用若干个圆来代表随机事件,以圆之间的关系类比事件间的关系,这类图形叫做**文氏(Venn)图**.

1.事件间的关系

(1) 包含关系.对于同一个随机试验 E 中的两个随机事件 A,B,事件 A 发生必然导致事件 B 发生,则称**事件 A 包含于事件 B**,记为 $A\subset B$.事件间包含的含义是属于 A 的样本点同时也属于 B,即事件 A 是事件 B 的子集,如图1.1所示.

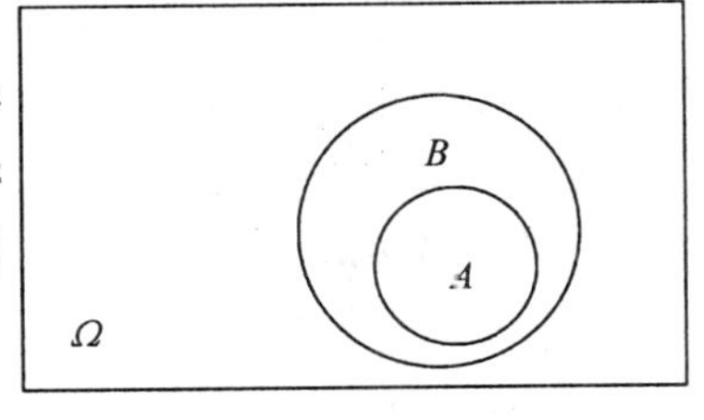

图1.1

显然对于任意的事件 A,有 $\varnothing\subset A\subset\Omega$.

特殊地,还可以给出事件相等的概念.若 $A\subset B$ 且 $B\subset A$,则 $A=B$,即事件 A 和事件 B 中含有相同的样本点.

(2) 和事件(事件的和).事件 A,B 至少有一个发生(A 发生或者 B 发生)所构成的事件,称为**事件 A 与 B 的和事件**,记为 $A+B$ 或 $A\cup B$,如图1.2所示.和事件的含义是属于 A 的样本点或属于 B 的样本点组成了 $A+B$ 的样本点,即事件 A 与 B 的和事件为 A 与 B 的并集,即 $A+B=\{e\mid e\in A\text{ 或 }e\in B\}$.

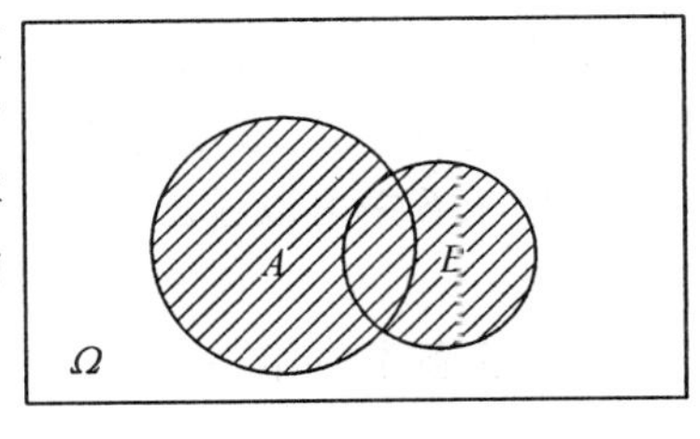

图1.2

显然,$A\subset A+B,B\subset A+B$.

类似地,可以定义 n 个事件的和事件.

事件 $A_1,A_2,\cdots,A_n$ 中至少有一个发生所构成的事件称为它们的和事件,记为 $A_1+A_2+\cdots+A_n=\bigcup\limits_{i=1}^{n}A_i$. 当 $n\to\infty$ 时,此式为**可列个事件的和事件**.

(3) 积事件(事件的积). 事件 A,B 同时发生所构成的事件,称为**事件 A 与 B 的积事件**,记为 AB 或 $A\cap B$,如图 1.3 所示. 积事件的含义是属于 A 的样本点且属于 B 的样本点组成了 AB 的样本点,即事件 A 与 B 的积事件为 A 与 B 的交集,即 $AB=\{e\mid e\in A 且 e\in B\}$.

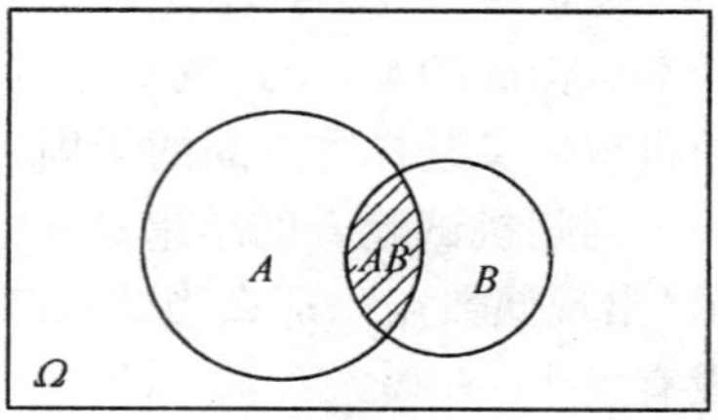

图 1.3

显然,$AB\subset A,AB\subset B$.

类似地,可以定义 n 个事件的积事件. 事件 $A_1,A_2,\cdots,A_n$ 同时发生所构成的事件为它们的积事件,记为 $A_1A_2\cdots A_n=\bigcap\limits_{i=1}^{n}A_i$. 当 $n\to\infty$ 时,此式为**可列个事件的积事件**.

(4) 互斥事件. 事件 A,B 不能同时发生,即 $AB=\varnothing$,称**事件 A 与事件 B 互斥或互不相容**,如图 1.4 所示. 事件 A,B 互斥的含义是 A 与 B 没有相同的样本点.

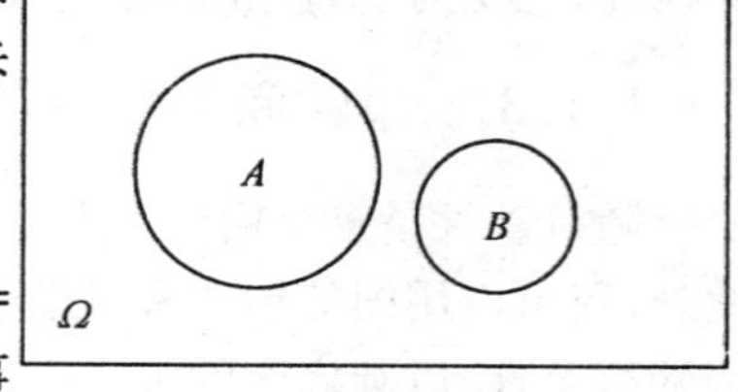

图 1.4

显然,基本事件是两两互斥的.

(5) 互逆事件. 事件 A,B 必有且只有一个发生,即 $AB=\varnothing$,且 $A+B=\Omega$,称**事件 A 与事件 B 互为逆事件或对立事件**. 事件 A,B 互逆的含义是事件 A 与 B 没有相同的样本点,而且 A 与 B 的样本点组成了样本空间中的样本点.

不属于 A 的样本点的集合,构成了事件 A 的逆事件,记为 $\bar{A}$,如图 1.5 所示.

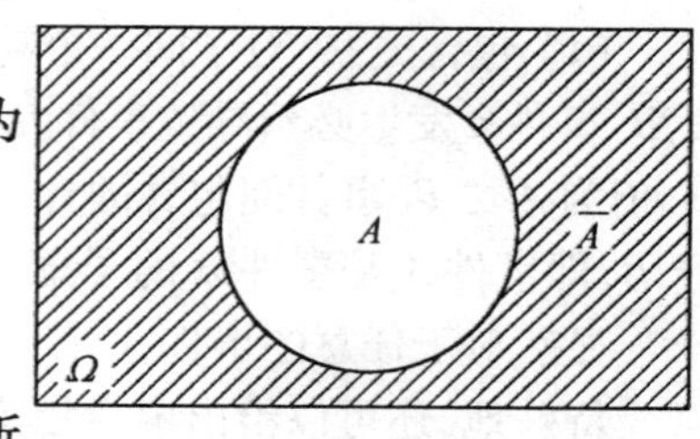

图 1.5

显然,$\bar{A}$ 与 A 互为逆事件.

一般地,$\overline{\Omega}=\varnothing,\overline{\varnothing}=\Omega$,若 $A\subset B$,则 $\bar{A}\supset\bar{B}$.

(6) 差事件(事件的差). 事件 A 发生但是事件 B 不发生所构成的事件称为**A 与 B 的差事件**,记为 $A-B$,如图 1.6 所示. 差事件的含义是属于 A 的样本点但不属于 B 的样本点构成了 $A-B$ 的样本点. 用集合表示为 $A-B=\{e\mid e\in A 且 e\notin B\}$.

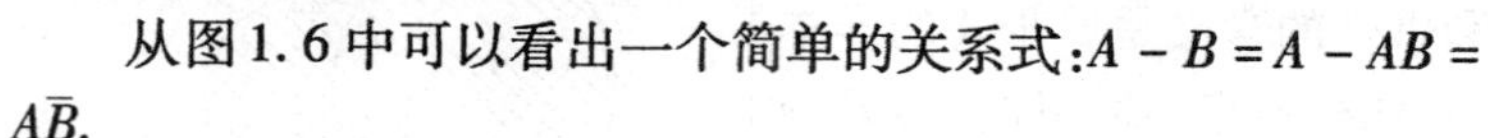
从图 1.6 中可以看出一个简单的关系式:$A-B=A-AB=A\bar{B}$.

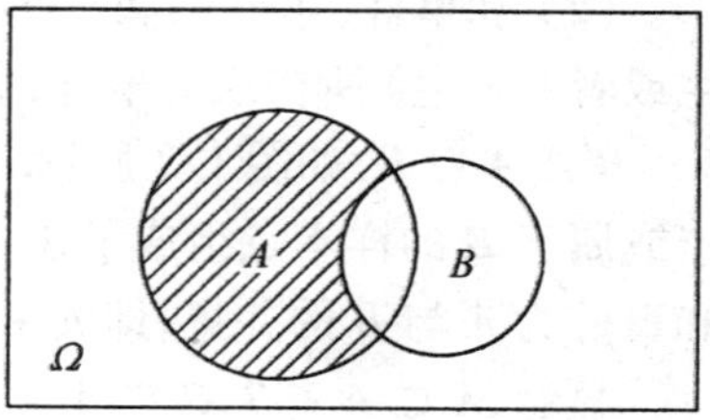

图 1.6

(7) 完备事件组. 对于事件 $A_1,A_2,\cdots,A_n$,若 $A_iA_j=\varnothing(i\neq j)$ 且 $\bigcup\limits_{i=1}^{n}A_i=\Omega$,称 $A_1,A_2,\cdots,A_n$ 为一个**完备事件组**. 完备事件组

的含义是 $A_1,A_2,\cdots,A_n$ 两两互斥,且它们的和事件为必然事件.

【例1.1】 同时掷两颗骰子,观察它们的点数之和.定义事件 A 表示"点数和为2的倍数",B 表示"点数和为3的倍数",C 表示"点数和最大",D 表示"点数和最小".请表示事件(1)$A+C$;(2)AB;(3)CD;(4)$A-B$;(5)$\overline{A}$.

解 根据题意,可以写出事件 A,B,C,D.

$A=\{2,4,6,8,10,12\}$,$B=\{3,6,9,12\}$,$C=\{12\}$,$D=\{2\}$,由定义有

(1)$A+C=\{2,4,6,8,10,12\}$;

(2)$AB=\{6,12\}$;

(3)$CD=\varnothing$;

(4)$A-B=\{2,4,8,10\}$;

(5)$\overline{A}=\{3,5,7,9,11\}$.

2. 事件间的运算

(1) 交换律

$$A+B=B+A,AB=BA$$

(2) 结合律

$$(A+B)+C=A+(B+C),(AB)C=A(BC)$$

(3) 分配律

$$(A+B)C=AC+BC,(AB)+C=(A+C)(B+C)$$

(4) 对偶律

$$\overline{A+B}=\overline{A}\overline{B},\overline{AB}=\overline{A}+\overline{B}$$

对偶律可以推广到有限个事件的情形

$$\overline{\sum_{i=1}^{n}A_i}=\prod_{i=1}^{n}\overline{A_i},\overline{\prod_{i=1}^{n}A_i}=\sum_{i=1}^{n}\overline{A_i}$$

【例1.2】 A,B,C 为3个随机事件,用 A,B,C 的运算关系表示下列各事件.

(1)A,C 发生,但 B 不发生;

(2)A,B,C 至少有一个发生;

(3)A,B,C 至少有两个发生;

(4)A,B,C 至多有一个发生;

(5)A,B,C 至多有两个发生;

(6)A,B,C 恰好有两个发生.

解 此题考察对事件间关系的理解,对此加以分析.

(1)"A,C 发生,但 B 不发生" 是 A 与 $\overline{B}$ 与 C 的积事件,可表示为 $A\overline{B}C$.

(2)"A,B,C 至少有一个发生" 就是 A 发生或 B 发生或 C 发生,可表示为 $A+B+C$.

(3)“A,B,C 至少有两个发生”可理解为 AB 发生或 BC 发生或 AC 发生或 ABC 发生,可表示为 $AB+BC+AC+ABC$.

实际上,$AB+BC+AC$ 已经包含了 ABC 发生的情况,所以(3)也可以简单地表示为 $AB+BC+AC$.

(4)“A,B,C 至多有一个发生”意思是只有一个事件发生或者都没有发生,可表示为 $A\bar{B}\bar{C}+\bar{A}B\bar{C}+\bar{A}\bar{B}C+\bar{A}\bar{B}\bar{C}$.

事件 A,B,C 发生包含了四种情况:“都没有发生”、“恰有一个发生”、“恰有两个发生”、“恰有三个发生”. 此问中包含了前两种情况,可以用后两种情况的逆事件表示,而后两种情况可概括为 A,B,C 至少有两个发生,故“A,B,C 至多有一个发生”还可以表示为 $\overline{AB+BC+AC}$.

(5)“A,B,C 至多有两个发生”包含了三种情况:“都没有发生”、“恰有一个发生”、“恰有两个发生”,所以可以用第四种情况“恰有三个发生”的逆事件来表示,即 $\overline{ABC}$.

“至多有两个发生”还可以理解为“至少有一个不发生”,表示为 $\bar{A}+\bar{B}+\bar{C}$.

(6)“A,B,C 恰好有两个发生”说明当其中有两个发生时,另一个一定不发生,表示为 $AB\bar{C}+A\bar{B}C+\bar{A}BC$.

1.2 概率的定义

对于一个随机事件,在一次试验中可能发生,也可能不发生,试验前不能预计结果. 在概率论中,不仅关心事件的发生与否,还关心事件发生可能性的大小. 概率正是用来刻画随机事件发生可能性大小的度量.

在现实生活中,经常接触到“彩票中奖率”、“药物有效率”、“射击命中率”等带有“率”字的词语. 这些“率”反映的恰恰是可能性的大小. 概率是随机事件 A 发生可能性大小的度量,度量值就是事件 A 的概率,记为 $P(A)$.

本节将介绍概率的两种定义方式以及概率公理化定义.

1.2.1 频率与概率

一般来说,单凭一次随机试验是不容易估计随机事件发生的可能性大小的. 但如果多次重复地进行试验,事件的发生就会呈现出一定的统计规律. 为此,引入频率的概念,它描述的是多次试验中事件发生的频繁程度. 所以,经过多次重复试验,如果频率趋于稳定,那么就可以用频率来度量随机事件发生可能性的大小,即用频率来逼近概率.

定义 1.1 在相同条件下,重复进行 n 次试验,如果事件 A 发生了 k 次,则称 k 为事件 A 发生的频数,k/n 为事件 A 发生的频率,记为

$$f_n(A)=\frac{k}{n} \tag{1.1}$$

通常情况下，经过多次试验，频率可以反映出随机事件发生的固有属性，也就是说，频率会呈现出一定的统计规律. 例如，历史上的一些数学家对抛硬币的试验进行过统计. 表1.1为抛硬币试验的统计结果.

表1.1

试验者	抛掷次数	正面向上	频率
德・摩根	2 048	1 061	0.518 1
蒲丰	4 040	2 048	0.506 9
皮尔逊	12 000	6 019	0.501 6
皮尔逊	24 000	12 012	0.500 5

由以上数据可以看到，事件 A 表示"正面向上"发生的频率 $f_n(A)$ 虽然不同，但都接近于0.5这个数值，而且随着随机试验次数的增多，越来越接近0.5. 所以，可以认为数值0.5反映了事件 A 发生可能性的大小.

定义1.2　在相同条件下，重复进行大量试验，如果事件 A 发生的频率 $f_n(A)=k/n$ 稳定在某个 p 值附近，则把 p 值作为事件 A 发生的概率，记为 $P(A)=p$.

上述定义称为概率的统计定义，因为它基于大量重复试验. 统计定义在理论上是有缺陷的，一般来说，统计概率值只会越来越接近概率，但究竟 n 取多大，才能有效地定义概率. 在概率的计算上，不可能对每一个事件进行大量的试验. 所以下面给出一种概率模型，从理论分析上求得概率.

1.2.2　概率的古典概型定义

古典概型是概率论历史上最早且最常用的概率模型. 它无需大量的试验，而是对试验进行理论分析，进而得到事件发生的概率.

在1.1节中，引入了"抛硬币"、"掷骰子"的试验，可以看出它们具有如下特点：

(1) 样本空间中含有有限个基本事件，称为**有限性**；

(2) 样本空间中每个基本事件出现的可能性相同，称为**等可能性**.

具有以上两个特点的试验模型，称为**古典概型**，也称为**等可能概型**.

定义1.3　随机试验为古典概型，若样本空间中含有 n 个基本事件，随机事件 A 中含有 k 个基本事件，则随机事件 A 发生的概率为

$$P(A)=\frac{A\text{中所含基本事件数}}{\Omega\text{中所含基本事件总数}}=\frac{k}{n} \tag{1.2}$$

从定义中可以看出，计算事件的概率，首先要明确概率模型为古典概型；其次还要确定 Ω 中的基本事件总数和 A 中的基本事件数.

【例1.3】　盒中有6个红球和4个白球. 现以下列方式从中取球. 方式Ⅰ：**有放回抽样**(即

一次取出一个球,观察其颜色后放回盒中,再取第二个球). 方式 Ⅱ:**无放回抽样**(即一次取一个球不放回盒中,再从余下的球中取第二个球). 求(1) 取到两个红球的概率;(2) 取到两个不同颜色的球的概率.

解 设事件 A 表示“取到两个红球”,B 表示“取到两个不同颜色的球”

对于方式 Ⅰ:从 10 个球中有放回地抽取 2 个球,Ω 中所含的基本事件总数为10^2,A 中所含的基本事件数为 6^2,B 中所含的基本事件数为 $6\times4+4\times6$,所以

$$P(A)=\frac{6^2}{10^2}=\frac{9}{25},P(B)=\frac{6\times4+4\times6}{10^2}=\frac{12}{25}$$

对于方式 Ⅱ:从 10 个球中无放回地抽取 2 个球,Ω 中所含的基本事件总数为 C_{10}^2,A 中所含的基本事件数为 C_6^2,B 中所含的基本事件数为 $C_6^1C_4^1$,所以

$$P(A)=\frac{C_6^2}{C_{10}^2}=\frac{1}{3},P(B)=\frac{C_6^1C_4^1}{C_{10}^2}=\frac{8}{15}$$

【例 1.4】(分房间问题) 有 N 个房间分给 n 个人($N\geqslant n$),每个人进入 N 个房间的概率都相同且每个房间的人数没有限制. 求(1) 指定 n 个房间各有 1 人的概率;(2) 每个房间不超过 1 人的概率;(3) 某指定房间恰好有 $k(k<n)$ 人的概率.

解 设事件 A 表示“指定 n 个房间各有 1 人”, B 表示“每个房间不超过 1 人”,C 表示“某指定房间恰好有 k 人”

根据题意,将 N 个房间分给 n 个人,共有 N^n 种分法,即 Ω 中所含的基本事件总数为 N^n.

(1)“指定 n 个房间各有 1 人”,其中“指定” 两个字说明房间不用挑选,n 个房间各有 1 人就相当于对 n 个人做了一个全排列,共有 $n!$ 种分法,即 A 中所含的基本事件数为 $n!$,所以

$$P(A)=\frac{n!}{N^n}$$

(2)“每个房间不超过 1 人” 与 A 的区别仅在于房间没有指定,所以应该首先选定房间,然后每个房间再安排 1 人,其分法有 $C_N^n n!$,即 B 中所含的基本事件数为 $C_N^n n!$,所以

$$P(B)=\frac{C_N^n n!}{N^n}$$

(3)“某指定房间恰好有 k 人”,先从 n 个人中选出 k 人安排进入指定房间,再把其余 $n-k$ 个人安排进入余下的 $N-1$ 个房间,共有 $C_n^k(N-1)^{n-k}$ 种分法,即事件 C 中所含的基本事件数为 $C_n^k(N-1)^{n-k}$,所以

$$P(C)=\frac{C_n^k(N-1)^{n-k}}{N^n}$$

【例 1.5】 一批 20 个产品中有 4 个次品,从这批产品中任取 5 个. 求其中恰有 2 个次品的概率.

解 设事件 A 表示“产品中取 5 个,其中恰有 2 个次品”.

从一批 20 个产品中任取 5 个，共有 C_{20}^5 种取法，所以 Ω 中所含的基本事件总数为 C_{20}^5，任取的 5 个产品中有 2 个次品，则余下的 3 个为正品，共有 $C_{16}^3C_4^2$ 种取法，即 A 中所含的基本事件数为 $C_{16}^3C_4^2$. 所以

$$P(A)=\frac{C_{16}^3C_4^2}{C_{20}^5}=\frac{70}{323}$$

此问题的一般情况为，在一批 N 个产品中有 M 个次品，从这批产品中任取 $n(n\leqslant N)$ 个，求其中恰有 $m(m\leqslant M)$ 个次品的概率.

和例 1.5 类似，可以得到所求的概率为 $\frac{C_{N-M}^{n-m}C_M^m}{C_N^n}$，即**超几何概型**的概率公式.

【例 1.6】(生日问题)　在一个 30 人的班级里，求至少有两人生日相同的概率.

解　设事件 A 表示"30 人中至少有两人生日相同"，则 $\bar{A}$ 表示"30 人的生日各不相同"，假设每人的生日在一年 365 天中任意一天的概率是等可能的，所以在 30 人的班级里，Ω 中所含的基本事件总数为 365^{30}. 如果 30 人的生日各不相同，则第 1 个人有 365 种可能，第 2 个人应该有 364 种可能，依此类推，第 30 个人有 $365-30+1$ 种可能，则 $\bar{A}$ 中的基本事件数为

$$365\times 364\times\cdots\times(365-30+1)$$

则

$$P(A)=1-P(\bar{A})=1-\frac{365\times 364\times\cdots\times(365-30+1)}{365^{30}}\approx 0.706$$

当班级人数为 50 时，至少有两个人生日相同的概率为 0.970；当人数为 100 时，这个数增大到了 0.999 999 7. 可见，在一个人数较多的班级里，两个人生日相同的情况一定会发生.

从以上各例可以看出，利用古典概型求事件的概率，首先要确定试验的样本空间 Ω 中的基本事件总数. 一般来说，当一个试验被确定下来，样本空间也就随之确定了. 其次，要确定所求事件中的基本事件数. 通常情况下，所求的事件往往是对试验有某种特别的"限定"，根据这种"限定"来确定所求事件中的基本事件数.

古典概型的样本空间中含有有限个等可能的结果，当试验结果为无限多个时，就不能按照古典概型来计算概率. 下面考虑一个当样本空间中含有无限个等可能的结果时，如何计算概率的问题.

【例 1.7】(约会问题)　两个人相约在某天的 5 点到 6 点间在某地会面，先到者等候另一人 20 min 后离开. 假设两人各自随机地在 5 点到 6 点之间任意时刻到达，求两人能会面的概率.

解　以 5 点钟为原点建立坐标系，可以令 X,Y 分别表示"两个人到达约会地点的时刻"，则所有可能结果可以表示为平面上的正方形区域 Ω，如图 1.7 所示.

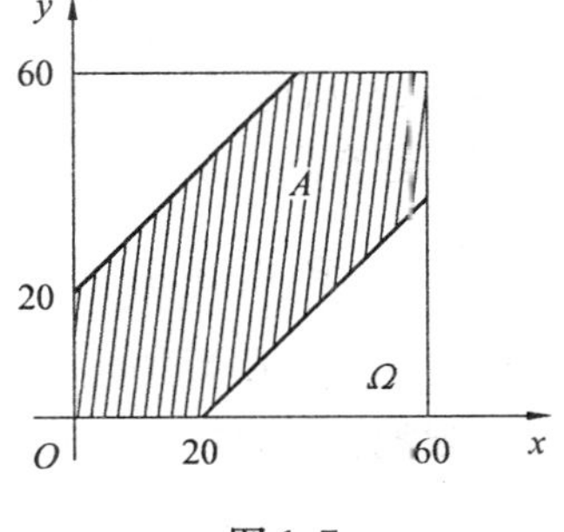

图 1.7

两人各自随机地在5点到6点之间任意时刻到达,可以理解为(X,Y)落在区域任意一点都是等可能的.若两人能够会面,则$|X-Y|\leqslant 20$,即(X,Y)落在图1.7中阴影部分的区域A内.令S_{Ω}表示区域Ω的面积,S_A表示区域A的面积,设事件A表示"两人能够会面",则

$$P(A)=\frac{S_A}{S_{\Omega}}=\frac{60^2-40^2}{60^2}=\frac{5}{9}$$

本例中,用事件对应的面积与样本空间对应面积之比来计算事件发生的概率,这种概率模型叫做**几何概型**.

1.2.3 概率公理化体系

前面已经介绍了用频率计算概率和用古典概型计算概率两种求解概率的方法,即频率计算概率是基于大量的重复试验,进而用频率逼近概率.利用古典概型计算概率建立在一种特定的试验模型基础上,通过经验和理论分析求得概率.就理论方面来说,它们与数学的严谨定义相比,存在一定的局限性.1933年,前苏联的科学家柯尔莫哥洛夫(1903—1987)在总结前人成果的基础上,首次提出了概率公理化体系,完善了概率的理论体系,使概率论的发展进入了一个新的时代.

定义1.4 对于样本空间Ω中的一个随机事件A,赋予一个实数$P(A)$.若$P(A)$称为事件A的概率,须满足如下三条公理:

(1) 非负性公理:对于任意$A\subset\Omega$,有$P(A)\geqslant 0$;

(2) 正则性公理:$P(\Omega)=1$;

(3) 可列可加性公理:若可列个事件$A_1,A_2,\cdots,A_n,\cdots$两两互斥,则有

$$P(A_1+A_2+\cdots+A_n+\cdots)=P(A_1)+P(A_2)+\cdots+P(A_n)+\cdots=\sum_{i=1}^{\infty}P(A_i)$$

不难验证,概率的统计定义和古典概型定义都满足以上三条公理.概率公理化定义的含义是不管什么随机现象,只有满足定义中的三条公理,才能求它的概率.

下面给出由概率公理化定义得出的一些性质:

(1)$P(\varnothing)=0$.

显然,不可能事件的概率为0.

(2) 若有限个事件$A_1,A_2,\cdots,A_n$两两互斥,则

$$P(A_1+A_2+\cdots+A_n)=P(A_1)+P(A_2)+\cdots+P(A_n)=\sum_{i=1}^{n}P(A_i)$$

这个性质称为**有限可加性**,为可列可加性公理的特例.

一般地,若事件A与B互斥,则

$$P(A+B)=P(A)+P(B)$$

(3) 对于事件A,有

$$P(\bar{A}) = 1 - P(A)$$

证明　显然 $A\bar{A} = \varnothing$，且 $A + \bar{A} = \Omega$，由有限可加性有

$$P(\Omega) = P(A + \bar{A}) = P(A) + P(\bar{A})$$

即

$$P(A) + P(\bar{A}) = 1, P(\bar{A}) = 1 - P(A)$$

(4) 对于事件 A,B，若 $B \subset A$，则

$$P(A - B) = P(A) - P(B)$$

证明　因为 $B \subset A$，所以有 $A = B + (A - B)$，且 $B(A - B) = \varnothing$，由有限可加性有

$$P(A) = P[B + (A - B)] = P(B) + P(A - B)$$

即

$$P(A - B) = P(A) - P(B)$$

对于一般事件 A,B，有

$$P(A - B) = P(A - AB) = P(A) - P(AB)$$

(5) 对于任意事件 A,B，有

$$P(A + B) = P(A) + P(B) - P(AB)$$

证明　因为

$$A + B = (A - AB) + B, (A - AB)B = \varnothing$$

由可列可加性有

$$P(A + B) = P[(A - AB) + B] = P(A - AB) + P(B) = P(A) + P(B) - P(AB)$$

一般地，对于三个事件和事件的概率，有

$$P(A + B + C) = P(A) + P(B) + P(C) - P(AB) - P(AC) - P(BC) + P(ABC)$$

由数学归纳法，可以得到多个事件和事件的概率，即

$$P(\sum_{i=1}^{n} A_i) = \sum_{i=1}^{n} P(A_i) - \sum P(A_iA_j) + \sum P(A_iA_jA_k) - \cdots + (-1)^{n-1}P(A_1A_2\cdots A_n)$$

其中，$1 \leqslant i < j < k \leqslant n$.

【例1.8】　对于事件 A,B，有 $A \subset B$，$P(A) = 0.6$，$P(B) = 0.8$. 求(1)$P(\bar{A})$；(2)$P(AB)$；(3)$P(\bar{A}B)$；(4)$P(A + B)$；(5)$P(A - B)$.

解　由概率的性质有：

(1)$P(\bar{A}) = 1 - P(A) = 1 - 0.6 = 0.4$；

(2) 因为 $A \subset B$，有 $P(AB) = P(A) = 0.6$；

(3) 因为 $A \subset B$，$P(\bar{A}B) = P(B - A) = P(B) - P(A) = 0.8 - 0.6 = 0.2$；

(4) 因为 $A \subset B$，$P(A + B) = P(B) = 0.8$；

(5)$P(A - B) = P(A - AB) = P(A) - P(AB) = P(A) - P(A) = 0$.

【例1.9】　事件 A,B，且 $P(A) = 0.5$，$P(B) = 0.7$，$P(A + B) = 0.8$. 求(1)$P(A - B)$；

(2) $P(B-A)$.

解 由 $P(A+B)=P(A)+P(B)-P(AB)$,则 $P(AB)=0.4$.

(1) $P(A-B)=P(A-AB)=P(A)-P(AB)=0.5-0.4=0.1$;

(2) $P(B-A)=P(B-AB)=P(B)-P(AB)=0.7-0.4=0.3$.

1.3 条件概率

1.3.1 条件概率的定义

在实际问题中,有时候不只要考虑单纯一个事件发生的概率,还要考虑在另一个事件已经发生的条件下该事件发生的概率.

定义 1.5 对于随机事件 A,B,且 $P(B)\neq 0$,称在事件 B 发生的条件下,事件 A 也发生的概率为 A 的条件概率,记为 $P(A\mid B)$.

下面看一个简单的例子.

【例 1.10】 现有 10 张彩票,其中 2 张是中奖彩票. 现甲、乙二人先后依次随机抽取一张. 求(1) 甲中奖的概率;(2) 甲、乙二人都中奖的概率;(3) 在甲中奖的情况下,乙也中奖的概率.

解 该试验模型为古典概型,设 B 表示"甲中奖",A 表示"乙中奖",由题意得

$$P(B)=\frac{C_2^1}{C_{10}^1}=\frac{1}{5},P(AB)=\frac{C_2^1C_1^1}{C_{10}^1C_9^1}=\frac{1}{45},P(A\mid B)=\frac{C_1^1}{C_9^1}=\frac{1}{9}$$

可以看出,(3) 所求为条件概率,即在 B 发生的条件下,A 发生的概率. 从以上求得的概率值可以看出

$$P(A\mid B)=\frac{P(AB)}{P(B)}$$

上式在一般条件下也成立. 由此可以得到条件概率的计算公式.

定理 1.1 对于随机事件 A,B,且 $P(B)\neq 0$,在事件 B 发生的条件下,事件 A 也发生的概率为

$$P(A\mid B)=\frac{P(AB)}{P(B)} \tag{1.3}$$

不难证明,条件概率满足概率公理化体系中的三条公理.

类似地,对于 $P(A)\neq 0$,有

$$P(B\mid A)=\frac{P(AB)}{P(A)}$$

从条件概率的定义可以看出,若事件 B 已经发生,样本空间中 $\bar{B}$ 的部分就不用考虑了,需要关心的只是事件 B 中 A 的部分的比例. 如图 1.8 所示,只需要考虑样本空间的左半边部分中

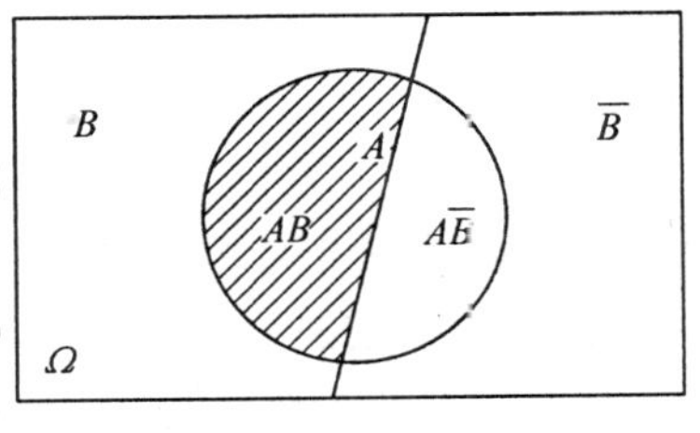

图 1.8

AB 占 B 的比例.

实际上,条件概率可以理解为,因为当事件 B 发生,样本空间已经发生变化,由 Ω 缩减成了现在的 B,这时只需考虑 AB 部分与 B 部分之比即可.

【例 1.11】　某电子元件厂有职工 180 人,其中男职工 100 人,女职工 80 人,男、女职工中非熟练的工人分别有 20 人和 5 人. 现在从该厂任选一名职工. 求(1) 该职工为非熟练工人的概率是多少;(2) 若已知被选出的是女职工,她是非熟练工人的概率是多少?

解　设事件 A 表示"该厂任选一名职工,为非熟练工人", B 表示"该厂任选一名职工,为女工".

(1) 由古典概型有

$$P(A)=\frac{20+5}{180}=\frac{5}{36}$$

(2) 由题意有

$$P(B)=\frac{80}{180}=\frac{4}{9},P(AB)=\frac{5}{180}=\frac{1}{36}$$

$$P(A\mid B)=\frac{P(AB)}{P(B)}=\frac{1}{16}$$

另外,在(2) 中,当已经被选出的是女职工,那么只需考虑女职工的人数,即 80 人,样本空间已经由 180 缩减成了 80. 女职工中非熟练的工人有 5 人,所以可以直接求得

$$P(A\mid B)=\frac{5}{80}=\frac{1}{16}$$

【例 1.12】　人寿保险公司常常需要知道活到某一个年龄段的人在下一年仍然存活的概率. 根据统计资料可知,某城市的人由出生活到 50 岁的概率为 0.907 18,活到 51 岁的概率为 0.901 35. 求现在已经 50 岁的人,能够活到 51 岁的概率是多少?

解　设事件 A 表示"该城市的某人活到 51 岁", B 表示"该城市的某人活到 50 岁".

因为 $A\subset B$,所以 $P(AB)=P(A)=0.901\ 35$,根据题意,已经 50 岁的人,能够活到 51 岁的概率是

$$P(A\mid B)=\frac{P(AB)}{P(B)}=\frac{P(A)}{P(B)}=\frac{0.901\ 35}{0.907\ 18}\approx 0.993\ 57$$

也可以理解为城市中 100 000 个 50 岁的人中有 99 357 个人能活到 51 岁.

1.3.2　概率的乘法公式

在有些问题中,$P(A\mid B)$ 较易求得,反而 $P(AB)$ 不易求,由此引入概率乘法公式.

定理 1.2　对于随机事件 A,B,有

$$P(AB)=P(A)P(B\mid A)$$

或

$$P(AB)=P(B)P(A\mid B) \tag{1.4}$$

则式(1.4) 称为概率的乘法公式. 显然,该公式由条件概率定义很容易得到.

由数学归纳法,可以得到 n 个事件积事件概率的求法,即

$$P(A_1A_2\cdots A_n)=P(A_1)P(A_2\mid A_1)P(A_3\mid A_1A_2)\cdots P(A_n\mid A_1A_2\cdots A_{n-1})$$

【例 1.13】 设盒中有 m 个红球,n 个白球. 每次从盒中取一个球,观察颜色后放回,再放入一个与所取颜色相同的球. 若在盒中连取三次,求第一次、第二次取到红球,第三次取到白球的概率.

解 设事件 A 表示"第一次取到红球",B 表示"第二次取到红球",C 表示"第三次取到白球",根据题意有

$$P(A)=\frac{m}{m+n},P(B\mid A)=\frac{m+1}{m+n+1},P(C\mid AB)=\frac{n}{m+n+2}$$

由概率的乘法公式有

$$P(ABC)=P(A)P(B\mid A)P(C\mid AB)=\frac{mn(m+1)}{(m+n)(m+n+1)(m+n+2)}$$

1.3.3 全概率公式

在求解例 1.10 条件概率时,对于甲、乙二人先后抽奖是否公平,乙中奖的概率会不会低于甲呢?

设事件 B 表示"甲中奖",A 表示"乙中奖",求解事件 A 发生的概率. 显然乙中奖与否与甲存在着联系,这里可以分为两种情况:

(1) 甲中奖时,乙中奖,即 B 发生时,A 也发生,此时概率为

$$P(AB)=P(B)P(A\mid B)=\frac{2}{10}\times\frac{1}{9}=\frac{1}{45}$$

(2) 甲没有中奖时,乙中奖,即 B 不发生时,A 也发生,此时概率为

$$P(A\bar{B})=P(\bar{B})P(A\mid \bar{B})=\frac{8}{10}\times\frac{2}{9}=\frac{8}{45}$$

因此

$$P(A)=P(AB)+P(A\bar{B})=\frac{1}{45}+\frac{8}{45}=\frac{1}{5}$$

可以看出,先后抽奖是公平的.

从本例可知,事件 A 发生与事件 $B,\bar{B}$ 有关. A 被分成了两部分,即 AB 部分和 $A\bar{B}$ 部分. 且 B 与 $\bar{B}$ 互斥,B 与 $\bar{B}$ 的和为样本空间. 这种形式推广到一般情形即为全概率公式.

定理 1.3 事件 $B_1,B_2,\cdots,B_n$ 为一个完备事件组,若 $P(B_i)\neq 0$,对于任意事件 $A\subset\Omega$,有

$$P(A)=\sum_{i=1}^{n}P(B_i)P(A\mid B_i) \tag{1.5}$$

证明　$A=A\Omega=A(\sum_{i=1}^{n}B_i)=\sum_{i=1}^{n}(AB_i)$，显然$(AB_i)(AB_j)=A(B_iB_j)=\varnothing\ (i\neq j)$，由有限可加性有

$$P(A)=P(\sum_{i=1}^{n}(AB_i))=P(AB_1)+P(AB_2)+\cdots+P(AB_n)=$$
$$P(B_1)P(A\mid B_1)+P(B_2)P(A\mid B_2)+\cdots+P(B_n)P(A\mid B_n)=$$
$$\sum_{i=1}^{n}P(B_i)P(A\mid B_i)$$

可以用图形来解释全概率公式，如图1.9所示. 显然B_1，B_2，B_3，B_4为一个完备事件组，事件A与事件B_1，B_2，B_3，B_4相关. 这里可以把区域A理解成事件A的概率，A被分成了四个区域，即AB_1，AB_2，AB_3和AB_4. 所以

$$P(A)=P(AB_1)+P(AB_2)+P(AB_3)+P(AB_4)$$

由概率的乘法公式，即可以得到全概率公式.

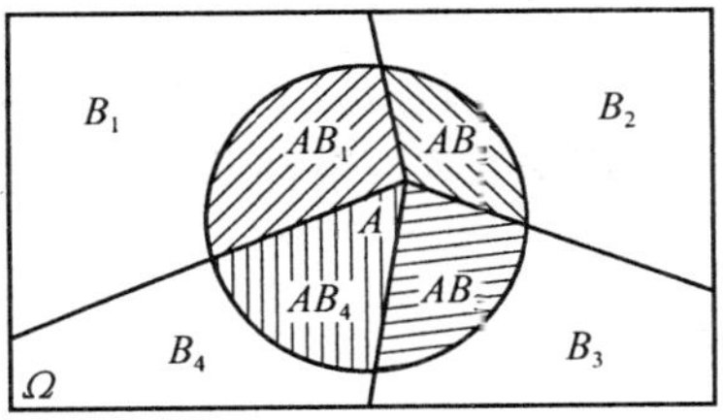

图1.9

在很多情况下，引起事件A发生的原因只有两个，可以用事件B与$\bar{B}$表示. 此时，全概率公式可以表示为

$$P(A)=P(B)P(A\mid B)+P(\bar{B})P(A\mid \bar{B})$$

【例1.14】　设一批产品来自甲、乙、丙三厂，三个厂家产量的比例分别是45%，35%，20%，甲、乙、丙三厂的次品率分别为4%，2%，5%. 现在从所有产品中任取一件，求取到次品的概率.

解　设事件A表示“所有产品中任取一件，取到的是次品”，B_1表示“取到甲厂产品”；B_2表示“取到乙厂产品”，B_3表示“取到丙厂产品”，由题意有

$$P(B_1)=0.45,P(B_2)=0.35,P(B_3)=0.2$$
$$P(A\mid B_1)=0.04,P(A\mid B_2)=0.02,P(A\mid B_3)=0.05$$

由全概率公式，得

$$P(A)=\sum_{i=1}^{3}P(B_i)P(A\mid B_i)=0.45\times 0.04+0.35\times 0.02+0.2\times 0.05=0.035$$

【例1.15】　假设在某时期内影响股票价格变化的因素只有银行存款利率的变化. 经分析，该时期内利率下调的概率为60%，利率不变的概率为40%. 根据经验，在利率下调时，某支股票上涨的概率为80%；在利率不变时，这支股票上涨的概率为40%. 求这支股票上涨的概率.

解　设事件A表示“这支股票上涨”，B表示“银行利率下调”，$\bar{B}$表示“银行利率保持不

变”. 由题意有

$$P(B)=0.6, P(\bar{B})=0.4, P(A\mid B)=0.8, P(A\mid \bar{B})=0.4$$

由全概率公式有

$$P(A)=P(B)P(A\mid B)+P(\bar{B})P(A\mid \bar{B})=0.6\times 0.8+0.4\times 0.4=0.64$$

全概率公式描述的是由一些已知的原因来探求某种结果(这个结果一般为所求事件的概率)的问题,当求解某一结果的概率时,应该首先明确引起这个结果的所有原因,再找出每一个原因发生可能性的大小以及各个原因对结果发生的“贡献”大小.

1.3.4 贝叶斯公式

全概率公式是在 $B_1,B_2,\cdots,B_n$ 的原因下探究 A 这个结果. 现在要解决的问题是,已知 A 这个结果,如何知道引起结果的原因?为此引入贝叶斯公式.

定理 1.4 事件 $B_1,B_2,\cdots,B_n$ 为完备事件组,且 $P(A)\neq 0, P(B_i)\neq 0\ (i=1,2,\cdots,n)$,则

$$P(B_i\mid A)=\frac{P(B_i)P(A\mid B_i)}{\sum_{j=1}^{n}P(B_j)P(A\mid B_j)}, i=1,2,\cdots,n \tag{1.6}$$

证明 由概率乘法公式和全概率公式有

$$P(AB_i)=P(B_i)P(A\mid B_i)$$

$$P(A)=\sum_{j=1}^{n}P(B_j)P(A\mid B_j)$$

所以

$$P(B_i\mid A)=\frac{P(AB_i)}{P(A)}=\frac{P(B_i)P(A\mid B_i)}{\sum_{j=1}^{n}P(B_j)P(A\mid B_j)}, i=1,2,\cdots,n$$

贝叶斯公式常用于“追本溯源”的问题,即已知出现了某种结果,追溯产生结果的各个原因.

【例 1.16】 血液试验是现今检验某种病毒的一种流行方法,由于测量误差,对于确实患有该病的病人有 95% 的可能性测定为阳性(认为其患病),对于没有患病的人,有 1% 的可能性测定为阳性. 现已知在人群中患该病的概率为 1/10 000,问如果某人检测结果为阳性,那么他真患病的概率是多少?

解 设事件 B 表示“患有该种病”,A 表示“检测呈阳性”. 根据题意有

$$P(B)=0.0001, P(\bar{B})=0.9999, P(A\mid B)=0.95, P(A\mid \bar{B})=0.01$$

由贝叶斯公式有

$$P(B\mid A)=\frac{P(B)P(A\mid B)}{P(B)P(A\mid B)+P(\bar{B})P(A\mid \bar{B})}=$$

$$\frac{0.0001 \times 0.95}{0.0001 \times 0.95 + 0.9999 \times 0.01} \approx 0.0094$$

这表明在检查呈阳性的人中只有不到1% 的人患病,这个结果可能很令人吃惊,似乎检验的结果不可靠.但只要仔细分析一下就可以理解了,因为此种病的发病率很低,一般10 000 人只有1 人,对这10 000 人进行检测,除患病的呈阳性,另外还有大约健康的人$(10\,000-1)\times 0.01\approx 100$也呈阳性,在总共101 个检测呈阳性的人中只有一个人患病,那这个结果不足1%.

1.4　独立性与贝努里概型

1.4.1　事件的独立性

通过前面的学习可知,条件概率$P(A|B)$的含义是事件B发生的条件下,A发生的概率.一般来说,它与事件A发生的概率是不同的,即$P(A|B)\neq P(A)$,这是因为事件B的发生已经影响到了A的发生.倘若事件A与B毫无关联,即事件B发生与否对A没有影响,则有$P(A|B)=P(A)$,又$P(A|B)=\dfrac{P(AB)}{P(B)}$,可以得到

$$P(AB)=P(A)P(B) \tag{1.7}$$

定义1.6　对于事件A,B,若$P(AB)=P(A)P(B)$成立,则称事件A与B相互独立.

这里值得注意的是,事件A与B相互独立的含义绝不是A与B互斥,A,B相互独立是指A与B互不影响;而A与B互斥是事件A发生,B就不会发生,二者是相互影响的.

定理1.5　事件A与B相互独立的充要条件是

$$P(A)=P(A|B),P(B)\neq 0$$

或

$$P(B)=P(B|A),P(A)\neq 0$$

定理1.6　对于事件A,B,若事件A与B相互独立,则A与$\bar{B}$,$\bar{A}$与B,$\bar{A}$与$\bar{B}$也相互独立.

证明　因为$A=A(\bar{B}+B)=A\bar{B}+AB$,而$(A\bar{B})(AB)=\varnothing$,则有

$$P(A)=P(A\bar{B}+AB)=P(A\bar{B})+P(AB)$$

又因为A与B相互独立,则

$$P(AB)=P(A)P(B)$$

代入得

$$P(A\bar{B})=P(A)-P(AB)=P(A)-P(A)P(B)=P(A)[1-P(B)]=P(A)P(\bar{B})$$

即事件A与$\bar{B}$相互独立.

仅证第一个,其他类似.

实际上,可以证明A与B相互独立和A与$\bar{B}$,$\bar{A}$与B,$\bar{A}$与$\bar{B}$相互独立是等价的.

【例 1.17】 甲、乙同时独立地向一敌机射击,已知甲击中的概率为 0.6,乙击中的概率为 0.5. 求敌机被击中的概率.

解 设事件 A 表示"甲击中敌机", B 表示"乙击中敌机". 敌机被击中即甲击中敌机或乙击中敌机,则"敌机被击中" 可表示为 $A+B$,有

$$P(A+B)=P(A)+P(B)-P(AB)$$

又事件 A 与 B 是相互独立,有 $P(AB)=P(A)P(B)$,所以

$$P(A+B)=P(A)+P(B)-P(A)P(B)=0.6+0.5-0.6\times0.5=0.8$$

【例 1.18】 有甲、乙两批种子,发芽率分别为 0.8 和 0.9,现在从这两批种子各任取一粒,求(1) 两粒种子都发芽的概率;(2) 恰好有一粒种子发芽的概率;(3) 至少有一粒种子发芽的概率.

解 设事件 A 表示"从甲中任取一粒种子发芽", B 表示"从乙中任取一粒种子发芽". 显然事件 A,B 是相互独立的,则:

(1) $P(AB)=P(A)P(B)=0.8\times0.9=0.72$;

(2) $P(\bar{A}B)+P(A\bar{B})=P(\bar{A})P(B)+P(A)P(\bar{B})=0.2\times0.9+0.8\times0.1=0.26$;

(3) $P(A+B)=P(A)+P(B)-P(A)P(B)=0.8+0.9-0.72=0.98$.

事件的独立性也可以推广到有限多个事件的情况.

定义 1.7 对于事件 $A_1,A_2,\cdots,A_n$,如果对于任何正整数 $m(2\leqslant m\leqslant n)$ 以及 $1\leqslant i_1<i_2<\cdots<i_m\leqslant n$,都有

$$P(A_{i_1}A_{i_2}\cdots A_{i_m})=P(A_{i_1})P(A_{i_2})\cdots P(A_{i_m})$$

则称事件 $A_1,A_2,\cdots,A_n$ 相互独立.

从定义可以看出,n 个事件中任意 $2,3,\cdots,n$ 个事件的积事件的概率等于各事件概率之积,则 n 个事件是相互独立的.

例如,对于三个事件 A,B,C,当

$$P(AB)=P(A)P(B),P(AC)=P(A)P(C)$$

$$P(BC)=P(B)P(C),P(ABC)=P(A)P(B)P(C)$$

都成立,称事件 A,B,C 相互独立.

这里值得注意的是,事件间两两相互独立和事件间相互独立是有区别的. 也就是说,$P(AB)=P(A)P(B),P(AC)=P(A)P(C),P(BC)=P(B)P(C)$ 不能得出事件 A,B,C 相互独立的结论.

显然,事件 $A_1,A_2,\cdots,A_n$ 相互独立,则其中任意 $k(2\leqslant k\leqslant n)$ 个事件也是相互独立的.

一般来说,在实际问题中,很少用定义去判断事件间的相互独立性. 相反,都是用经验事实来说明事件间的相互独立性,进而利用事件相互独立的性质求得多个事件积事件的概率. 一般模式为:审题或利用事实经验 → 判断事件间相互独立 → 利用性质,求得

$$P(AB)=P(A)P(B),\cdots,P(A_1A_2\cdots A_n)=P(A_1)P(A_2)\cdots P(A_n)$$

1.4.2　贝努里概型

在相同条件下,重复做 n 次试验,如果每次试验互不影响,则称 n 次试验是**相互独立的试验**. 如果每次试验结果只有两个,则 n 次独立试验称为 **n 重贝努里试验**,简称**贝努里试验**或**贝努里概型**.

在现实中,只有两个结果的试验有很多. 例如,抛一枚硬币,结果可能正面向上或者反面向上;购买一张彩票,观察其中奖与否;射手打靶,命中或者没有命中. 一些有多个结果的试验,通过简单的归类,也可以看成只有两个结果. 比如,掷一颗骰子,出现偶数点或者奇数点;观察服务器在单位时间内接收到请求的次数,是大于500次还是小于等于500次等.

对于只有两个结果的试验,可以简单地定义事件 A 与 $\bar{A}$,为计算提供方便.

【例1.19】　一名射击运动员对同一靶盘进行射击,命中的概率为0.8,假设每次射击间互不影响,求三次射击中恰有两次命中的概率.

解　三次射击可以看成是进行了三次独立的试验,而且每次试验的结果只有命中或没有命中,恰好符合贝努里概型的定义.

设事件 A_i 表示"第 i 次射击命中"$(i=1,2,3)$,则 $P(A_i)=0.8$,$P(\bar{A}_i)=0.2$. 由题意,A_1,A_2,A_3 相互独立,则"三次中恰有两次命中"可表示为

$$P(A_1A_2\bar{A}_3+A_1\bar{A}_2A_3+\bar{A}_1A_2A_3)=\mathrm{C}_3^2\times 0.8^2\times 0.2^1=0.384$$

一般地,有如下定理.

定理1.7　在一次试验中,事件 A 发生的概率为 $p(0<p<1)$,则在 n 重贝努里概型中,事件 A 恰好发生 $k(k\leqslant n)$ 次的概率为

$$P_n(k)=\mathrm{C}_n^k p^k(1-p)^{n-k}=\mathrm{C}_n^k p^k q^{n-k},k=0,1,2,\cdots,n;q=1-p$$

【例1.20】　某水站有5台抽水泵,已知每台水泵发生故障的概率均为0.1. 求(1)5台水泵中恰有3台发生故障的概率;(2)至少有1台正常工作的概率.

解　这可以看成是一个贝努里概型问题,根据题意有 $n=5$,$p=0.1$,$q=0.9$.

设事件 A 表示"5台水泵中恰有3台发生故障",B 表示"至少有1台正常工作",则

(1)$P(A)=P_5(3)=\mathrm{C}_5^3\times 0.1^3\times 0.9^2=0.0081$;

(2)$P(B)=1-P(\bar{B})=1-P_5(5)=1-\mathrm{C}_5^5\times 0.1^5\times 0.9^0=0.99999$.

可见,至少有1台正常工作的概率是非常大的.

1.5　应用实例:抽签问题、借贷问题及树形图

1.5.1　抽签问题

在社会生活中,抽签的现象比比皆是,不胜枚举. 但对抽签的公平性还是有人将信将疑,以

至于在抽签时,有人争先恐后,有人畏缩不前,其根本原因是"怕吃亏". 其实抽签是公平的,先抽、后抽都一样. 通过下面的例子来说明这个问题.

【例 1.21】 现有 3 个人抽签,3 个签中只有一个是有物的,其余 2 个都是空的. 3 人依次抽签,求每个人抽中有物的概率.

解 设事件 A_i 表示"第 i 个人抽中有物的"$(i=1,2,3)$,则根据概率乘法公式,有

(1)$P(A_1)=\frac{1}{3}$;

(2)$P(A_2)=P(\bar{A}_1A_2)=P(\bar{A}_1)P(A_2\mid\bar{A}_1)=\frac{2}{3}\times\frac{1}{2}=\frac{1}{3}$;

(3)$P(A_3)=P(\bar{A}_1\bar{A}_2A_3)=P(\bar{A}_1)P(\bar{A}_2\mid\bar{A}_1)P(A_3\mid\bar{A}_1\bar{A}_2)=\frac{2}{3}\times\frac{1}{2}\times 1=\frac{1}{3}$.

可见,3 个人抽中有物的概率是相同的.

【例 1.22】 10 根签中有 4 根是有物的,甲、乙、丙依次抽取,求三人抽中有物的概率.

解 设事件 A 表示"甲抽中有物的", B 表示"乙抽中有物的", C 表示"丙抽中有物的",则:

(1)$P(A)=\frac{4}{10}=\frac{2}{5}$;

(2) 当乙抽签时,A 与 $\bar{A}$ 是一个完备事件组,且

$$P(A)=\frac{2}{5},P(\bar{A})=\frac{3}{5},P(B\mid A)=\frac{3}{9},P(B\mid\bar{A})=\frac{4}{9}$$

由全概率公式有

$$P(B)=P(A)P(B\mid A)+P(\bar{A})P(B\mid\bar{A})=\frac{2}{5}$$

(3) 当丙抽签时,$AB,A\bar{B},\bar{A}B$ 与 $\bar{A}\bar{B}$ 是一个完备事件组,且

$$P(AB)=\frac{2}{15},P(\bar{A}B)=\frac{4}{15},P(A\bar{B})=\frac{4}{15},P(\bar{A}\bar{B})=\frac{5}{15}$$

$$P(C\mid AB)=\frac{2}{8},P(C\mid\bar{A}B)=\frac{3}{8},P(C\mid A\bar{B})=\frac{3}{8},P(C\mid\bar{A}\bar{B})=\frac{4}{8}$$

由全概率公式有

$$P(C)=P(AB)P(C\mid AB)+P(\bar{A}B)P(C\mid\bar{A}B)+P(A\bar{B})P(C\mid A\bar{B})+P(\bar{A}\bar{B})P(C\mid\bar{A}\bar{B})=\frac{2}{5}$$

可见,甲、乙、丙抽中有物的概率是相等的.

思考:例 1.22 能不能和例 1.21 一样用乘法公式求解呢?

1.5.2 借贷问题

小王连续向银行贷款两次,由于某种原因,未能及时还款. 现在因为有需要,小王还要向银

行贷款，结果被银行拒绝了. 用概率论知识分析其原因.

银行向个人贷款是基于个人的信用，只有信用比较高的人才会获得银行的信任，银行才会发放贷款. 这里的信用定义为某人的可信程度，下面用贝叶斯公式分析小王被拒绝的原因.

首先，设事件 A 表示“小王未还款”，B 表示“小王可信”，不妨设小王最初的信用为 0.9，有

$$P(B)=0.9, P(\bar{B})=0.1$$

下面计算小王第一次未还款后的信用的变化 $P(B\mid A)$. 这里需要用到贝叶斯公式，涉及两个概率 $P(A\mid B)$ 与 $P(A\mid \bar{B})$，其中 $P(A\mid B)$ 的意思是可信的人未还款的可能性，$P(A\mid \bar{B})$ 为不可信的人未还款的可能性. 不妨设

$$P(A\mid B)=0.1, P(A\mid \bar{B})=0.5$$

第一次小王未还款，即事件 A 发生，银行据此认为小王的信用变为

$$P(B\mid A)=\frac{P(B)P(A\mid B)}{P(B)P(A\mid B)+P(\bar{B})P(A\mid \bar{B})}=\frac{0.9\times 0.1}{0.9\times 0.1+0.1\times 0.5}\approx 0.643$$

这表明在小王第一次未还款后，银行认为小王的信用从 0.9 下降到了 0.643，即此时

$$P(B)=0.643, P(\bar{B})=0.357$$

小王在第二次未还款后，他的信用又发生变化，利用贝叶斯公式，计算 $P(B\mid A)$，有

$$P(B\mid A)=\frac{P(B)P(A\mid B)}{P(B)P(A\mid B)+P(\bar{B})P(A\mid \bar{B})}=\frac{0.643\times 0.1}{0.643\times 0.1+0.357\times 0.5}\approx 0.265$$

这表明在小王连续两次未还款以后，他的信用已经从 0.9 下降到了 0.265，银行当然会考虑不向小王发放贷款.

1.5.3　树形图

调查某公司的部门经理对公司的忠诚度. 其中的一个问题是“如果另外一家公司给你的待遇比现在稍好或基本一样，你愿意留在公司还是跳槽”. 下面将 200 名部门经理的回答按他们在公司的服务时间进行交叉分类.

这里定义事件 A_1 表示“留下”，A_2 表示“跳槽”，B_1 表示“服务少于 1 年”，B_2 表示“服务 1 到 5 年”，B_3 表示“服务 6 到 10 年”，B_4 表示“服务 10 年以上”. 下面用树形图来说明这个问题.

树形图是一个对包含多个计算步骤有帮助的图形. 树中每一段都对应着问题的一个步骤. 而树形图的每个分支则以概率进行加权. 表 1.2 为部门经理的忠诚度和在公司的服务时间. 下面用表 1.2 的数据来说明树形图的构造.

表 1.2

		服务时间				
		少于 1 年	1 到 5 年	6 到 10 年	10 年以上	合计
忠诚度	留下	10	30	5	75	120
	跳槽	25	15	10	30	80
	合计	35	45	15	105	200

(1) 图 1.10 为构造树形图,在左侧建立"根".

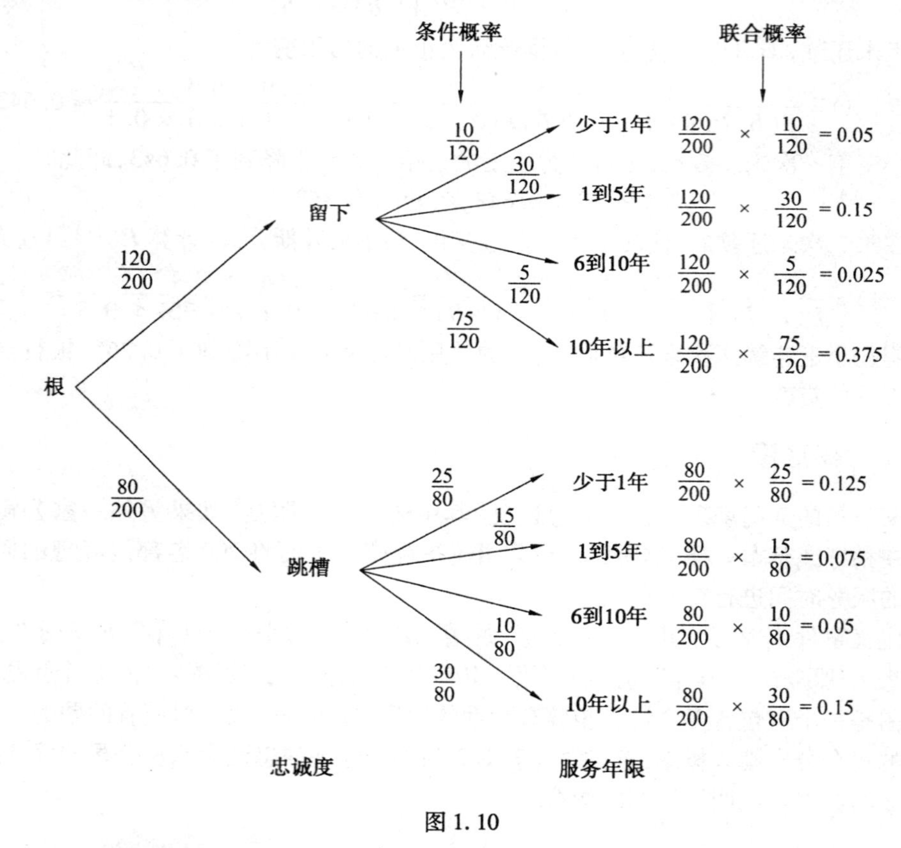

图 1.10

(2) 对于这个例题,从根处引出两个重要的分支,上面代表"留下",下面代表"跳槽". 概率分别写在对应的分支上,即 120/200 与 80/200. 这两个概率分别表示为

$$P(A_1),P(A_2)$$

(3) 从两个主要分支又分别长出四个分支,分别表示四种服务时间:少于 1 年,1 到 5 年,6 到 10 年和 10 年以上. 上面的四个分支的条件概率分别为

$$P(B_1 \mid A_1), P(B_2 \mid A_1), P(B_3 \mid A_1), P(B_4 \mid A_1)$$

取值依次为 10/120,30/120,5/120,75/120. 下面的四个分支与上类似.

(4) 最后,在右侧写出事件 A_1 与 B_i,或 A_2 与 B_i 同时发生时的联合概率分布. 例如,选择一部门经理,他工作 10 年以上并且愿意留下的概率为

$$P(A_1B_4) = P(A_1)P(B_4 \mid A_1) = \frac{120}{200} \times \frac{75}{120} = 0.375$$

习题一

1. 写出下列随机试验的样本空间:

(1) 抛 3 枚硬币;

(2) 掷 3 颗骰子;

(3) 在某十字路口,1 h 通过的车辆数;

(4) 某城市 1 天的用电量.

2. 袋中有 10 个球,分别编有号码 1 至 10,从中任意取一个球,设事件 A 表示"取到球的号码是偶数",B 表示"取到球的号码小于 5". (1) 写出事件 A,B 中的样本点;(2) 写出事件 $A+B, AB, A-B, B\bar{A}$ 中的样本点.

3. 指明以下事件 A,B 的关系:

(1) 检查两件产品,记事件 A 表示"至少有一件是不合格品",B 表示"两次检查的结果不同";

(2) 设 T 表示轴承的寿命,记事件 $A=\{T>5\,000\text{ h}\}, B=\{T>8\,000\text{ h}\}$.

4. 把 10 本书任意地摆放在书架上,求其中指定的 3 本书放在一起的概率.

5. 10 把钥匙中有 3 把可以打开门锁,现任取 2 把,求能打开门的概率.

6. 设一批产品中有 40 个合格品,10 个不合格品,现从中无放回地抽取两次,每次取 1 个,求下列事件的概率:(1) 没有合格品;(2) 恰有 1 个合格品.

7. 甲袋中有5个白球、3个黑球,乙袋中有4个白球、6个黑球,现从两袋中各任取 1 球,求取到的两个球颜色相同的概率.

8. 将 9 个小麦的新品种平均地分配到三个基地中去,在这 9 个品种中有 3 个是常规品种,6 个是杂交品种. 求(1) 每个基地各分到 1 个常规品种的概率;(2)3 个常规品种分配到同一基地的概率.

9. 将 3 个球随机地放入 4 个杯子中去,求杯子中球的最大个数分别为 1,2,3 的概率各是多少?

10. 将 12 个球随意地放入 3 个盒子中,求第一个盒子中恰有 3 只球的概率.

11. 对于事件 A,B,$P(A)=0.5$,$P(A-B)=0.2$,求 $P(\overline{AB})$.

12. 对于事件 A,B,C,$P(A)=P(B)=P(C)=1/4$,$P(AB)=P(BC)=0$,$P(AC)=1/8$,求 $P(A+B+C)$.

13. 设 $P(A)=P(B)=0.5$,证明:$P(AB)=P(\bar{A}\bar{B})$.

14. 设事件 A,B 及 $A+B$ 的概率分别为 p,q,r,求 $P(AB)$ 及 $P(\bar{A}B)$.

15. 已知 $P(A)=1/4$,$P(B|A)=1/3$,$P(A|B)=1/2$,求 $P(A+B)$.

16. 对于事件 A,B,$P(A)=P(B)=1/3$,$P(A|B)=1/6$,求 $P(\bar{A}|\bar{B})$.

17. 某门课程只有通过口试和笔试才能毕业. 某学生通过口试的概率为 80%,通过笔试的概率为 65%,至少通过其中一个的概率为 85%. 求这名学生能够毕业的概率.

18. 一批零件共 100 个,其中次品数 10 个,每次从中任取 1 个零件,取出的零件不再放回,求第 3 次才取到正品的概率.

19. 计算机室共有 10 台机器,其中有 1 台是坏的,现有 4 名同学同时上机,他们依次地随机选择 1 台机器,求 4 名同学都选到好机器的概率.

20. 袋中有 5 个红球、3 个黑球、2 个白球,现有放回地取 3 次,每次取 1 个球,求第 3 次才取到白球的概率.

21. 一家大型工厂的雇员中,有 70% 具有本科文凭,有 8% 是管理人员,有 7% 既是管理人员又具有本科文凭. 求

(1) 已知一名雇员具有本科文凭,那么他是管理人员的概率是多少?

(2) 已知一名雇员没有本科文凭,那么他是管理人员的概率是多少?

22. 某人有一笔资金,他投入基金的概率为 0.58,购买股票的概率为 0.28,两项都投资的概率为 0.19,求

(1) 已知他已经投入基金,再购买股票的概率是多少?

(2) 已知他购买股票,再投入基金的概率是多少?

23. 一盒晶体管中有 6 只是合格品,4 只是不合格品,从中无放回地逐只取出,求第二次取到合格品的概率.

24. 钥匙掉了,假设掉在宿舍里、掉在教室里、掉在路上的概率分别是 0.4,0.3,0.3,而掉在上述三个地方被找到的概率分别是 0.8,0.3,0.1,求钥匙被找到的概率.

25. 在某高校新生中,本地考生占 30%,外地考生占 70%,已知本地考生中以英语为第一外语的占 80%,外地考生中以英语为第一外语的占 95%. 现从该校新生中任取一名,求该生以英语为第一外语的概率.

26. 甲袋中有 9 个白球、1 个黑球;乙袋中有 6 个白球、3 个黑球. 现从甲袋中任取 2 个放入乙袋中,再从乙袋中任取一球,求取到的球恰好为白球的概率.

27. 现有一批电视机 100 台,假定这批电视机中次品的数目不超过 3 个,且有如下概率.

次品数	0	1	2	3
概率	0.2	0.3	0.4	0.1

现从电视机中任取 10 件来检验，若发现其中有次品，则认为该批产品不合格，求这批电视机通过检验的概率.

28. 对数学考试结果分析发现，对数学有兴趣的同学如果努力，有 90% 的概率考试得优，不努力有 50% 的概率得优. 对数学没兴趣的同学如果努力有 60% 的概率得优，不努力有 10% 的概率得优. 已知某班对数学有兴趣的同学占 50%，有兴趣中努力的占 60%，无兴趣中努力的占 50%，求该班考试成绩的优秀率.

29. 两台机床加工同样的零件，第一台出现不合格品的概率为 0.03，第二台出现不合格品的概率为 0.06，加工的零件放在一起，且已知第一台加工的零件数是第二台的 2 倍，求(1) 任取一件为合格品的概率；(2) 已知取出的是不合格品，求它是由第二台机床生产的概率.

30. 为防止意外事故，在矿井内同时安装 A，B 两套报警系统，每套单独使用时，其有效的概率分别为 0.92 和 0.93，在 A 失灵的情况下，B 有效的概率为 0.85，求：

(1) 发生事故时，这两套警报系统至少有一个有效的概率；

(2) 在 B 失灵的情况下，A 有效的概率.

31. 某种病毒感染了某村附近 25% 的猪群，当猪确实被感染时，被诊断正确的概率为 84%，当猪未被感染时，诊断正确的概率为 80%. 现一只猪的诊断结果是已经被感染，则它确实被感染的概率是多少？

32. 学生在做一道有 4 个选项的单项选择题时，如果不知道正确答案，就随机作出猜测，假设学生知道正确答案的概率为 0.2. 现从卷面上看是答案对了，问学生确实知道正确答案的概率是多少？

33. 友人从远方来访，他乘火车、轮船、汽车的概率分别是 0.3，0.2，0.5，且他乘上述三种交通工具迟到的概率分别是 1/4，1/3，1/12. 求(1) 他迟到的概率；(2) 如果他迟到了，则他乘轮船的概率.

34. 口袋中有一个球，不知道它的颜色是黑的还是白的，现在往口袋中放一个白球，然后从中随机地抽取一个，发现是白球，问原来口袋中是白球的概率.

35. 甲、乙、丙独立地回答一个问题，答对的概率分别为 0.6，0.5，0.7. 求(1) 只有一个人答对的概率；(2) 只有一个人没有答对的概率；(3) 至少有一个人答对的概率.

36. 设某种高射炮的命中率为 0.6，若一架敌机入侵，欲以 99% 以上的概率击中它，问至少需要多少门炮同时射击.

37. 一射手对同一目标进行四次射击，若至少有一次命中的概率为 80/81，求该射手射击一次命中的概率.

38. 某彩票一周开奖一次,每次只有百万分之一的概率中奖,若每周买一张彩票,尽管坚持10年(每年52周),求从未中奖的概率是多少?

39. 甲、乙、丙三人同时向一架飞机射击,击中概率都为0.6. 如果只有一人击中飞机,则飞机被击落的概率为0.2;如果有两人击中飞机,则飞机被击中的概率为0.6;如果有三人击中飞机,则飞机一定被击落. 求飞机被击落的概率.

40. 甲、乙独立地对同一目标各射击一次,命中率分别为0.6和0.5,现已知目标被击中,则是甲击中的概率是多少?

第2章

Chapter 2

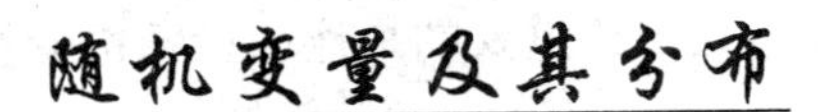

第1章已经建立了随机事件及其概率的概念,利用随机事件描述随机试验的结果. 本章将引入概率论的另一个重要概念 —— 随机变量. 随机变量的引入,使概率的研究由个别随机事件扩大为随机变量所表征的随机现象. 本章主要介绍离散型随机变量和连续型随机变量及其分布.

2.1 随机变量

【例2.1】 在10件同类产品中,有3件是次品. 用X表示任取2件中的次品数,则X的取值可能为0,1,2, 即

$$X=\begin{cases}0, & \text{次品数为 }0\\ 1, & \text{次品数为 }1\\ 2, & \text{次品数为 }2\end{cases}$$

用古典概型可求得

$$P\{X=0\}=\frac{C_3^0C_7^2}{C_{10}^2}=\frac{7}{15}$$

$$P\{X=1\}=\frac{C_3^1C_7^1}{C_{10}^2}=\frac{7}{15}$$

$$P\{X=2\}=\frac{C_3^2C_7^0}{C_{10}^2}=\frac{1}{15}$$

【例2.2】 抛掷一枚质地均匀的骰子,直到出现6点为止,用Y表示抛掷的次数,由于各次

试验是相互独立的,于是

$$P\{Y=i\}=\left(\frac{1}{6}\right)\left(\frac{5}{6}\right)^{i-1},i=1,2,\cdots$$

由以上两例可以看出,X,Y 的取值与随机试验的结果相对应. 它的取值随着试验结果的不同而变化,当试验结果确定后,它所取值的概率值也相应地确定,这种变量为随机变量.

定义 2.1 设随机试验的样本空间为 $\Omega=\{e\}$. 对任意的 e,都有 $X=X(e)$ 与之对应. $X=X(e)$ 是定义在样本空间 Ω 上的实值单值函数,称 $X=X(e)$ 为随机变量. 随机变量通常用大写字母 $X,Y,Z,\cdots$ 表示.

引入随机变量的概念,可以将对随机事件的研究转化为对随机变量的研究. 随机试验中各事件就可以用随机变量的取值来表示.

按照随机变量可能取值的情况,可以把它们分为两类:离散型随机变量和非离散型随机变量. 非离散型随机变量范围很广,其中最重要的是连续型随机变量.

2.2 离散型随机变量及其分布

有些随机变量,它的全部可能取值为有限个不相同的值或可列无限多个不同的值,这种随机变量称为**离散型随机变量**. 从例 2.1 和例 2.2 可以看出,要掌握一个离散型随机变量 X 的统计规律,不仅要了解随机变量的所有可能取值,更重要的是要了解随机变量每一个可能取值的概率.

定义 2.2 设离散型随机变量 X 的所有可能取值为 $x_k(k=1,2,\cdots)$,X 取各个值时的概率为 p_k,即

$$P\{X=x_k\}=p_k,k=1,2,\cdots \tag{2.1}$$

称式(2.1)为离散型随机变量的概率分布,简称分布.

为了直观,有时也将一个离散型随机变量的概率分布用一个表来表示(表 2.1).

表 2.1

X	x_1	x_2	$\cdots$	x_n	$\cdots$
p_k	p_1	p_2	$\cdots$	p_n	$\cdots$

由概率的定义,式(2.1)中的 p_k 应满足下列两个条件:

(1) $p_k\geqslant 0(k=1,2,\cdots)$;

(2) $\sum_{k=1}^{\infty}p_k=1$.

【例 2.3】 抛掷一枚质地均匀的骰子,用 X 表示出现的点数. 写出 X 的概率分布.

解 $P\{X=n\}=\dfrac{1}{6},n=1,2,3,4,5,6.$

【例2.4】　一批零件中有9件合格品和3件废品. 安装机器时,从这批零件中任取一件,如果每次取出的废品不再放回去,求在取得合格品之前已取出的废品数 X 的概率分布.

解　X 表示"取出的废品数",$X=0,1,2,3$,即

$$P\{X=0\}=\frac{9}{12}=\frac{3}{4}$$

$$P\{X=1\}=\frac{3}{12}\times\frac{9}{11}=\frac{9}{44}$$

$$P\{X=2\}=\frac{3}{12}\times\frac{2}{11}\times\frac{9}{10}=\frac{9}{220}$$

$$P\{X=3\}=\frac{3}{12}\times\frac{2}{11}\times\frac{1}{10}=\frac{1}{220}$$

所以 X 的概率分布(表2.2)如下.

表2.2

X	0	1	2	3
p_k	$\frac{3}{4}$	$\frac{9}{44}$	$\frac{9}{220}$	$\frac{1}{220}$

【例2.5】　设离散型随机变量 X 的概率分布为

$$P\{X=k\}=5a\left(\frac{1}{3}\right)^k,k=1,2,\cdots$$

求常数 a.

解　根据 $\sum\limits_{k=1}^{\infty}p_k=1$,有

$$\sum_{k=1}^{\infty}5a\left(\frac{1}{3}\right)^k=5a\frac{\frac{1}{3}}{1-\frac{1}{3}}=\frac{5a}{2}=1$$

得

$$a=\frac{2}{5}$$

下面介绍三种重要的离散型随机变量.

2.2.1　两点分布

定义2.3　设随机变量 X 只可能取0与1两个值,它的概率分布为

$$P\{X=k\}=p^k(1-p)^{1-k},k=0,1;0<p<1$$

则称 X 服从参数为 p 的(0－1)分布或两点分布.

(0 - 1) 分布的概率分布也可写成表 2.3 的形式.

表 2.3

X	0	1
p_k	$1-p$	p

(0 - 1) 分布是离散型随机变量分布中最简单的一种,用来描述只有两种对立结果的贝努里试验. 习惯上,把贝努里试验中的一种结果称做"成功",另一种结果称做"失败". 用 X 表示一次贝努里试验中成功的次数,它有两个可能取值 0 和 1,其中参数 p 是试验成功的概率.

2.2.2 二项分布

【例 2.6】 一批产品的合格率为 0.9,重复抽取(取出的每件产品在下次抽取前放回)3 件:每次 1 件,连续 3 次. 求 3 次中取到的合格品件数 X 的概率分布.

解 随机变量 X 可以取 0,1,2,3. 事件"$X=i$"表示"取 3 件产品中的合格品件数为 i 件"($i=0,1,2,3$),则

$$P\{X=0\}=0.1^3=0.001$$
$$P\{X=1\}=C_3^1\times0.9\times0.1^2=0.027$$
$$P\{X=2\}=C_3^2\times0.9^2\times0.1=0.243$$
$$P\{X=3\}=0.9^3=0.729$$

得 X 的概率分布如下(表 2.4).

表 2.4

X	0	1	2	3
p_k	0.001	0.027	0.243	0.729

通过例 2.6 可知,如果在一次贝努里试验中成功的概率为 $p(0<p<1)$,重复进行 n 次贝努里试验,成功的次数 X 为一个随机变量,它可以取 $0,1,2,\cdots,n$,共 $n+1$ 个值. 事件"$X=k$"($0\leqslant k\leqslant n$) 表示"n 次试验中有 k 次成功,$n-k$ 次失败",它是 C_n^k 个互不相容事件的和,每一个事件都是 n 次试验中某 k 次成功,其余 $n-k$ 次失败,其概率为 $p^k(1-p)^{n-k}$. 由概率的可列可加性可知,$P\{X=k\}=C_n^kp^k(1-p)^{n-k}$. 一般地,在 n 重贝努里试验中,某事件 A 发生的次数 X 的分布为二项分布.

定义 2.4 设随机变量 X 的概率分布为

$$P\{X=k\}=C_n^kp^k(1-p)^{n-k},k=0,1,2,\cdots,n \tag{2.2}$$

其中,$0<p<1$,则称 X 服从参数为 n,p 的二项分布,记为 $X\sim B(n,p)$.

容易验证:

(1) $P\{X=k\}=C_n^kp^k(1-p)^{n-k}\geqslant0\ (k=0,1,2,\cdots,n)$;

(2) $\sum_{k=0}^{n} P\{X=k\} = \sum_{k=0}^{n} C_n^k p^k (1-p)^{n-k} = [p+(1-p)]^n = 1.$

【例 2.7】 某人投篮的命中率为 0.8,若连续投篮 5 次,求最多投中 2 次的概率.

解 设随机变量 X 表示“5 次中投中的次数”,则 $X \sim B(5,0.8)$,有

$$P\{X \leqslant 2\} = \sum_{k=0}^{2} P\{X=k\} = 0.2^5 + C_5^1 \times 0.8 \times 0.2^4 + C_5^2 \times 0.8^2 \times 0.2^3 = 0.05792$$

关于二项分布概率的计算,可根据附表 1 给出的二项分布累计概率值表计算.

【例 2.8】 某人进行射击,设每次射击的命中率为 0.02,独立射击 40 次,求至少击中两次的概率.

解 设随机变量 X 表示“击中的次数”,则 $X \sim B(40,0.02)$,有

$$P\{X \geqslant 2\} = 1 - P\{X \leqslant 1\} = 1 - 0.8095 = 0.1905$$

对于较小的 n,p,可以直接查表得到对应的值,如果 p 值较大,可利用下面定理先转化为 p 值较小的二项分布再通过查表计算.

定理 2.1 如果随机变量 $X \sim B(n,p)$,且 $Y = n - X$,则 $Y \sim B(n,q)$,其中 $q = 1 - p$.

证明 对于 $k = 0,1,2,\cdots,n$,有

$$P\{Y=k\} = P\{n-X=k\} = P\{X=n-k\} = C_n^{n-k} p^{n-k} q^k = C_n^k q^k p^{n-k}$$

由二项分布定义 2.4 中式(2.2),得 $Y \sim B(n,q)$.

【例 2.9】 某人进行射击,设每次射击的命中率为 0.8,独立射击 40 次,求命中率为 60% 的概率.

解 设随机变量 X 表示“击中的次数”,且 $X \sim B(40,0.8)$,记 $Y = 40 - X$,由定理 2.1 知 $Y \sim B(40,0.2)$,则有

$$P\left\{\frac{X}{40} = 0.6\right\} = P\{X=24\} = P\{Y=16\} = P\{Y \leqslant 16\} - P\{Y \leqslant 15\} =$$

$$0.9990 - 0.9971 = 0.0019$$

2.2.3 泊松分布

定义 2.5 设随机变量 X 的概率分布为

$$P\{X=k\} = \frac{\lambda^k}{k!} e^{-\lambda}, k = 0,1,2,\cdots \tag{2.3}$$

其中 $\lambda > 0$,则称 X 服从参数为 λ 的泊松分布,记为 $X \sim P(\lambda)$.

容易验证:

(1) $P\{X=k\} = \frac{\lambda^k}{k!} e^{-\lambda} \geqslant 0, k = 0,1,2,\cdots;$

(2) $\sum_{k=0}^{\infty} P\{X=k\} = \sum_{k=0}^{\infty} \frac{\lambda^k}{k!} e^{-\lambda} = e^{-\lambda} \sum_{k=0}^{\infty} \frac{\lambda^k}{k!} = e^{-\lambda} e^{\lambda} = 1.$

随机现象服从泊松分布主要集中在两个领域:一是社会生活对服务的各种要求,诸如某时段电话交换台的呼叫次数;某地区一个时间间隔内发生交通事故的次数;产品质量管理中的缺陷数. 因此,在运筹学及管理学中泊松分布占有很突出的地位. 另一领域是物理学,诸如放射性物质分裂落在某区域的质点数;显微镜下落在某区域中的血球或微生物的数目等.

泊松分布概率的计算可以利用附表2给出的泊松分布数值表计算.

【例2.10】 设某城市的一个地区每年因交通事故死亡的人数服从泊松分布. 据统计在一年中因交通事故死亡1人的概率是死亡2人概率的1/2. 计算一年中因交通事故死亡3人的概率.

解 设随机变量X表示"一年中因交通事故死亡的人数",且$X \sim P(\lambda)$,问题的关键是求出λ的值. 由已知得

$$P\{X=1\}=\frac{1}{2}P\{X=2\}$$

$$\lambda e^{-\lambda}=\frac{1}{2}\cdot\frac{\lambda^2}{2}e^{-\lambda}$$

得

$$\lambda=4,\lambda=0(\text{舍})$$

则

$$P\{X=3\}=\frac{4^3}{3!}e^{-4}=0.195\ 367$$

下面的泊松定理给出了二项分布与泊松分布的关系,同时给出了二项分布概率的近似计算公式.

定理2.2(泊松定理) 在n重贝努里试验中,成功次数X服从二项分布,设每次试验成功的概率为$p_n(0<p_n<1)$,并且$\lim\limits_{n\to\infty}np_n=\lambda>0$,则对于任意给定的非负整数$k$,有

$$\lim_{n\to\infty}P\{X=k\}=\lim_{n\to\infty}C_n^k p_n^k(1-p_n)^{n-k}=\frac{\lambda^k}{k!}e^{-\lambda},k=0,1,2,\cdots$$

此定理是在$np_n\to\lambda$条件下获得的,故在计算二项分布$B(n,p)$时,当n很大,p很小,而乘积$\lambda=np$大小适中时,可以用泊松分布作近似计算,即

$$P\{X=k\}=C_n^k p^k(1-p)^{n-k}\approx\frac{(np)^k}{k!}e^{-np} \tag{2.4}$$

【例2.11】 设某人每次射击命中率为0.001,如果射击次数为5 000次,求恰好命中2次的概率.

解 设随机变量X表示"5 000次中命中的次数",则$X\sim B(5\ 000,0.001)$,用参数为$\lambda=5\ 000\times0.001=5$的泊松分布作近似计算,得

$$P\{X=2\}\approx\frac{5^2}{2!}e^{-5}=0.084\ 224$$

【例2.12】　在保险公司里有2 500名同一年龄和同社会阶层的人参加了人寿保险，在一年中每个人死亡的概率为0.002，每个参加保险的人在年初需交12元保险费，而在死亡时家属可从保险公司领取2 000元赔偿金.求(1)保险公司亏本的概率;(2)保险公司获利不少于10 000元的概率.

解　设随机变量X表示“一年中死亡人数”，则$X \sim B(2\,500,0.002)$.根据题意

$$(1)P\{2\,500 \times 12 - 2\,000X < 0\} = P\{X > 15\} = 1 - P\{X \leqslant 15\} = 1 - \sum_{k=0}^{15} C_{2\,500}^{k} \times 0.002^{k} \times 0.998^{2\,500-k}$$

因n较大，p又较小，可利用泊松定理，用参数为$\lambda = 2\,500 \times 0.002 = 5$的泊松分布作近似计算，有

$$P\{X > 15\} \approx 1 - \sum_{k=0}^{15} \frac{5^k}{k!} e^{-5} = 0.000\,069$$

$$(2)P\{2\,500 \times 12 - 2\,000X \geqslant 10\,000\} = P\{X \leqslant 10\} \approx \sum_{k=0}^{10} \frac{5^k}{k!} e^{-5} = 0.986\,305.$$

2.3　随机变量的分布函数

对于非离散型随机变量X，其可能取值不能逐个地列举出来，因而不能像离散型随机变量那样可以用概率分布来描述.另外，通常所遇到的非离散型随机变量取某个特定值的概率常常是0，因此关心的不再是它取某个特定值的概率，如测量误差、排队等候时间等，感兴趣的是这类随机变量所取的值落在某个区间的概率:$P\{x_1 < X \leqslant x_2\}$.但由于

$$P\{x_1 < X \leqslant x_2\} = P\{X \leqslant x_2\} - P\{X \leqslant x_1\}$$

所以只需知道$P\{X \leqslant x_2\}$和$P\{X \leqslant x_1\}$即可.为此，下面引入随机变量的分布函数的概念.

定义2.6　设X是一个随机变量，x是任意实数，函数

$$F(x) = P\{X \leqslant x\},\ -\infty < x < +\infty$$

称为X的分布函数.

对于任意实数$x_1,x_2(x_1 < x_2)$，有

$$P\{x_1 < X \leqslant x_2\} = P\{X \leqslant x_2\} - P\{X \leqslant x_1\} = F(x_2) - F(x_1) \tag{2.5}$$

应注意，对任意确定的实数x，$F(x)$的值不是随机变量X取值于x的概率，而是在$(-\infty,x]$整个区间上X取值的“累积概率”的值$P\{X \leqslant x\}$.

分布函数$F(x)$具有下列性质:

(1)有界性

$$0 \leqslant F(x) \leqslant 1,\ -\infty < x < +\infty$$

(2)单调不减性:$F(x)$是x的不减函数，即当$x_1 < x_2$时，有

$$F(x_1) \leqslant F(x_2)$$

(3)$F(-\infty)=\lim\limits_{x\to-\infty}F(x)=0, F(+\infty)=\lim\limits_{x\to+\infty}F(x)=1.$

(4) 右连续性

$$F(x+0)=F(x)$$

分布函数 $F(x)$ 是一个普通函数,其定义域为 $(-\infty,+\infty)$,值域为 $[0,1]$. X 落在任一区间或任一点的概率都可以用分布函数求得. 这样就可以用数学分析的方法来研究随机变量,从而使许多概率问题得以简化.

【例 2.13】 设随机变量 X 服从参数为 p 的 $(0-1)$ 分布,求 X 的分布函数.

解 X 的概率分布见表 2.5.

表 2.5

X	0	1
p_k	$1-p$	p

当 $x<0$ 时,$F(x)=P\{X\leqslant x\}=0$.

当 $0\leqslant x<1$ 时,$F(x)=P\{X\leqslant x\}=P\{X=0\}=1-p$.

当 $x\geqslant 1$ 时,$F(x)=P\{X\leqslant x\}=P\{X=0\}+P\{X=1\}=1$.

X 的分布函数为

$$F(x)=\begin{cases}0, & x<0\\ 1-p, & 0\leqslant x<1\\ 1, & x\geqslant 1\end{cases}$$

$F(x)$ 的图形如图 2.1 所示.

由例 2.13 可以发现,离散型随机变量 X 的分布函数 $F(x)$ 为分段函数,其图形为“阶梯”曲线,设 X 的概率分布为

$$P\{X=x_k\}=p_k, k=1,2,\cdots$$

在 X 的任何一个可能值 $x_k(k=1,2,\cdots)$ 处,$F(x)$ 有间断点,且由概率的可列可加性得 X 的分布函数为

$$F(x)=P\{X\leqslant x\}=\sum_{x_k\leqslant x}P\{X=x_k\}$$

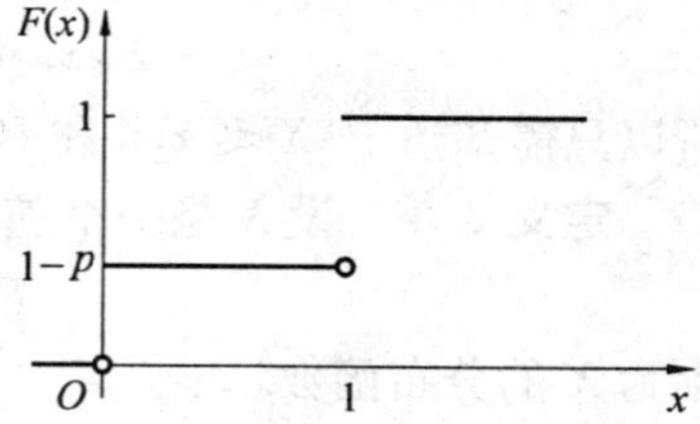

图 2.1

即

$$F(x)=\sum_{x_k\leqslant x}p_k \tag{2.6}$$

【例 2.14】 设随机变量 X 的概率分布见表 2.6.

表 2.6

X	0	1	2
p_k	0.3	0.4	0.3

求 X 的分布函数.

解　由式(2.6),有

$$F(x)=\begin{cases}0, & x<0\\ 0.3, & 0\leqslant x<1\\ 0.3+0.4, & 1\leqslant x<2\\ 0.3+0.4+0.3, & x\geqslant 2\end{cases}$$

即

$$F(x)=\begin{cases}0, & x<0\\ 0.3, & 0\leqslant x<1\\ 0.7, & 1\leqslant x<2\\ 1, & x\geqslant 2\end{cases}$$

2.4　连续型随机变量及其概率密度

定义 2.7　设 $F(x)$ 是随机变量 X 的分布函数,如果存在非负可积函数 $f(x)$,使对任意实数 x,都有

$$F(x)=P\{X\leqslant x\}=\int_{-\infty}^{x}f(t)\,\mathrm{d}t,\ -\infty<x<+\infty \tag{2.7}$$

则称 X 为连续型随机变量,$f(x)$ 称为 X 的概率密度函数,简称概率密度,记为 $X\sim f(x)$.

连续型随机变量的分布函数除具有一般随机变量的分布函数的性质外,还应满足:$F(x)$ 是 **R** 上的连续函数.

X 的概率密度 $f(x)$ 具有下列性质:

(1) 非负性

$$f(x)\geqslant 0$$

(2) 正规性

$$\int_{-\infty}^{+\infty}f(x)\,\mathrm{d}x=1 \tag{2.8}$$

(3) 对于任意实数 $x_1,x_2(x_1<x_2)$ 有

$$P\{x_1<X\leqslant x_2\}=F(x_2)-F(x_1)=\int_{x_1}^{x_2}f(t)\,\mathrm{d}t$$

(4) 若 $f(x)$ 在点 x 处连续,则有

$$F'(x)=f(x) \tag{2.9}$$

由式(2.7)可知,对于任意实数 a,$P\{X=a\}=0$,若 $A=\varnothing$,则 $P(A)=0$,而由 $P(A)=0$ 不可推出 $A=\varnothing$. 因此,当讨论连续型随机变量 X 在某区间上取值情况时,可以不必区分该区间

端点的开闭性,即

$$P\{a < X \leqslant b\} = P\{a < X < b\} = P\{a \leqslant X < b\}$$

【例 2.15】 设随机变量 X 的概率密度为

$$f(x) = \begin{cases} \lambda, & a < x < b \\ 0, & \text{其他} \end{cases}$$

确定常数 λ.

解 由概率密度性质 $\int_{-\infty}^{+\infty} f(x)\,dx = 1$,有

$$\int_{-\infty}^{+\infty} f(x)\,dx = \int_a^b \lambda\,dx = \lambda(b - a) = 1$$

得

$$\lambda = \frac{1}{b - a}$$

【例 2.16】 设随机变量 X 的概率密度为

$$f(x) = \begin{cases} kx + 1, & 0 < x < 2 \\ 0, & \text{其他} \end{cases}$$

求(1) 常数 k;(2) X 的分布函数 $F(x)$;(3) $P\{1 < X < 3\}$.

解 (1) 由 $\int_{-\infty}^{+\infty} f(x)\,dx = 1$ 可得 $\int_0^2 (kx + 1)\,dx = 1$,得 $k = -\frac{1}{2}$.

(2) X 的分布函数为

$$F(x) = \int_{-\infty}^{x} f(t)\,dt = \begin{cases} \int_{-\infty}^{x} 0\,dx, & x < 0 \\ \int_0^x \left(-\frac{1}{2}x + 1\right) dx, & 0 \leqslant x < 2 \\ \int_0^2 \left(-\frac{1}{2}x + 1\right) dx, & x \geqslant 2 \end{cases}$$

即

$$F(x) = \begin{cases} 0, & x < 0 \\ -\frac{1}{4}x^2 + x, & 0 \leqslant x < 2 \\ 1, & x \geqslant 2 \end{cases}$$

(3)
$$P\{1 < X < 3\} = F(3) - F(1) = 1 - \frac{3}{4} = \frac{1}{4}$$

或者

$$P\{1 < X < 3\} = \int_1^3 f(x)\,dx = \int_1^2 \left(-\frac{1}{2}x + 1\right) dx = \frac{1}{4}$$

【例2.17】　设随机变量 X 的概率密度为 $f(x)=Ae^{-|x|}(-\infty<x<+\infty)$,求(1) 常数 A;(2)$P\{0<X<1\}$.

解　(1) 已知 $f(x)=\begin{cases}Ae^{-x} & x\geqslant 0\\ Ae^{x} & x<0\end{cases}$,由 $\int_{-\infty}^{+\infty}f(x)\mathrm{d}x=1$ 可得

$$\int_{-\infty}^{0}Ae^{x}\mathrm{d}x+\int_{0}^{+\infty}Ae^{-x}\mathrm{d}x=1$$

即

$$Ae^{x}\Big|_{-\infty}^{0}-Ae^{-x}\Big|_{0}^{+\infty}=A+A=2A=1$$

得

$$A=\frac{1}{2}$$

(2)
$$P\{0<X<1\}=\frac{1}{2}\int_{0}^{1}e^{-x}\mathrm{d}x=-\frac{1}{2}e^{-x}\Big|_{0}^{1}=\frac{1}{2}(1-e^{-1})$$

下面介绍三种重要的连续型随机变量.

1. 均匀分布

定义2.8　设随机变量 X 的概率密度为

$$f(x)=\begin{cases}\dfrac{1}{b-a}, & a<x<b\\ 0, & \text{其他}\end{cases}$$

则称 X 在区间 (a,b) 上服从均匀分布,记为 $X\sim U(a,b)$.

易知 $f(x)\geqslant 0$,且

$$\int_{-\infty}^{+\infty}f(x)\mathrm{d}x=1$$

对于区间 (a,b) 的任一长度为 l 的子区间 $(c,c+l)(a\leqslant c<c+l\leqslant b)$,有

$$P\{c<X<c+l\}=\int_{c}^{c+l}f(x)\mathrm{d}x=\int_{c}^{c+l}\frac{1}{b-a}\mathrm{d}x=\frac{l}{b-a}$$

由上式可知,在 (a,b) 上服从均匀分布的随机变量 X 落在 (a,b) 中任一等长度的子区间内的可能性是相同的,或者说 X 落在 (a,b) 子区间的概率只依赖于子区间的长度,而与子区间的位置无关.

在实际问题中,有许多随机变量服从均匀分布,例如,每隔一定时间内有一辆公共汽车通过某车站,乘客候车时间 X 就认为是服从均匀分布.

在 (a,b) 上服从均匀分布的随机变量 X 的分布函数为

$$F(x)=\begin{cases}0, & x<a\\ \dfrac{x-a}{b-a}, & a\leqslant x<b\\ 1, & x\geqslant b\end{cases}$$

【例2.18】 设某线路公共汽车每隔8 min一班,乘客到站时间是随机的,候车时间X服从(0,8)上的均匀分布,求乘客候车时间不超过5 min的概率.

解 由均匀分布的概率密度知

$$f(x)=\begin{cases}\dfrac{1}{8}, & 0<x<8\\ 0, & \text{其他}\end{cases}$$

则

$$P\{X\leqslant 5\}=\int_{-\infty}^{5}f(x)\,\mathrm{d}x=\int_{0}^{5}\frac{1}{8}\mathrm{d}x=\frac{5}{8}$$

2. 指数分布

定义2.9 设随机变量X的概率密度为

$$f(x)=\begin{cases}\lambda \mathrm{e}^{-\lambda x}, & x>0\\ 0, & x\leqslant 0\end{cases}$$

其中$\lambda>0$为常数,则称X服从参数为λ的指数分布,记为$X\sim E(\lambda)$.

易知$f(x)\geqslant 0$,且

$$\int_{-\infty}^{+\infty}f(x)\,\mathrm{d}x=\int_{0}^{+\infty}\lambda \mathrm{e}^{-\lambda x}\mathrm{d}x=1$$

服从参数为λ的指数分布的随机变量X的分布函数为

$$F(x)=\begin{cases}1-\mathrm{e}^{-\lambda x}, & x>0\\ 0, & x\leqslant 0\end{cases}$$

【例2.19】 某元件寿命X服从参数为1/1 000的指数分布,求(1)该元件使用1 000 h没有坏的概率;(2)该元件使用了500 h没有损坏,则它可继续使用1 000 h的概率.

解 $X\sim E\left(\dfrac{1}{1\,000}\right)$,则分布函数为

$$F(x)=\begin{cases}1-\mathrm{e}^{-\frac{x}{1\,000}}, & x>0\\ 0, & x\leqslant 0\end{cases}$$

(1)$P\{X>1\,000\}=1-F(1\,000)=\mathrm{e}^{-1}$;

(2)$P\{X>1\,500\mid X>500\}=\dfrac{P\{X>500,X>1\,500\}}{P\{X>500\}}=\dfrac{P\{X>1\,500\}}{P\{X>500\}}=\dfrac{\mathrm{e}^{-1.5}}{\mathrm{e}^{-0.5}}=\mathrm{e}^{-1}$.

通过计算结果表明

$$P\{X>1\,500\mid X>500\}=P\{X>1\,000\}$$

即在已知用了500 h未被损坏的条件下,可以继续使用1 000 h的条件概率,等于其寿命不小于1 000 h的无条件概率. 这种性质称为"无后效性". 也就是说,元件以前曾经无故障(不损坏)使用的时间,不影响它以后使用寿命的统计规律. 因此,指数分布常见于下列情形:电子元件

的使用寿命,各随机服务系统的服务时间,机器正常工作的时间等. 指数分布在可靠性理论与排队论中有广泛的应用.

【例2.20】 设顾客在某银行的窗口等待服务的时间X(单位:min)服从参数$\lambda=1/5$的指数分布,若顾客在窗口等待服务超过10 min,则顾客就离开. (1) 若某顾客某天去银行,求他未等到服务就离开的概率;(2) 若某顾客一个月去银行10次,求他10次中至多有一次未等到服务而离开的概率.

解 (1) 随机变量$X\sim E\left(\frac{1}{5}\right)$,其概率密度为

$$f(x)=\begin{cases}\frac{1}{5}e^{-\frac{1}{5}x}, & x>0\\ 0, & x\leqslant 0\end{cases}$$

$$P\{X>10\}=\int_{10}^{+\infty}\frac{1}{5}e^{-\frac{1}{5}x}dx=e^{-2}$$

(2) 设随机变量Y表示“该顾客一个月内未等到服务而离开的次数”,则$Y\sim B(10,e^{-2})$,则

$$P\{Y\leqslant 1\}=P\{Y=0\}+P\{Y=1\}=$$
$$C_{10}^{0}(e^{-2})^{0}(1-e^{-2})^{10}+C_{10}^{1}(e^{-2})^{1}(1-e^{-2})^{9}=(1-e^{-2})^{9}(1+9e^{-2})$$

3. 正态分布

定义2.10 设随机变量X的概率密度为

$$f(x)=\frac{1}{\sqrt{2\pi}\sigma}e^{-\frac{(x-\mu)^2}{2\sigma^2}},\ -\infty<x<+\infty \tag{2.10}$$

其中,$\mu,\sigma(\sigma>0)$为常数,则称X服从参数为μ,σ的正态分布或高斯分布,记为$X\sim N(\mu,\sigma^2)$.

易知(1)$f(x)\geqslant 0$;

(2)
$$\int_{-\infty}^{+\infty}f(x)dx=\int_{-\infty}^{+\infty}\frac{1}{\sqrt{2\pi}\sigma}e^{-\frac{(x-\mu)^2}{2\sigma^2}}dx\xlongequal{\frac{x-\mu}{\sigma}=t}\frac{1}{\sqrt{2\pi}}\int_{-\infty}^{+\infty}e^{-\frac{t^2}{2}}dt$$

由

$$\int_{-\infty}^{+\infty}e^{-\frac{x^2}{2}}dx=\sqrt{2\pi}$$

得

$$\int_{-\infty}^{+\infty}f(x)dx=\frac{1}{\sqrt{2\pi}}\cdot\sqrt{2\pi}=1$$

正态分布的分布函数为

$$F(x)=\frac{1}{\sqrt{2\pi}\sigma}\int_{-\infty}^{x}e^{-\frac{(t-\mu)^2}{2\sigma^2}}dt,\ -\infty<x<+\infty$$

由式(2.10)可知,$f(x)$是包含了μ,σ的指数函数(图2.2),正态分布的函数图象呈钟形,以$x=\mu$为对称轴,在$x=\mu$处,$f(x)$取到最大值$f(\mu)=\frac{1}{\sqrt{2\pi}\sigma}$,在$x=\mu\pm\sigma$处有拐点,且$y=0$是$f(x)$的水平渐近线.

如图2.2、图2.3,参数μ决定曲线的位置,参数σ的大小决定曲线的形状,σ越大曲线越扁平,σ越小曲线越陡峭.

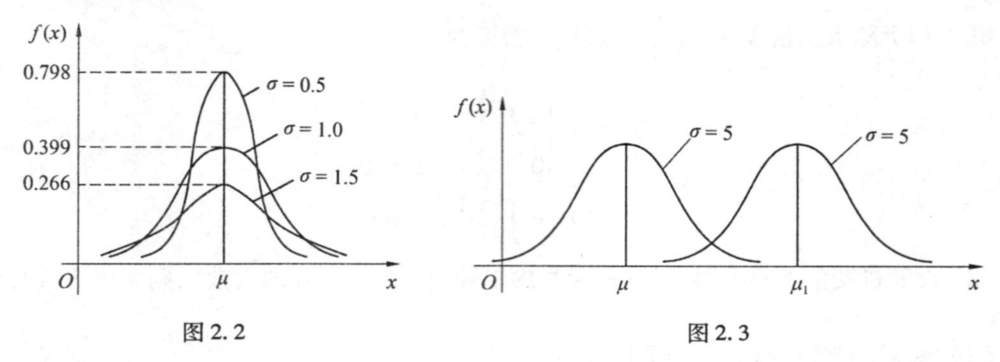

图2.2　　图2.3

当$\mu=0,\sigma=1$时,正态分布$N(0,1)$称为**标准正态分布**,相应的概率密度和分布函数分别记为$\varphi(x)$和$\Phi(x)$,即

$$\varphi(x)=\frac{1}{\sqrt{2\pi}}e^{-\frac{x^2}{2}},\ -\infty<x<+\infty$$

$$\Phi(x)=\int_{-\infty}^{x}\frac{1}{\sqrt{2\pi}}e^{-\frac{t^2}{2}}dt=\frac{1}{\sqrt{2\pi}}\int_{-\infty}^{x}e^{-\frac{t^2}{2}}dt$$

由于标准正态分布中$\mu=0$,图像关于y轴对称,则根据$\varphi(x)$的对称性和分布函数$\Phi(x)$的概率意义,可得到

$$\Phi(-x)=1-\Phi(x) \tag{2.11}$$

由于正态分布的分布函数为非初等函数,为了便于计算,其分布函数值可通过附表3的正态分布表查得. 当$x\geqslant 0$时,$\Phi(x)$的值可直接查得;当$x<0$时,可使用公式(2.11)计算后再查表.

【例2.21】　设随机变量$X\sim N(0,1)$,求$P\{X<1.96\}$,$P\{1<X<2\}$,$P\{X<-1.96\}$,$P\{X>1.96\}$,$P\{|X|<1.96\}$.

解

$$P\{X<1.96\}=\Phi(1.96)=0.97500$$

$$P\{1<X<2\}=\Phi(2)-\Phi(1)=0.97725-0.8413=0.13595$$

$$P\{X<-1.96\}=\Phi(-1.96)=1-\Phi(1.96)=0.025$$

$$P\{X>1.96\}=1-P\{X\leqslant 1.96\}=1-\Phi(1.96)=0.025$$

$$P\{|X|<1.96\}=P\{-1.96<X<1.96\}=\Phi(1.96)-\Phi(-1.96)=2\Phi(1.96)-1=0.95$$

如果 X 服从参数为 μ,σ 的正态分布,即 $X\sim N(\mu,\sigma^2)$,则

$$F(x)=\int_{-\infty}^{x}\frac{1}{\sqrt{2\pi}\sigma}e^{-\frac{(t-\mu)^2}{2\sigma^2}}dt$$

令 $y=\frac{t-\mu}{\sigma}$,则

$$F(x)=\int_{-\infty}^{\frac{x-\mu}{\sigma}}\frac{1}{\sqrt{2\pi}}e^{-\frac{y^2}{2}}dy=\int_{-\infty}^{\frac{x-\mu}{\sigma}}\varphi(y)dy=\Phi\left(\frac{x-\mu}{\sigma}\right)$$

因此得到下面的结论.

定理 2.3　设随机变量 $X\sim N(\mu,\sigma^2)$,则有

$$F(x)=\Phi\left(\frac{x-\mu}{\sigma}\right)\tag{2.12}$$

定理 2.4　设随机变量 $X\sim N(\mu,\sigma^2)$,令 $Y=\frac{X-\mu}{\sigma}$,则有 $Y\sim N(0,1)$.

根据式(2.12),当 $X\sim N(\mu,\sigma^2)$,a,b 为已知时,利用标准正态分布数值表,有

$$P\{X\leqslant a\}=\Phi\left(\frac{a-\mu}{\sigma}\right)$$

$$P\{X>b\}=1-P\{X\leqslant b\}=1-\Phi\left(\frac{b-\mu}{\sigma}\right)$$

$$P\{a<X\leqslant b\}=\Phi\left(\frac{b-\mu}{\sigma}\right)-\Phi\left(\frac{a-\mu}{\sigma}\right)$$

设随机变量 $X\sim N(\mu,\sigma^2)$,由 $\Phi(x)$ 的数值表还能得到

$$P\{|X-\mu|<\sigma\}=P\{\mu-\sigma<X<\mu+\sigma\}=\Phi(1)-\Phi(-1)=2\Phi(1)-1=0.6826$$

$$P\{|X-\mu|<2\sigma\}=P\{\mu-2\sigma<X<\mu+2\sigma\}=\Phi(2)-\Phi(-2)=2\Phi(2)-1=0.9545$$

$$P\{|X-\mu|<3\sigma\}=P\{\mu-3\sigma<X<\mu+3\sigma\}=\Phi(3)-\Phi(-3)=2\Phi(3)-1=0.9973$$

则

$$P\{|X-\mu|\geqslant 3\sigma\}=1-P\{|X-\mu|<3\sigma\}=0.0027<0.003$$

从以上计算可以看到,尽管服从正态分布的随机变量的取值范围是$(-\infty,+\infty)$,但它的值落在$(\mu-3\sigma,\mu+3\sigma)$内几乎是肯定的,这就是正态分布的“$3\sigma$”准则.

【例 2.22】　设随机变量 $X\sim N(10,2^2)$,求 $P\{X<13\}$,$P\{10<X<13\}$,$P\{X\geqslant 13\}$,$P\{|X-10|<2\}$.

解　$$P\{X<13\}=F(13)=\Phi\left(\frac{13-10}{2}\right)=\Phi(1.5)=0.93319$$

$$P\{10 < X < 13\} = F(13) - F(10) = \Phi\left(\frac{13-10}{2}\right) - \Phi\left(\frac{10-10}{2}\right) =$$

$$\Phi(1.5) - \Phi(0) = 0.933\ 19 - 0.5 = 0.433\ 19$$

$$P\{X \geqslant 13\} = 1 - F(13) = 1 - \Phi(1.5) = 0.066\ 81$$

$$P\{|X-10| < 2\} = P\left\{\left|\frac{X-10}{2}\right| < 1\right\} = 2\Phi(1) - 1 =$$

$$2 \times 0.841\ 3 - 1 = 0.682\ 6$$

【例 2.23】 设随机变量 $X \sim N(\mu,\sigma^2)$,已知 $P\{X < -1.6\} = 0.036$,$P\{X < 5.9\} = 0.758$,求 $\mu,\sigma,P\{X > 0\}$.

解
$$P\{X < -1.6\} = F(-1.6) = \Phi(\frac{-1.6-\mu}{\sigma}) = 0.036$$

由式(2.11),有

$$\Phi(\frac{1.6+\mu}{\sigma}) = 1 - \Phi(\frac{-1.6-\mu}{\sigma}) = 0.964$$

又已知

$$P\{X < 5.9\} = F(5.9) = \Phi(\frac{5.9-\mu}{\sigma}) = 0.758$$

查表可得

$$\begin{cases} \dfrac{1.6+\mu}{\sigma} = 1.8 \\ \dfrac{5.9-\mu}{\sigma} = 0.7 \end{cases}$$

解得 $\mu = 3.8$,$\sigma = 3$.

$$P\{X > 0\} = 1 - \Phi(\frac{0-3.8}{3}) \approx 1 - \Phi(-1.27) = \Phi(1.27) = 0.898\ 0$$

【例 2.24】 某地抽样调查结果表明,考生的外语成绩(百分制)近似服从正态分布 $N(72,\sigma^2)$,96 分以上的占考生总数的 2.3%,求考生的外语成绩在 60 ~ 84 分之间的概率.

解 设随机变量 X 表示"考生的外语成绩",则 $X \sim N(72,\sigma^2)$. 由已知

$$P\{X > 96\} = 1 - \Phi\left(\frac{96-72}{\sigma}\right) = 0.023$$

得

$$\Phi\left(\frac{24}{\sigma}\right) = 0.977$$

查表得

$$\frac{24}{\sigma} = 2$$

$$\sigma = 12$$

则

$$P\{60 < X < 84\} = F(84) - F(60) = \Phi\left(\frac{84-72}{12}\right) - \Phi\left(\frac{60-72}{12}\right) =$$

$$2\Phi(1) - 1 = 0.682\,6$$

【例 2.25】　测量到某一目标的距离时，产生的误差 $X \sim N(20, 40^2)$（单位：m），求在三次测量中至少有一次误差绝对值不超过 30 m 的概率.

解　设 A_i 表示"第 i 次测量误差绝对值不超过 30 m"($i = 1,2,3$)，所求事件的概率为

$$P(A_1 + A_2 + A_3) = 1 - P(\overline{A_1}\,\overline{A_2}\,\overline{A_3})$$

由于每次测量是相互独立的，即

$$P(A_1 + A_2 + A_3) = 1 - P(\overline{A_1})P(\overline{A_2})P(\overline{A_3})$$

而 $P(\overline{A_1}) = P(\overline{A_2}) = P(\overline{A_3})$，则仅求 $P(\overline{A_1})$ 即可.

$$\begin{aligned}P(\overline{A_1}) = P\{|X| > 30\} &= 1 - P\{|X| \leqslant 30\} = 1 - P\{-30 \leqslant X \leqslant 30\} = \\ &1 - [F(30) - F(-30)] = \\ &1 - \left[\Phi\left(\frac{30-20}{40}\right) - \Phi\left(\frac{-30-20}{40}\right)\right] = \\ &1 - [\Phi(0.25) - \Phi(-1.25)] = \\ &2 - \Phi(0.25) - \Phi(1.25) = \\ &2 - 0.598\,7 - 0.894\,4 = 0.506\,9\end{aligned}$$

则

$$P(A_1 + A_2 + A_3) = 1 - 0.506\,9^3 \approx 0.869\,8$$

正态分布是概率论中一种常见的也是重要的随机变量的分布．在自然界与工程技术中，许多随机变量都服从或近似服从正态分布．例如，产品的直径、长度，学生的考试成绩，农作物的收获量，测量误差等．若一个随机变量是由大量相互独立的、微小的偶然因素的总和所构成，而每一个偶然因素对总和的影响是均匀微小的，则这个随机变量必然服从或近似服从正态分布．由正态分布还可导出其他一些重要的分布，所以研究正态分布有很重要的意义.

为了方便今后在数理统计中的应用，对于服从标准正态分布的随机变量，引入上 α 分位点的定义.

定义 2.11　设随机变量 $X \sim N(0,1)$，若 z_α 满足条件

$$P\{X > z_\alpha\} = \alpha, 0 < \alpha < 1 \tag{2.13}$$

则称点 z_α 为标准正态分布的上 α 分位点（图 2.4）.

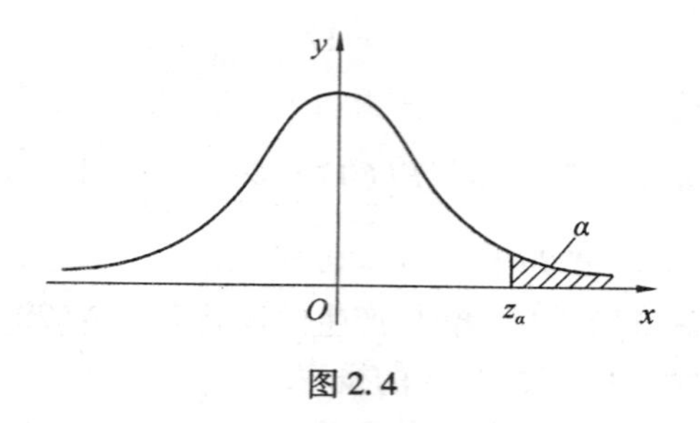

图2.4

2.5　随机变量的函数的分布

在许多实际问题中,不仅需要研究随机变量,往往还要研究随机变量的函数. 例如,某商品的需求量是一个随机变量,而该商品的销售收入就是需求量的函数;或者要确定生产的某型号滚珠体积 V 的分布,则需要通过其直径 D 的分布得到. 在本节中,将讨论如何由已知的随机变量 X 的分布,确定它的函数 $g(X)$($g(\cdot)$ 是已知的连续函数,且也是随机变量)的分布.

2.5.1　离散型随机变量的函数的分布

【例2.26】　设随机变量 X 的概率分布见表2.7,且随机变量 $Y=4X+1$,$Z=X^2$. 分别求 Y,Z 的概率分布.

表2.7

X	-1	0	1	2
p_k	0.2	0.1	0.3	0.4

解　Y 的所有可能取值为 $-3,1,5,9$,即

$$P\{Y=-3\}=P\{4X+1=-3\}=P\{X=-1\}=0.2$$
$$P\{Y=1\}=P\{4X+1=1\}=P\{X=0\}=0.1$$
$$P\{Y=5\}=P\{4X+1=5\}=P\{X=1\}=0.3$$
$$P\{Y=9\}=P\{4X+1=9\}=P\{X=2\}=0.4$$

得 Y 的概率分布见表2.8.

表2.8

Y	-3	1	5	9
p_k	0.2	0.1	0.3	0.4

Z 的所有可能取值为 $0,1,4$,即

$$P\{Z=0\}=P\{X=0\}=0.1$$

$$P\{Z=1\}=P\{X^2=1\}=P\{X=-1\}+P\{X=1\}=0.2+0.3=0.5$$

$$P\{Z=4\}=P\{X^2=4\}=P\{X=2\}=0.4$$

得 Z 的概率分布见表2.9.

表2.9

Z	0	1	4
p_k	0.1	0.5	0.4

一般地，若离散型随机变量 X 的概率分布为 $P\{X=x_k\}=p_k(k=1,2,\cdots)$，则 $Y=g(X)$ 的全部可能取值为 $y_i(y_i=g(x_k),k=1,2,\cdots;i=1,2,\cdots)$. 由于其中可能有重复，所以在计算 $P\{Y=y_i\}$ 时应将使 $y_i=g(x_k)$ 的所有 x_k 所对应的概率 $P\{X=x_k\}$ 累加起来，即有

$$P\{Y=y_i\}=\sum_{k:g(x_k)=y_i}P\{X=x_k\},k=1,2,\cdots;i=1,2,\cdots$$

则 X 的概率分布见表2.10.

表2.10

X	x_1	x_2	$\cdots$	x_n	$\cdots$
p_k	p_1	p_2	$\cdots$	p_n	$\cdots$

则 $Y=g(X)$ 的概率分布见表2.11.

表2.11

$Y=g(X)$	$g(x_1)$	$g(x_2)$	$\cdots$	$g(x_n)$	$\cdots$
p_k	p_1	p_2	$\cdots$	p_n	$\cdots$

若 $g(x_k)$ 中有相同的值，应将相应的 p_k 合并.

2.5.2　连续型随机变量的函数的分布

【例2.27】　设随机变量 $X\sim f_X(x)$，求随机变量 $Y=2X+5$ 的概率密度 $f_Y(y)$，其中

$$f_X(x)=\frac{1}{\pi(1+x^2)},\ -\infty<x<+\infty$$

解　$F_Y(y)=P\{Y\leqslant y\}=P\{2X+5\leqslant y\}=$

$$P\left\{X\leqslant\frac{y-5}{2}\right\}=F_X\left(\frac{y-5}{2}\right)=\int_{-\infty}^{\frac{y-5}{2}}\frac{1}{\pi(1+x^2)}\mathrm{d}x$$

将 $F_Y(y)$ 对 y 求导，得

$$f_Y(y)=F'_Y(y)=\left[F_X\left(\frac{y-5}{2}\right)\right]'=f_X\left(\frac{y-5}{2}\right)\left(\frac{y-5}{2}\right)'=$$

$$\frac{1}{2}\cdot\frac{4}{\pi[4+(y-5)^2]}=\frac{2}{\pi[4+(y-5)^2]}$$

定理 2.5 设随机变量 X 具有概率密度 $f_X(x)(-\infty<x<+\infty)$,函数 $g(x)$ 处处可导且恒有 $g'(x)>0$(或恒有 $g'(x)<0$),$h(y)$ 是函数 $g(x)$ 的反函数,则 $Y=g(X)$ 是连续型随机变量,其概率密度为

$$f_Y(y)=\begin{cases}f_X[h(y)]\,|h'(y)|, & \alpha<y<\beta \\ 0, & \text{其他}\end{cases}\tag{2.14}$$

其中 $\alpha=\min\{g(-\infty),g(+\infty)\}$,$\beta=\max\{g(-\infty),g(+\infty)\}$.

【例 2.28】 设随机变量 $X\sim f_X(x)$,求随机变量 $Y=\ln X$ 的概率密度,其中

$$f_X(x)=\begin{cases}\dfrac{1}{3}(4x+1), & 0<x<1 \\ 0, & \text{其他}\end{cases}$$

解 $y=\ln x$ 在区间 $(0,1)$ 内,值域 $y<0$,反函数 $x=e^y$,且 $(e^y)'=e^y>0$,由式(2.14)有

$$f_Y(y)=\begin{cases}\dfrac{1}{3}e^y(4e^y+1), & y<0 \\ 0, & \text{其他}\end{cases}$$

【例 2.29】 设随机变量 $X\sim f_X(x)$,求随机变量 $Y=X^2$ 的概率密度 $f_Y(y)$.

解 该题不符合定理 2.5 的条件,只能直接用分布函数的定义计算,即

$$F_Y(y)=P\{Y\leqslant y\}=P\{X^2\leqslant y\}=P\{-\sqrt{y}\leqslant X\leqslant\sqrt{y}\}=$$
$$F_X(\sqrt{y})-F_X(-\sqrt{y})$$

将 $F_Y(y)$ 对 y 求导,得

$$f_Y(y)=\begin{cases}\dfrac{1}{2\sqrt{y}}[f_X(\sqrt{y})+f_X(-\sqrt{y})], & y>0 \\ 0, & \text{其他}\end{cases}$$

从例 2.27 和例 2.29 发现,一般情况下,先求 Y 的分布函数,再求 Y 的概率密度. 在求 Y 的分布函数时,设法将其转化为 X 的分布函数,其关键一步是在“$Y\leqslant y$”即“$g(X)\leqslant y$”中解出 X,从而得到一个与“$g(X)\leqslant y$”等价的 X 的不等式,并以后者代替“$g(X)\leqslant y$”.

2.6 应用实例

【例 2.30】 某种电子元件在电压不超过 200 V,200 ~ 240 V,超过 240 V 都有损坏的可能,损坏的概率依次为 0.1,0.001,0.2,在三种情况下损坏相互独立,且电压 $X\sim N(220,25^2)$. 求(1) 电子元件损坏的概率;(2) 已知电子元件已损坏,求电子元件恰好在电压 200 ~ 240 V 间的概率.

解　设事件 B 表示“电子元件损坏”，事件 A_1 表示“电子元件工作处于电压不超过 200 V”，事件 A_2 表示“电子元件工作处于电压在 200 ~ 240 V 之间”，事件 A_3 表示“电子元件工作处于电压超过 240 V”.

$$P(A_1)=P\{X<200\}=F(200)=\Phi\left(\frac{200-220}{25}\right)=$$

$$\Phi(-0.8)=1-\Phi(0.8)=1-0.788\,1=0.211\,9$$

$$P(A_2)=P\{200<X<240\}=F(240)-F(200)=\Phi\left(\frac{240-220}{25}\right)-\Phi\left(\frac{200-220}{25}\right)=$$

$$\Phi(0.8)-\Phi(-0.8)=2\Phi(0.8)-1=0.576\,2$$

$$P(A_3)=P\{X>240\}=1-F(240)=1-\Phi\left(\frac{240-220}{25}\right)=$$

$$1-\Phi(0.8)=1-0.788\,1=0.211\,9$$

$$P(B|A_1)=0.1,P(B|A_2)=0.001,P(B|A_3)=0.2$$

则

$$P(B)=\sum_{i=1}^{3}P(B|A_i)P(A_i)=0.211\,9\times 0.1+0.576\,2\times 0.001+0.211\,9\times 0.2\approx 0.064$$

$$P(A_2|B)=\frac{P(B|A_2)P(A_2)}{\sum_{i=1}^{3}P(B|A_i)P(A_i)}=\frac{0.576\,2\times 0.001}{0.064}\approx 0.009$$

【例 2.31】　公共汽车车门高度是按男子与车门碰头概率在 0.01 以下来设计的. 设男子身高 X 服从 $\mu=168$ cm，$\sigma=7$ cm 的正态分布，即 $X\sim N(168,7^2)$. 问车门的高度应如何确定.

解　若车门高度为 h cm，由题意有

$$P\{X\geqslant h\}\leqslant 0.01 \text{ 或 } P\{X<h\}\geqslant 0.99$$

因为 $X\sim N(168,7^2)$，则

$$P\{X<h\}=\Phi\left(\frac{h-168}{7}\right)\geqslant 0.99$$

查表有 $\Phi(2.33)\approx 0.990\,1>0.99$. 因此 $\frac{h-168}{7}=2.33$，解得

$$h=168+7\times 2.33=184.31$$

所以车门的高度为 184.31 cm 时，男子与车门碰头的机会在 0.01 以下.

习题二

1. 下列各表是否能作为离散型随机变量的概率分布？为什么？

(1)

X	-2	0	4
p_k	0.2	0.3	0.5

(2)

X	0	1	2	4
p_k	0.1	0.4	0.2	0.1

(3)

X	0	1	2	…	10
p_k	$\frac{1}{2}$	$\frac{1}{2}\times\frac{1}{3}$	$\frac{1}{2}\times\left(\frac{1}{3}\right)^2$	…	$\frac{1}{2}\times\left(\frac{1}{3}\right)^{10}$

2. 15件产品中有2件为次品,从中随机抽取3件,用X表示取出的次品数,求X的概率分布.

3. 一批产品分一、二、三级,其中一级品是二级品的两倍,三级品是二级品的1/2. 从这批产品中随机地抽取一个检验质量,用随机变量描述检验的可能结果,写出它的概率分布.

4. 猎人对一只猛兽射击,直至首次命中为止. 由于时间紧迫,他最多只能射击4次,如果猎人每次命中的概率为0.7,用X表示这段时间内猎人没有命中的次数. 求(1)X的概率分布;(2)$P\{X<2\}$;(3) $P\{1<X\leqslant 3\}$.

5. 盒内有12个乒乓球,其中9个为新球,3个为旧球,采取不放回抽取,每次一个直到取得新球为止,求下列随机变量的概率分布:(1) 抽取次数X;(2) 取到旧球个数Y.

6. 设随机变量X的概率分布为

$$P\{X=k\}=\frac{a}{N},k=1,2,\cdots,N$$

求常数a.

7. 当c为何值时,$P\{X=k\}=c\left(\frac{2}{3}\right)^k(k=1,2,\cdots)$才能成为随机变量$X$的概率分布.

8. 一射手对同一目标独立地进行4次射击,已知至少命中一次的概率为65/81,求该射手的命中率.

9. 设每次投篮的命中率为0.7,求(1) 投篮10次恰有3次命中的概率;(2) 至少命中3次的概率.

10. 有5道是非题,如果学生仅凭猜测来回答,求(1) 这5道题都答对的概率;(2) 恰好答对一道题的概率;(3) 至少答对一道题的概率.

11. 设随机变量 X,Y,其中 $X \sim B(2,p)$,$Y \sim B(3,p)$,且 $P\{X \geqslant 1\} = \frac{5}{9}$,求 $P\{Y \geqslant 1\}$.

12. 每个粮仓内老鼠数目服从泊松分布,若已知一个粮仓内,有一只老鼠的概率为有两只老鼠的概率的两倍,求粮仓内无老鼠的概率.

13. 某电话交换台每分钟收到的呼叫次数 $X \sim P(4)$,求(1) 每分钟恰好收到6次呼叫的概率;(2) 每分钟收到呼叫的次数不少于10次的概率.

14. 某电话站为300个电话用户服务,在1 h内每一个电话用户使用电话的概率为0.01,求在1 h内恰有4个用户使用电话的概率.

15. 设随机变量 X 的概率分布如下表所示.

X	-2	-1	0	1
p_k	$\frac{1}{5}$	$\frac{1}{6}$	$\frac{1}{3}$	$\frac{3}{10}$

求(1)X 的分布函数;(2)$P\{-1 \leqslant X \leqslant 1\}$.

16. 某产品40件中有3件为次品,现从中任取3件,求取出3件产品中的次品数 X 的概率分布及分布函数.

17. 设随机变量 X 的分布函数为

$$F(x) = \begin{cases} 0, & x < -1 \\ 0.4, & -1 \leqslant x < 1 \\ 0.8, & 1 \leqslant x < 3 \\ 1, & x \geqslant 3 \end{cases}$$

求 X 的概率分布.

18. 设函数 $f(x) = \begin{cases} \frac{x}{c}e^{-\frac{x^2}{2c}}, & x > 0 \\ 0, & \text{其他} \end{cases}$,其中 $c > 0$,讨论 $f(x)$ 是否为随机变量的概率密度,为什么?

19. 设随机变量 X 的概率密度为

$$f(x) = \begin{cases} \frac{c}{\sqrt{1-x^2}}, & |x| < 1 \\ 0, & \text{其他} \end{cases}$$

求(1) 系数 c;(2)$P\{|X| < \frac{1}{2}\}$.

20. 设随机变量 X 的概率密度为

$$f(x) = \begin{cases} ax + b, & 0 < x < 1 \\ 0, & \text{其他} \end{cases}$$

且 $P\{X > \frac{1}{2}\} = \frac{5}{8}$,求 a,b 的值.

21. 设随机变量 X 的概率密度为

$$f(x) = \begin{cases} Ax(1-x), & 0 < x < 1 \\ 0, & \text{其他} \end{cases}$$

求(1) 系数 A;(2)X 的分布函数.

22. 设随机变量 X 的概率密度为

$$f(x) = \begin{cases} \frac{2x}{\pi^2}, & 0 < x < a \\ 0, & \text{其他} \end{cases}$$

求(1) 常数 a;(2)X 的分布函数.

23. 设随机变量 X 的分布函数为

$$F(x) = A + B\arctan\frac{x}{2}$$

求(1) 系数 A,B;(2)$P\{-2 < X < 2\}$.

24. 设随机变量 X 的分布函数为

$$F(x) = \begin{cases} 0, & x < 0 \\ A\sqrt{x}, & 0 \leqslant x < 1 \\ 1, & x \geqslant 1 \end{cases}$$

求(1) 系数 A;(2)$P\{0 \leqslant X \leqslant 0.25\}$;(3)$X$ 的概率密度 $f(x)$.

25. 设随机变量 X 的概率密度为

$$f(x) = \begin{cases} 2\left(1 - \frac{1}{x^2}\right), & 1 < x < 2 \\ 0, & \text{其他} \end{cases}$$

求 X 的分布函数.

26. 设随机变量 $Y \sim U(0,5)$,求关于 x 的二次方程 $4x^2 + 4xY + Y + 2 = 0$ 有实根的概率.

27. 设随机变量 $X \sim N(0,1)$,求(1)$P\{X < 3\}$;(2)$P\{X < -7\}$;(3)$P\{2.35 < X < 5\}$.

28. 设随机变量 $X \sim N(0,1)$,求(1)$P\{2 < X < 3\}$;(2)$P\{X < -1.23\}$;(3)$P\{|X| < 2.4\}$.

29. 设随机变量 $X \sim N(5,2^2)$,求(1)$P\{5 < X < 8\}$;(2)$P\{X \leqslant 0\}$;(3)$P\{|X-5| < 2\}$.

30. 某批产品的长度 $X \sim N(50,0.5^2)$,求(1) 产品长度落在 49.5 到 50.5 之间的概率;(2) 产品长度 X 不超过 49.2 的概率.

31. 设随机变量 $X \sim N(\mu,\sigma^2)$,若 $P\{X < 9\} = 0.975$,$P\{X < 2\} = 0.062$,求 μ,σ 的值.

32. 设随机变量 $X \sim N(10,2^2)$,且 $P\{|X-10| < c\} = 0.95$,$P\{X < d\} = 0.023$,求 c,d 的

值.

33. 设随机变量 X 的概率分布为

X	-2	-1	0	1
p_k	0.2	0.4	0.3	0.1

求随机变量 $Y=X^2$ 的概率分布.

34. 设随机变量 $X\sim U(0,1)$，求(1) 随机变量 $Y=\mathrm{e}^X$ 的概率密度 $f_Y(y)$；(2) 随机变量 $Z=|\ln X|$ 的概率密度 $f_Z(z)$.

35. 设随机变量 $X\sim U\left(0,\frac{\pi}{2}\right)$，求 $Y=\cos X$ 的概率密度 $f_Y(y)$.

36. 设随机变量 X 的概率密度为

$$f_X(x)=\begin{cases}\mathrm{e}^{-x}, & x>0\\ 0, & \text{其他}\end{cases}$$

求 $Y=X^2$ 的概率密度 $f_Y(y)$.

37. 设随机变量 X 的概率密度为

$$f_X(x)=\begin{cases}x^3\mathrm{e}^{-x^2}, & x>0\\ 0, & \text{其他}\end{cases}$$

求 $Y=2X+3$ 的概率密度 $f_Y(y)$.

38. 设 $X\sim U(a,b)$，证明 $Y=aX+b\,(a\neq 0)$ 也服从均匀分布.

第3章

Chapter 3

二维随机变量及其分布

在第2章中,引入了随机变量的概念,其实质是随机试验的结果与实数之间的某种对应关系,而在实际生活中,往往需要多个实数值来描述试验结果. 例如,电梯的设计师在设计电梯的空间和载重时,需兼顾电梯可能使用者的身高和体重,这里将身高和体重作为一个整体(身高,体重)来描述电梯使用者. 将描述研究对象的各个指标变量作为一个整体加以研究,这样才能更全面地描述随机现象,揭示各变量之间的内在关系,因此产生了 n 维随机变量.

设 $X_1,X_2,\cdots,X_n$ 为定义在同一样本空间 Ω 上的 $n(n\geqslant 1)$ 个随机变量,它们的有序组 $X=(X_1,X_2,\cdots,X_n)$ 称为 n 维随机变量或 n 维随机向量.

据此定义,第2章讲的是一维随机变量,本章仅讨论二维随机变量,至于二维以上的随机变量不难类推.

3.1　二维随机变量

定义 3.1　设 X,Y 是定义在样本空间 Ω 上的两个随机变量,则 (X,Y) 称为二维随机变量或二维随机向量.

二维随机变量 (X,Y) 的性质不仅与 X 及 Y 有关,还依赖于这两个随机变量之间的相互关系. 类似于一维随机变量,下面给出二维随机变量联合分布函数的定义.

定义 3.2　设 (X,Y) 为二维随机变量,x,y 为任意实数,函数

$$F(x,y)=P\{X\leqslant x,Y\leqslant y\} \tag{3.1}$$

称为 (X,Y) 的联合分布函数. 其中 $\{X\leqslant x,Y\leqslant y\}$ 表示事件 $\{X\leqslant x\}$ 和事件 $\{Y\leqslant y\}$ 同时发生.

如果将(X,Y)视做一个随机点，那么$F(x,y)$的几何意义就是随机点(X,Y)落在坐标平面上点(x,y)左下方的无穷矩形$(-\infty,x]\cap(-\infty,y]$内的概率（图3.1阴影部分）.

类似于一维随机变量的情况，点(X,Y)落入任一矩形$G=\{(x,y)\mid x_1<x\leqslant x_2,y_1<y\leqslant y_2\}$（图3.2）的概率为

$$P\{x_1<X\leqslant x_2,y_1<Y\leqslant y_2\}=F(x_2,y_2)-F(x_2,y_1)-F(x_1,y_2)+F(x_1,y_1) \tag{3.2}$$

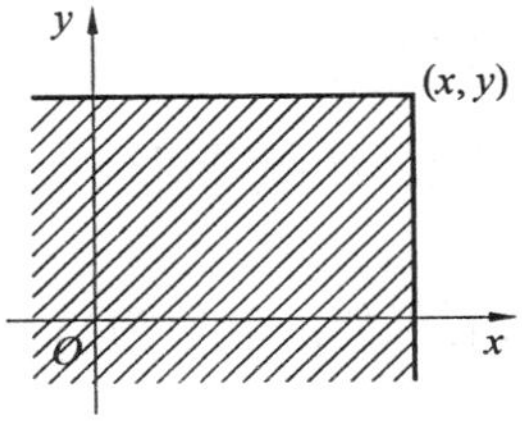

图3.1

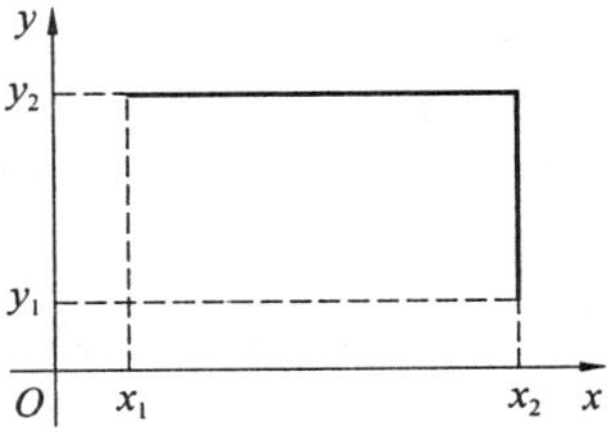

图3.2

由分布函数$F(x,y)$的定义及概率的性质可以证明$F(x,y)$具有以下基本性质：

(1) 对于任意实数x,y有$0\leqslant F(x,y)\leqslant 1$，且

$$F(-\infty,y)=0,F(x,-\infty)=0,F(+\infty,+\infty)=1$$

其中

$$F(-\infty,y)=\lim_{x\to-\infty}F(x,y),F(x,-\infty)=\lim_{y\to-\infty}F(x,y),F(+\infty,+\infty)=\lim_{\substack{x\to+\infty\\ y\to+\infty}}F(x,y)$$

(2) $F(x,y)$对每个自变量x或y都是不减函数，即若$x_1<x_2$，则

$$F(x_1,y)\leqslant F(x_2,y)$$

若$y_1<y_2$，则

$$F(x,y_1)\leqslant F(x,y_2)$$

(3) $F(x,y)$分别对x,y右连续，即

$$F(x+0,y)=F(x,y),F(x,y+0)=F(x,y)$$

(4) 对于任意实数$x_1,x_2(x_1<x_2)$及$y_1,y_2(y_1<y_2)$有

$$F(x_2,y_2)-F(x_2,y_1)-F(x_1,y_2)+F(x_1,y_1)\geqslant 0$$

可以证明，如果一个普通的二元函数具有以上四条性质，则此函数必定可以作为某一个二维随机变量的联合分布函数，这里省略了严格的数学证明.

【例3.1】 设$F(x,y)=\begin{cases}0, & x<0,y<0\\ 1, & \text{其他}\end{cases}$，判断$F(x,y)$是否为某二维随机变量的联合分布函数.

解　容易验证$F(x,y)$具有上述性质(1)、(2)、(3)，但是不满足性质(4). 事实上，有

$$F(1,1)-F(1,-1)-F(-1,1)+F(-1,-1)=-1<0$$

因此,该函数不能作为联合分布函数.

与一维随机变量相同,也只讨论离散型和连续型两种二维随机变量.

3.2 二维离散型随机变量

3.2.1 二维离散型随机变量及其联合概率分布

定义3.3 若二维随机变量(X,Y)的所有可能取值为有限对或可列无穷多对,则称(X,Y)为二维离散型随机变量.

定义3.4 设(X,Y)为二维离散型随机变量,其所有可能的取值为$(x_i,y_j)(i=1,2,\cdots;j=1,2,\cdots)$,把事件$\{X=x_i,Y=y_j\}$的概率

$$P\{X=x_i,Y=y_j\}=p_{ij},i=1,2,\cdots;j=1,2,\cdots \tag{3.3}$$

称为二维离散型随机变量(X,Y)的联合概率分布.

根据概率的性质,定义3.4中的p_{ij}满足条件

$$p_{ij}\geqslant 0 \text{ 且} \sum_i\sum_j p_{ij}=1 \tag{3.4}$$

二维离散型随机变量(X,Y)的联合概率分布常用表格来表示,见表3.1.

表3.1

X \ Y	y_1	y_2	$\cdots$	y_j	$\cdots$
x_1	p_{11}	p_{12}	$\cdots$	p_{1j}	$\cdots$
x_2	p_{21}	p_{22}	$\cdots$	p_{2j}	$\cdots$
$\vdots$	$\vdots$	$\vdots$	$\vdots$	$\vdots$	$\vdots$
x_i	p_{i1}	p_{i2}	$\cdots$	p_{ij}	$\cdots$
$\vdots$	$\vdots$	$\vdots$	$\vdots$	$\vdots$	$\vdots$

【例3.2】 设随机变量X在1,2,3,4四个整数中等可能地取一个值,另一个随机变量Y在$1\sim X$中等可能地取一整数值.求二维随机变量(X,Y)的联合概率分布.

解 $\{X=i,Y=j\}$的取值情况是:$i=1,2,3,4$,j取不大于i的正整数,且

$$P\{X=i,Y=j\}=P\{Y=j|X=i\}P\{X=i\}=\frac{1}{i}\cdot\frac{1}{4},i=1,2,3,4;j\leqslant i$$

于是(X,Y)的联合概率分布见表3.2.

表3.2

$X \backslash Y$	1	2	3	4
1	$\frac{1}{4}$	0	0	0
2	$\frac{1}{8}$	$\frac{1}{8}$	0	0
3	$\frac{1}{12}$	$\frac{1}{12}$	$\frac{1}{12}$	0
4	$\frac{1}{16}$	$\frac{1}{16}$	$\frac{1}{16}$	$\frac{1}{16}$

3.2.2　二维离散型随机变量的边缘概率分布

定义3.5　已知二维随机变量(X,Y)，其分量X和Y各自的分布函数称为(X,Y)关于X和Y的边缘分布函数，分别记作$F_X(x)$，$F_Y(y)$.

已知二维随机变量(X,Y)的联合分布函数$F(x,y)$，那么

$$F_X(x)=P\{X\leqslant x,Y<+\infty\}=F(x,+\infty) \tag{3.5}$$

$$F_Y(y)=P\{X<+\infty,Y\leqslant y\}=F(+\infty,y) \tag{3.6}$$

其中$F(x,+\infty)=\lim\limits_{y\to+\infty}F(x,y)$，$F(+\infty,y)=\lim\limits_{x\to+\infty}F(x,y)$.

因此，边缘分布函数$F_X(x)$，$F_Y(y)$可以由联合分布函数所确定.

定义3.6　已知二维离散型随机变量(X,Y)，其分量X和Y各自的概率分布称为(X,Y)关于X和Y的边缘概率分布.

于是，X的边缘概率分布为

$$P\{X=x_i\}=\sum_{j=1}^{\infty}p_{ij}$$

记作

$$P\{X=x_i\}=p_{i\cdot} \tag{3.7}$$

同理，Y的边缘概率分布为

$$P\{Y=y_j\}=\sum_{i=1}^{\infty}p_{ij}$$

记作

$$P\{Y=y_j\}=p_{\cdot j} \tag{3.8}$$

一般地，将二维离散型随机变量的联合概率分布和边缘概率分布同列在一个表格里，见表3.3.

表 3.3

X \ Y	y_1	y_2	$\cdots$	y_j	$\cdots$	$p_{i\cdot}$
x_1	p_{11}	p_{12}	$\cdots$	p_{1j}	$\cdots$	$p_{1\cdot}$
x_2	p_{21}	p_{22}	$\cdots$	p_{2j}	$\cdots$	$p_{2\cdot}$
$\vdots$	$\vdots$	$\vdots$	$\vdots$	$\vdots$	$\vdots$	$\vdots$
x_i	p_{i1}	p_{i2}	$\cdots$	p_{ij}	$\cdots$	$p_{i\cdot}$
$\vdots$	$\vdots$	$\vdots$	$\vdots$	$\vdots$	$\vdots$	$\vdots$
$p_{\cdot j}$	$p_{\cdot 1}$	$p_{\cdot 2}$	$\cdots$	$p_{\cdot j}$	$\cdots$	1

其中,$p_{i\cdot}$ 恰好是第 $i(i=1,2,\cdots)$ 行的概率之和,$p_{\cdot j}$ 是第 $j(j=1,2,\cdots)$ 列的概率之和.

【例 3.3】 求例 3.2 中 (X,Y) 关于 X 和 Y 的边缘概率分布.

解 由式(3.7)得

$$p_{1\cdot}=\sum_{j=1}^{4}P\{X=1,Y=j\}=\frac{1}{4}$$

$$p_{2\cdot}=\sum_{j=1}^{4}P\{X=2,Y=j\}=\frac{1}{4}$$

$$p_{3\cdot}=\sum_{j=1}^{4}P\{X=3,Y=j\}=\frac{1}{4}$$

$$p_{4\cdot}=\sum_{j=1}^{4}P\{X=4,Y=j\}=\frac{1}{4}$$

同理,由式(3.8)得

$$p_{\cdot 1}=\sum_{i=1}^{4}P\{X=i,Y=1\}=\frac{25}{48}$$

$$p_{\cdot 2}=\sum_{i=1}^{4}P\{X=i,Y=2\}=\frac{13}{48}$$

$$p_{\cdot 3}=\sum_{i=1}^{4}P\{X=i,Y=3\}=\frac{7}{48}$$

$$p_{\cdot 4}=\sum_{i=1}^{4}P\{X=i,Y=4\}=\frac{1}{16}$$

(X,Y) 的联合概率分布和边缘概率分布见表 3.4.

表 3.4

$X \backslash Y$	1	2	3	4	$p_{i\cdot}$
1	$\frac{1}{4}$	0	0	0	$\frac{1}{4}$
2	$\frac{1}{8}$	$\frac{1}{8}$	0	0	$\frac{1}{4}$
3	$\frac{1}{12}$	$\frac{1}{12}$	$\frac{1}{12}$	0	$\frac{1}{4}$
4	$\frac{1}{16}$	$\frac{1}{16}$	$\frac{1}{16}$	$\frac{1}{16}$	$\frac{1}{4}$
$p_{\cdot j}$	$\frac{25}{48}$	$\frac{13}{48}$	$\frac{7}{48}$	$\frac{1}{16}$	1

【例 3.4】　袋中有 1 个红球和 1 个白球,每次从袋中取出一球,连取两次. 令

$$X=\begin{cases}0, & \text{第一次取到红球}\\1, & \text{第一次取到白球}\end{cases},\quad Y=\begin{cases}0, & \text{第二次取到红球}\\1, & \text{第二次取到白球}\end{cases}$$

分别按“有放回抽样”和“无放回抽样”,求二维随机变量(X,Y)的联合概率分布和边缘概率分布.

解　“有放回抽样”的联合概率分布和边缘概率分布如表3.5所示,“无放回抽样”的联合概率分布和边缘概率分布如表 3.6 所示.

表 3.5

$X \backslash Y$	0	1	$p_{i\cdot}$
0	$\frac{1}{4}$	$\frac{1}{4}$	$\frac{1}{2}$
1	$\frac{1}{4}$	$\frac{1}{4}$	$\frac{1}{2}$
$p_{\cdot j}$	$\frac{1}{2}$	$\frac{1}{2}$	1

表 3.6

$X \backslash Y$	0	1	$p_{i\cdot}$
0	0	$\frac{1}{2}$	$\frac{1}{2}$
1	$\frac{1}{2}$	0	$\frac{1}{2}$
$p_{\cdot j}$	$\frac{1}{2}$	$\frac{1}{2}$	1

由此可以看出,在"有放回抽样"与"无放回抽样"这两个不同的试验中,(X,Y) 具有不同的联合概率分布,但它们相应的边缘概率分布却是相同的. 这说明,对 (X,Y) 中分量的边缘概率分布的讨论不能代替对 (X,Y) 联合概率分布的讨论,这正是必须要把 (X,Y) 作为一个整体来研究的原因.

3.3 二维连续型随机变量

3.3.1 二维连续型随机变量及其联合概率分布

前面讨论了二维离散型随机变量,本节将讨论二维连续型随机变量. 与一维连续型随机变量的定义类似,可以由函数 $f(x,y)$ 出发来定义二维连续型随机变量.

定义3.7 设 $F(x,y)$ 为二维随机变量 (X,Y) 的联合分布函数,若存在非负可积函数 $f(x,y)$,使得对于任意的 $x,y\in\mathbf{R}$,有

$$F(x,y)=\int_{-\infty}^{x}\int_{-\infty}^{y}f(u,v)\,\mathrm{d}u\mathrm{d}v \tag{3.9}$$

则称 (X,Y) 为二维连续型随机变量,并称 $f(x,y)$ 为 (X,Y) 的联合概率密度函数,简称联合概率密度.

联合概率密度具有以下基本性质:

(1) 非负性

$$f(x,y)\geqslant 0$$

(2) 规范性

$$\int_{-\infty}^{+\infty}\int_{-\infty}^{+\infty}f(x,y)\,\mathrm{d}x\mathrm{d}y=1$$

(3) G 是 xOy 平面上的区域,则 (X,Y) 落在 G 内的概率为

$$P\{(X,Y)\in G\}=\iint_{G}f(x,y)\,\mathrm{d}x\mathrm{d}y$$

(4) 若 $f(x,y)$ 在点 (x,y) 连续,则有

$$\frac{\partial^{2}F(x,y)}{\partial x\partial y}=f(x,y)$$

如果一个二元函数 $f(x,y)$ 具有以上四条性质,则此二元函数必定可以作为某个二维随机变量的联合概率密度.

【例3.5】 已知二维随机变量 (X,Y) 的联合概率密度为

$$f(x,y)=\begin{cases}k\mathrm{e}^{-(2x+3y)}, & x>0,y>0\\0, & \text{其他}\end{cases}$$

求(1) 常数 k 的值;(2)(X,Y) 的联合分布函数;(3)$P\{X+2Y<1\}$.

解　(1) 利用联合概率密度的性质有

$$\int_{-\infty}^{+\infty}\int_{-\infty}^{+\infty}f(x,y)\,\mathrm{d}x\mathrm{d}y=\int_0^{+\infty}\int_0^{+\infty}k\mathrm{e}^{-2x-3y}\mathrm{d}x\mathrm{d}y=$$

$$k\int_0^{+\infty}\mathrm{e}^{-2x}\mathrm{d}x\int_0^{+\infty}\mathrm{e}^{-3y}\mathrm{d}y=\frac{k}{6}=1$$

得 $k=6$,从而

$$f(x,y)=\begin{cases}6\mathrm{e}^{-(2x+3y)}, & x>0,y>0\\ 0, & \text{其他}\end{cases}$$

(2) 当 $x\leqslant 0$ 或 $y\leqslant 0$ 时,显然 $F(x,y)=0$;现在设 $x>0,y>0$,有

$$F(x,y)=\int_{-\infty}^{x}\int_{-\infty}^{y}f(u,v)\,\mathrm{d}u\mathrm{d}v=6\int_0^x\int_0^y\mathrm{e}^{-(2u+3v)}\,\mathrm{d}u\mathrm{d}v=$$

$$\int_0^x 2\mathrm{e}^{-2u}\mathrm{d}u\int_0^y 3\mathrm{e}^{-3v}\mathrm{d}v=(1-\mathrm{e}^{-2x})(1-\mathrm{e}^{-3y})$$

即

$$F(x,y)=\begin{cases}(1-\mathrm{e}^{-2x})(1-\mathrm{e}^{-3y}), & x>0,y>0\\ 0, & \text{其他}\end{cases}$$

(3)(X,Y) 的取值区域如图3.3阴影部分所示,故

$$P\{X+2Y<1\}=\iint\limits_{x+2y<1}f(x,y)\,\mathrm{d}x\mathrm{d}y=\int_0^1\mathrm{d}x\int_0^{\frac{1-x}{2}}6\mathrm{e}^{-2x-3y}\mathrm{d}y=$$

$$\int_0^1 2\mathrm{e}^{-2x}\mathrm{d}x\int_0^{\frac{1-x}{2}}3\mathrm{e}^{-3y}\mathrm{d}y=$$

$$-\int_0^1 2\mathrm{e}^{-2x}\,\mathrm{e}^{-3y}\Big|_0^{\frac{1-x}{2}}\mathrm{d}x=$$

$$1+3\mathrm{e}^{-2}-4\mathrm{e}^{-\frac{3}{2}}\approx 0.513\ 5$$

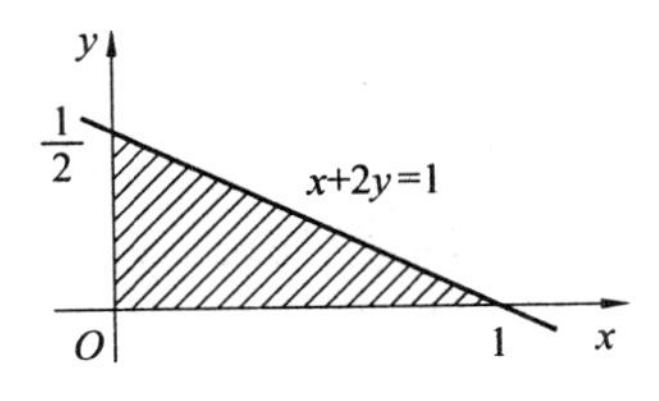

图3.3

3.3.2　二维连续型随机变量的边缘分布

3.3.1节定义了边缘分布函数的概念,对于二维连续型随机变量(X,Y),若已知其联合概

率密度为$f(x,y)$,则X的边缘分布函数为

$$F_X(x)=P\{X\leqslant x\}=P\{X\leqslant x,Y<+\infty\}=$$
$$F(x,+\infty)=\int_{-\infty}^{x}\left[\int_{-\infty}^{+\infty}f(u,v)\mathrm{d}v\right]\mathrm{d}u \tag{3.10}$$

同理,Y的边缘分布函数为

$$F_Y(y)=\int_{-\infty}^{y}\left[\int_{-\infty}^{+\infty}f(u,v)\mathrm{d}u\right]\mathrm{d}v \tag{3.11}$$

这表明,二维连续型随机变量(X,Y)的分量X和Y也是连续型随机变量,且分量X和Y的概率密度分别为

$$f_X(x,y)=\int_{-\infty}^{+\infty}f(x,y)\mathrm{d}y \tag{3.12}$$

及

$$f_Y(x,y)=\int_{-\infty}^{+\infty}f(x,y)\mathrm{d}x \tag{3.13}$$

分别称它们为(X,Y)关于X和Y的**边缘概率密度函数**,简称**边缘概率密度**.

当$f(x,y)>0$的范围是$\mathbf{R}^2$上某一区域D时,X的边缘概率密度$\int_{-\infty}^{+\infty}f(x,y)\mathrm{d}y$的实际积分区域为$D_x=\{y\mid(x,y)\in D\}$,积分的上限、下限分别为$x$的函数,这一点需要注意.

【例3.6】 求例3.5中二维随机变量(X,Y)关于X和Y边缘概率密度和边缘分布函数.

解 (X,Y)关于X的边缘概率密度为

$$f_X(x)=\int_{-\infty}^{+\infty}f(x,y)\mathrm{d}y=\begin{cases}\int_0^{+\infty}6\mathrm{e}^{-2x-3y}\mathrm{d}y, & x>0\\ 0, & \text{其他}\end{cases}=\begin{cases}2\mathrm{e}^{-2x}, & x>0\\ 0, & \text{其他}\end{cases}$$

(X,Y)关于X的边缘分布函数为

$$F_X(x)=\int_{-\infty}^{x}f_X(x)\mathrm{d}x=\begin{cases}\int_0^{x}2\mathrm{e}^{-2x}\mathrm{d}x, & x>0\\ 0, & \text{其他}\end{cases}=\begin{cases}1-\mathrm{e}^{-2x}, & x>0\\ 0, & \text{其他}\end{cases}$$

(X,Y)关于Y的边缘概率密度为

$$f_Y(y)=\int_{-\infty}^{+\infty}f(x,y)\mathrm{d}x=\begin{cases}\int_0^{+\infty}6\mathrm{e}^{-2x-3y}\mathrm{d}x, & y>0\\ 0, & \text{其他}\end{cases}=\begin{cases}3\mathrm{e}^{-3y}, & y>0\\ 0, & \text{其他}\end{cases}$$

(X,Y)关于Y的边缘分布函数为

$$F_Y(y)=\int_{-\infty}^{y}f_Y(y)\mathrm{d}y=\begin{cases}\int_0^{y}3\mathrm{e}^{-3y}\mathrm{d}y, & y>0\\ 0, & \text{其他}\end{cases}=\begin{cases}1-\mathrm{e}^{-3y}, & y>0\\ 0, & \text{其他}\end{cases}$$

3.3.3　二维均匀分布

定义3.8　设 D 为 xOy 平面上的有界区域,其面积记作 S_D. 称具有联合概率密度

$$f(x,y)=\begin{cases}\dfrac{1}{S_D}, & (x,y)\in D\\ 0, & (x,y)\notin D\end{cases} \tag{3.14}$$

的二维随机变量 (X,Y) 服从 D 上的均匀分布.

若 G 为 D 的子区域,面积记为 S_G,则 $P\{(X,Y)\in G\}=\dfrac{S_G}{S_D}$,这与 G 的形状及位置无关,只与 G 的面积 S_G 的大小有关.

【例3.7】　已知二维随机变量 (X,Y) 在 D 上服从均匀分布,其中 D 是由直线 $y=x$ 和曲线 $y=x^2$ 所围成的闭区域. 求(1) $P\{X<0.5,Y<0.6\}$;(2) 随机变量 X 和 Y 的边缘概率密度 $f_X(x)$ 和 $f_Y(y)$.

解　图3.4所示阴影部分即为直线 $y=x$ 和曲线 $y=x^2$ 所围成的封闭区域,其面积为

$$S_D=\int_0^1(x-x^2)\mathrm{d}x=\frac{1}{6}$$

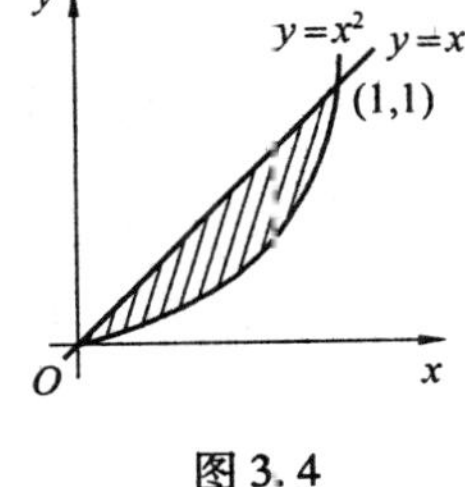

图3.4

则 (X,Y) 的联合概率密度为

$$f(x,y)=\begin{cases}6, & 0<x<1,x^2<y<x\\ 0, & 其他\end{cases}$$

因此(1) $P\{X<0.5,Y<0.6\}=6\int_0^{0.5}\mathrm{d}x\int_{x^2}^{x}\mathrm{d}y=0.5$.

(2) $$f_X(x)=\int_{-\infty}^{+\infty}f(x,y)\mathrm{d}y=\begin{cases}\int_{x^2}^{x}6\mathrm{d}y, & 0<x<1\\ 0, & 其他\end{cases}=\begin{cases}6(x-x^2), & 0<x<1\\ 0, & 其他\end{cases}$$

$$f_Y(y)=\int_{-\infty}^{+\infty}f(x,y)\mathrm{d}x=\begin{cases}\int_{y}^{\sqrt{y}}6\mathrm{d}x, & 0<y<1\\ 0, & 其他\end{cases}=\begin{cases}6(\sqrt{y}-y), & 0<y<1\\ 0, & 其他\end{cases}$$

可以看出,虽然二维随机变量 (X,Y) 的联合概率密度服从二维均匀分布,但是它的两个边缘概率密度 $f_X(x)$ 和 $f_Y(y)$ 都不再服从均匀分布了.

【例3.8】　设 $D=\{(x,y)\mid 0<x<3,0<y<1\}$ 是一矩形,向 D 上掷一随机点 (X,Y),求点 (X,Y) 落到圆 $x^2+y^2<4$ 内的概率.

解　由于矩形 D 的面积等于3,所以二维随机变量 (X,Y) 的联合概率密度为

$$f(x,y)=\begin{cases}\dfrac{1}{3}, & (x,y)\in D\\ 0, & (x,y)\notin D\end{cases}$$

令 $G=\{(x,y)\mid x^2+y^2<4\}$,则 D 与 G 的公共区域如图3.5阴影部分所示,则点 (X,Y) 落到 G 内的概率为

$$P\{X^2+Y^2<4\}=\iint\limits_{x^2+y^2<4}f(x,y)\mathrm{d}x\mathrm{d}y=$$

$$\frac{1}{3}\int_0^1\mathrm{d}y\int_0^{\sqrt{4-y^2}}\mathrm{d}x=$$

$$\frac{1}{3}\left(\frac{\pi}{3}+\frac{\sqrt{3}}{2}\right)\approx 0.6377$$

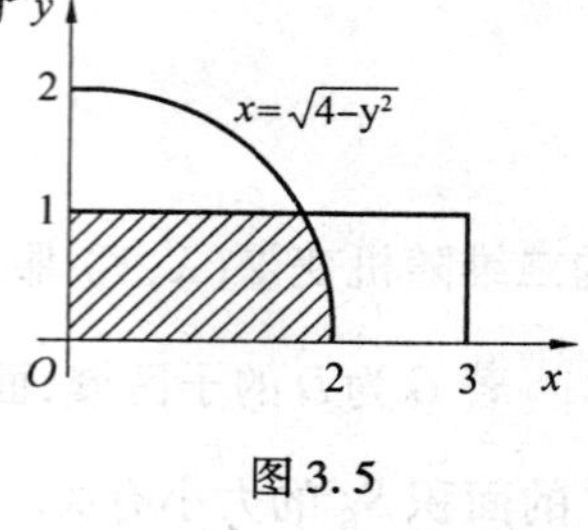

图 3.5

3.4 二维随机变量的独立性

3.4.1 离散型随机变量的独立性

定义 3.9 已知二维离散型随机变量 (X,Y),若 (X,Y) 的所有可能取值为 (x_i,y_j) $(i=1,2,\cdots;j=1,2,\cdots)$ 且有

$$P\{X=x_i,Y=y_j\}=P\{X=x_i\}P\{Y=y_j\} \tag{3.15}$$

即

$$p_{ij}=p_{i\cdot}p_{\cdot j},i=1,2,\cdots;j=1,2,\cdots$$

则称二维离散型随机变量 (X,Y) 的两个分量 X 与 Y 相互独立.

一般地,边缘概率分布不能决定二维随机变量的联合概率分布,但当 X 和 Y 相互独立时,(X,Y) 的联合概率分布被它的两个边缘概率分布完全确定.

3.4.2 连续型随机变量的独立性

定义 3.10 已知二维连续型随机变量 (X,Y),若 (X,Y) 的联合分布函数与边缘分布函数满足

$$F(x,y)=F_X(x)F_Y(y),(x,y)\in\mathbf{R} \tag{3.16}$$

则称二维连续型随机变量 (X,Y) 的两个分量 X 与 Y 相互独立.

定理3.1 二维连续型随机变量 (X,Y) 中两个分量 X 与 Y 相互独立的充分必要条件是,其联合概率密度 $f(x,y)$ 在任意连续点 (x,y) 处都有

$$f(x,y)=f_X(x)f_Y(y) \tag{3.17}$$

【例 3.9】 一负责人到达办公室的时间均匀分布在 8 ~ 12 时,他的秘书到达办公室的时

间均匀分布在7 ~ 9时,设他们两人到达的时间是相互独立的,求他们到达办公室的时间相差不超过5 min(1/12 h)的概率.

解　设随机变量 X 和 Y 分别表示负责人和他的秘书到达办公室的时间,X 和 Y 都服从均匀分布,则 X 和 Y 的概率密度分别为

$$f_X(x)=\begin{cases}\frac{1}{4}, & 8<x<12\\ 0, & \text{其他}\end{cases},\quad f_Y(y)=\begin{cases}\frac{1}{2}, & 7<y<9\\ 0, & \text{其他}\end{cases}$$

因为 X 与 Y 相互独立,故二维随机变量 (X,Y) 的联合概率密度为

$$f(x,y)=f_X(x)f_Y(y)=\begin{cases}\frac{1}{8}, & 8<x<12,7<y<9\\ 0, & \text{其他}\end{cases}$$

依题意要求概率 $P\{|X-Y|\leqslant 1/12\}$. 绘出区域 $D_1=\{(x,y)\,|\,|x-y|\leqslant 1/12\}$,以及长方形区域 $D_2=\{(x,y)\,|\,8<x<12,7<y<9\}$,它们的公共部分记为 G,如图3.6阴影部分所示.

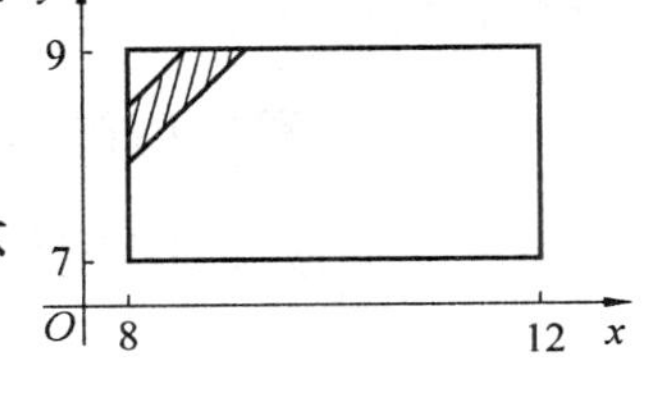

图3.6

显然,仅当 (X,Y) 取值于 G 内,他们两人到达的时间相差才不超过1/12 h. 因此,所求的概率为

$$P\left\{|X-Y|\leqslant\frac{1}{12}\right\}=\iint_G f(x,y)\,\mathrm{d}x\mathrm{d}y=\iint_G\frac{1}{8}\mathrm{d}x\mathrm{d}y=\frac{S_G}{8}$$

而

$$S_G=\frac{1}{2}\left(\frac{13}{12}\right)^2-\frac{1}{2}\left(\frac{11}{12}\right)^2=\frac{1}{6}$$

于是

$$P\left\{|X-Y|\leqslant\frac{1}{12}\right\}=\frac{1}{8}\times\frac{1}{6}=\frac{1}{48}$$

即负责人和他的秘书到达办公室的时间相差不超过5 min的概率为 $\frac{1}{48}$.

【例3.10】　判断例3.5中二维连续型随机变量 (X,Y) 的分量 X 与 Y 是否相互独立.

解　由例3.6知

$$f_X(x)=\begin{cases}2\mathrm{e}^{-2x}, & x>0\\ 0, & \text{其他}\end{cases},\quad f_Y(y)=\begin{cases}3\mathrm{e}^{-3y}, & y>0\\ 0, & \text{其他}\end{cases}$$

容易验证

$$f(x,y)=f_X(x)f_Y(y)$$

即 X 与 Y 相互独立.

【例3.11】　判断例3.4中二维随机变量 (X,Y) 的分量 X 与 Y 是否相互独立.

解　有放回抽样时容易验证

$$p_{ij} = p_{i\cdot}p_{\cdot j}, i = 1,2; j = 1,2$$

无放回抽样时

$$P\{i = 1, j = 1\} \neq P\{i = 1\}P\{j = 1\}$$

所以,有放回抽样时随机变量 X 与 Y 相互独立,无放回抽样时随机变量 X 与 Y 不相互独立.

由此可以看出,随机变量 X 与 Y 相互独立的直观意义就是随机变量 X 与 Y 的取值互不影响.

3.5 二维随机变量的函数的分布

在第 2 章中已经讨论了一维随机变量的函数 $Y = g(X)$ 的分布问题,本节将讨论二维随机变量 (X,Y) 的函数 $Z = g(X,Y)$ 的分布. 尽管随机变量 Z 是由两个随机变量生成的,但它仍是一维随机变量. 现仅讨论 $Z = X + Y$ 的分布.

3.5.1 离散型随机变量的函数的分布

设二维离散型随机变量 (X,Y) 的联合概率分布为

$$P\{X = x_i, Y = y_j\} = p_{ij}, i = 1,2,\cdots; j = 1,2,\cdots$$

若随机变量 $Z = X + Y$,则 Z 的任一可能值 z_k 是 X 的可能值 x_i 和 Y 的可能值 y_j 的和. 由概率的加法公式,有

$$P\{Z = z_k\} = \sum_i \sum_j P\{X = x_i, Y = y_j\}$$

其中

$$x_i + y_j = z_k = \sum_i P\{X = x_i, Y = z_k - x_i\} \tag{3.18}$$

或

$$P\{Z = z_k\} = \sum_j P\{X = z_k - y_j, Y = y_j\} \tag{3.19}$$

【例 3.12】 设二维随机变量 (X,Y) 的联合概率分布见表 3.7.

表 3.7

X \ Y	−1	0	1
0	0.2	0.1	0.2
1	0.3	0.1	0.1

求 $Z = X + Y$ 的概率分布.

解 由 X,Y 可能取的值知,Z 的可能值为 $-1,0,1,2$,且

$$P\{Z = -1\} = P\{X = 0, Y = -1\} = 0.2$$

$$P\{Z=0\}=P\{X=0,Y=0\}+P\{X=1,Y=-1\}=0.1+0.3=0.4$$
$$P\{Z=1\}=P\{X=0,Y=1\}+P\{X=1,Y=0\}=0.2+0.1=0.3$$
$$P\{Z=2\}=P\{X=1,Y=1\}=0.1$$

即 Z 的概率分布见表3.8.

表3.8

Z	-1	0	1	2
p_k	0.2	0.4	0.3	0.1

3.5.2　连续型随机变量的函数的分布

设二维连续型随机变量(X,Y)的联合概率密度为$f(x,y)$，则$Z=X+Y$的分布函数为

$$F_Z(z)=P\{Z\leqslant z\}=\iint\limits_D f(x,y)\,\mathrm{d}x\mathrm{d}y$$

这里，积分区域D是位于直线$z=x+y$左下方的半平面，如图3.7的阴影部分所示. 因此，有

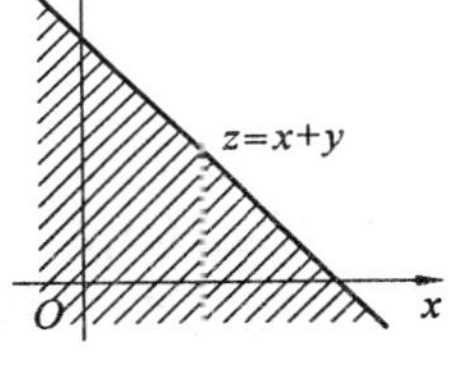

图3.7

$$F_Z(z)=\int_{-\infty}^{+\infty}\left[\int_{-\infty}^{z-y}f(x,y)\,\mathrm{d}x\right]\mathrm{d}y$$

对积分$\int_{-\infty}^{z-y}f(x,y)\,\mathrm{d}x$作变量代换，令$x=u-y$，得

$$\int_{-\infty}^{z-y}f(x,y)\,\mathrm{d}x=\int_{-\infty}^{z}f(u-y,y)\,\mathrm{d}u$$

于是

$$F_Z(z)=\int_{-\infty}^{+\infty}\int_{-\infty}^{z}f(u-y,y)\,\mathrm{d}u\mathrm{d}y=\int_{-\infty}^{z}\left[\int_{-\infty}^{+\infty}f(u-y,y)\,\mathrm{d}y\right]\mathrm{d}u$$

上式两边对z求导，即得Z的概率密度为

$$f_Z(z)=\int_{-\infty}^{+\infty}f(z-y,y)\,\mathrm{d}y \tag{3.20}$$

由X,Y的对称性，$f_Z(z)$也可写成

$$f_Z(z)=\int_{-\infty}^{+\infty}f(x,z-x)\,\mathrm{d}x \tag{3.21}$$

特别地，当X与Y相互独立时，有

$$f_Z(z)=\int_{-\infty}^{+\infty}f_X(z-y)f_Y(y)\,\mathrm{d}y \tag{3.22}$$

或

$$f_Z(z)=\int_{-\infty}^{+\infty}f_X(x)f_Y(z-x)\,\mathrm{d}x \tag{3.23}$$

式(3.22)或式(3.23)称为**卷积公式**.

【例3.13】 设X和Y是两个相互独立的随机变量,它们都服从标准正态分布$N(0,1)$,其概率密度分别为

$$f_X(x)=\frac{1}{\sqrt{2\pi}}e^{-\frac{x^2}{2}},\ -\infty<x<+\infty$$

$$f_Y(y)=\frac{1}{\sqrt{2\pi}}e^{-\frac{y^2}{2}},\ -\infty<y<+\infty$$

求$Z=X+Y$的概率密度.

解 由式(3.23)得

$$f_Z(z)=\int_{-\infty}^{+\infty}f_X(x)f_Y(z-x)\,dx=\frac{1}{2\pi}\int_{-\infty}^{+\infty}e^{-\frac{x^2}{2}}e^{-\frac{(z-x)^2}{2}}dx=$$

$$\frac{1}{2\pi}e^{-\frac{z^2}{4}}\int_{-\infty}^{+\infty}e^{-\left(x-\frac{z}{2}\right)^2}dx$$

令$t=x-\frac{z}{2}$,得

$$f_Z(z)=\frac{1}{2\pi}e^{-\frac{z^2}{4}}\int_{-\infty}^{+\infty}e^{-t^2}dt=\frac{1}{2\sqrt{\pi}}e^{-\frac{z^2}{4}}$$

即Z服从$N(0,2)$分布.

事实上可以证明,有限个相互独立的正态随机变量的线性组合仍然服从正态分布.

【例3.14】 设随机变量X与Y相互独立,其概率密度分别为

$$f_X(x)=\begin{cases}1, & 0<x<1\\ 0, & \text{其他}\end{cases},\quad f_Y(y)=\begin{cases}e^{-y}, & y>0\\ 0, & \text{其他}\end{cases}$$

求$Z=X+Y$的概率密度.

解 利用式(3.23)有

$$f_Z(z)=\int_{-\infty}^{+\infty}f_X(x)f_Y(z-x)\,dx$$

由已知得,仅当

$$\begin{cases}0<x<1\\ z-x>0\end{cases}$$

即

$$\begin{cases}0<x<1\\ x<z\end{cases}$$

时,上述积分的被积函数才不等于零,则

$$f_Z(z)=\begin{cases}\int_0^z f_Z(x)f_Y(z-x)\,\mathrm{d}x=\int_0^z \mathrm{e}^{-(z-x)}\,\mathrm{d}x, & 0<z<1\\ \int_0^1 f_Z(x)f_Y(z-x)\,\mathrm{d}x=\int_0^1 \mathrm{e}^{-(z-x)}\,\mathrm{d}x, & z\geqslant 1\\ 0, & \text{其他}\end{cases}$$

整理得

$$f_Z(z)=\begin{cases}1-\mathrm{e}^{-z}, & 0<z<1\\ (\mathrm{e}-1)\mathrm{e}^{-z}, & z\geqslant 1\\ 0, & \text{其他}\end{cases}$$

3.6　应用实例:这样找庄家公平吗?

星期天,老张、老王、老李和老赵凑在一起打麻将. 开始打麻将,要先找头,即找“庄家”. 他们的做法是,随便哪一位掷两颗质地均匀的骰子,观察出点数之和. 若点数之和为 5 点或 9 点,则掷骰子本人为“庄家”;若点数之和为 2 点或 6 点或 10 点,则掷骰子者的下一家为“庄家”;若点数之和为 3 点或 7 点或 11 点,则掷骰子者对家为“庄家”;若点数之和为 4 点或 8 点或 12 点,则掷骰子者的上一家为“庄家”. 这种方法已成为一种习惯,可这样找“庄家”是否公平呢? 也就是说,这 4 个人“坐庄”的机会是否相等呢? 回答是:不公平! 如果以 X 和 Y 分别表示第一颗骰子和第二颗骰子出现的点数,则 X 与 Y 相互独立,且 (X,Y) 的联合概率分布见表 3. 9.

表 3. 9

X \ Y	1	2	3	4	5	6
1	$\frac{1}{36}$	$\frac{1}{36}$	$\frac{1}{36}$	$\frac{1}{36}$	$\frac{1}{36}$	$\frac{1}{36}$
2	$\frac{1}{36}$	$\frac{1}{36}$	$\frac{1}{36}$	$\frac{1}{36}$	$\frac{1}{36}$	$\frac{1}{36}$
3	$\frac{1}{36}$	$\frac{1}{36}$	$\frac{1}{36}$	$\frac{1}{36}$	$\frac{1}{36}$	$\frac{1}{36}$
4	$\frac{1}{36}$	$\frac{1}{36}$	$\frac{1}{36}$	$\frac{1}{36}$	$\frac{1}{36}$	$\frac{1}{36}$
5	$\frac{1}{36}$	$\frac{1}{36}$	$\frac{1}{36}$	$\frac{1}{36}$	$\frac{1}{36}$	$\frac{1}{36}$
6	$\frac{1}{36}$	$\frac{1}{36}$	$\frac{1}{36}$	$\frac{1}{36}$	$\frac{1}{36}$	$\frac{1}{36}$

记 $Z=X+Y$,那么 Z 的概率分布见表 3. 10.

表 3.10

Z	2	3	4	5	6	7	8	9	10	11	12
p_k	$\frac{1}{36}$	$\frac{2}{36}$	$\frac{3}{36}$	$\frac{4}{36}$	$\frac{5}{36}$	$\frac{6}{36}$	$\frac{5}{36}$	$\frac{4}{36}$	$\frac{3}{36}$	$\frac{2}{36}$	$\frac{1}{36}$

那么,如果是坐“北”的一家掷骰子,则4家是“坐庄家”的概率如下.

“北家”:$P\{Z=5\}+P\{Z=9\}=\frac{8}{36}$;

“西家”:$P\{Z=2\}+P\{Z=6\}+P\{Z=10\}=\frac{9}{36}$;

“南家”:$P\{Z=3\}+P\{Z=7\}+P\{Z=11\}=\frac{10}{36}$;

“东家”:$P\{Z=4\}+P\{Z=8\}+P\{Z=12\}=\frac{9}{36}$.

由此可见,4家坐庄家的机会不相等. 至于用什么方法找庄家最公平,方法应该是有的,如果这4家分别为2点,5点,9点;7点,10点;3点,6点,11点;4点,8点,12点时坐庄,则机会均等,均为1/4. 当然,还有其他找庄家的方法,此不赘述.

习题三

1. 将一枚均匀硬币抛掷3次,以X表示正面出现的次数,以Y表示正面出现次数与反面出现次数之差的绝对值,求二维随机变量(X,Y)的联合概率分布.

2. 甲、乙二人轮流独立地向同一目标进行射击,直到某人击中目标为止. 已知甲击中目标的概率为0.6,乙击中目标的概率为0.5,甲先射击,求目标被击中时甲、乙二人各自射击次数的联合概率分布.

3. 已知二维随机变量(X,Y)的联合概率分布为

$$p_{ij}=\frac{1}{21}(i+j),i=1,2;j=1,2,3$$

求(X,Y)关于X和Y的边缘概率分布.

4. 10件产品中有2件一级品,7件二级品,1件次品. 从中任取3件,用X表示其中的一级品数,用Y表示其中的二级品数,求二维随机变量(X,Y)的联合概率分布和边缘概率分布.

5. 已知二维随机变量(X,Y)的联合概率密度为

$$f(x,y)=\begin{cases}4xy, & 0<x<1,0<y<1\\0, & \text{其他}\end{cases}$$

求$P\{X<Y\}$,$P\{X>Y\}$及$P\{X=Y\}$.

6. 考虑半径为R的圆,在圆内随机地选择一点,并设此点位于圆内面积彼此相等的任一区

域中是等可能的(即该点在圆内服从均匀分布),取圆心为坐标原点,X 和 Y 表示所选点的坐标,因点(X,Y) 落在圆内每一点的附近是等可能的,故(X,Y) 的联合概率密度为

$$f(x,y)=\begin{cases}C, & x^2+y^2<R^2\\ 0, & \text{其他}\end{cases}$$

求(1) 常数 C;(2)X 和 Y 的边缘概率密度;(3) 计算所选点到坐标原点的距离不大于 a(a 为常数) 的概率.

7. 设二维随机变量(X,Y) 的联合分布函数为

$$F(x,y)=\begin{cases}x^2(1-\mathrm{e}^{-y}), & 0<x<1,y>0\\ 1-\mathrm{e}^{-y}, & x\geqslant 1,y>0\\ 0, & \text{其他}\end{cases}$$

求(1) 边缘分布函数 $F_X(x)$,$F_Y(y)$;(2) (X,Y) 的联合概率密度 $f(x,y)$.

8. 设二维随机变量(X,Y) 的联合概率密度为

$$f(x,y)=\begin{cases}4.8y(2-x), & 0<x<1,0<y<x\\ 0, & \text{其他}\end{cases}$$

求 X 和 Y 的边缘概率密度.

9. 已知二维随机变量(X,Y) 的联合概率分布如下:

X \ Y	1	2	3
1	$\frac{1}{6}$	$\frac{1}{9}$	$\frac{1}{18}$
2	$\frac{1}{3}$	α	β

求(1)X 和 Y 的边缘概率分布;(2)α,β 取何值时,X 与 Y 相互独立.

10. 已知随机变量 X 和 Y 的概率分布如下:

X	-1	0	1
p_k	$\frac{1}{4}$	$\frac{1}{2}$	$\frac{1}{4}$

Y	0	1
p_k	$\frac{1}{2}$	$\frac{1}{2}$

且 $P\{XY=0\}=1$. 求(1)X 和 Y 的联合概率分布;(2) 判断 X 与 Y 是否相互独立?

11. 已知二维随机变量(X,Y) 的联合概率密度为

$$f(x,y)=\begin{cases}8xy, & 0<y<1,0<x<y\\0, & \text{其他}\end{cases}$$

判断 X 与 Y 是否相互独立?

12. 已知二维随机变量(X,Y)的联合概率密度为

$$f(x,y)=\begin{cases}Ae^{-(2x+y)}, & x>0,y>0\\0, & \text{其他}\end{cases}$$

求(1) 系数 A;(2)(X,Y) 落在区域 $D:\{(x,y)\mid x>0,y>0,x+y<1\}$ 内的概率;(3) 判断 X 与 Y 是否相互独立?

13. 设平面区域 D 是由曲线 $y=x$ 及直线 $y=0,x=1,x=2$ 所围成,二维随机变量(X,Y)在区域 D 上服从均匀分布,求 X 和 Y 的边缘概率密度.

14. 设一台机器制造直径为 X(单位:cm) 的圆轴,另一台机器制造内径为 Y(单位:cm) 的轴衬,设二维随机变量(X,Y)的联合概率密度为

$$f(x,y)=\begin{cases}2\,500, & 0.49<x<0.51,0.51<y<0.53\\0, & \text{其他}\end{cases}$$

当轴衬的内径与轴的直径之差大于0.004且小于0.036时,两者能配套使用. 求轴与轴衬能配套使用的概率.

15. 设一学校某班级老师早晨到达教室的时间服从7点45至8点时间段上的均匀分布,而某学生到达教室的时间服从7点30至8点15时间段上的均匀分布. 设他们到达教室的时间相互独立,求老师和这名学生到达教室的时间差不超过15 min的概率.

16. 已知二维随机变量(X,Y)的联合概率分布如下:

X \ Y	-1	0	1
-1	0.10	0.15	0.25
0	0.20	0.15	0.15

求(1)X 的边缘概率分布;(2)$X+Y$ 的概率分布.

17. 设随机变量 X 和 Y 分别表示甲、乙两个元件的寿命(单位:h),其概率密度分别为

$$f_X(x)=\begin{cases}e^{-x}, & x>0\\0, & \text{其他}\end{cases},\quad f_Y(y)=\begin{cases}2e^{-2y}, & y<0\\0, & \text{其他}\end{cases}$$

且 X 与 Y 相互独立,若两个元件同时开始使用,求甲比乙先坏的概率.

18. 设随机变量 X 与 Y 相互独立,且 X 与 Y 的概率分布相同,X 的概率分布如下:

X	0	1	2
p_k	$\frac{1}{6}$	$\frac{1}{3}$	$\frac{1}{2}$

求随机变量 $Z = X + Y$ 的概率分布.

19. 设随机变量 X 与 Y 相互独立,其概率密度分别为

$$f_X(x) = \begin{cases} \frac{1}{2}e^{-\frac{x}{2}}, & x > 0 \\ 0, & \text{其他} \end{cases}, f_Y(y) = \begin{cases} \frac{1}{3}e^{-\frac{y}{3}}, & y > 0 \\ 0, & \text{其他} \end{cases}$$

求随机变量 $Z = X + Y$ 的概率密度.

第4章

Chapter 4

随机变量的数字特征

前面已经讨论了随机变量的分布函数,是对随机变量概率特征的一种完整的描述,但在一些实际问题中,随机变量的分布函数并不容易取得. 另一方面,可能不需要全面地去考察一个随机变量,而只需知道它的某些特征的综合指标. 况且,在许多情况下,综合指标可能比分布更集中,更明显地反映随机变量的某些性质或特征. 例如,棉花纤维的长度是棉花质量的一个很重要指标,在检验一批棉花质量时,关心的是该批棉花纤维的平均长度及纤维长度对平均长度的偏离情况. 显然,平均长度长、偏离程度小的棉花质量好. 诸如平均数、偏离程度等与随机变量有关的指标,虽然不能完整地描述随机变量,但能显示它在某些方面的重要特征. 这些都是随机变量常用的数字特征,这些数字特征在理论和实践上都具有十分重要的意义. 本章将介绍随机变量的常用数字特征:数学期望、方差、协方差和相关系数.

4.1 数学期望

4.1.1 离散型随机变量的数学期望

若求 n 个数 $x_1,x_2,\cdots,x_n$ 的算术平均值可用 $\bar{x}=\dfrac{1}{n}\sum\limits_{i=1}^{n}x_i$,但是,对于一个随机变量 X,若取可列无限多个值时,无法用简单的方法来确定这样的常数,即使 X 只能取有限个值. 例如,$P\{X=4\}=0.7,P\{X=6\}=0.3$,但4和6的平均值5并不能真实地体现出 X 取值的平均水平. 这是由于 X 取4与取6的概率不相同所导致的,概率大的出现的几率大,在计算中占的“权重”也应该大. 因此要真正体现 X 取值的平均,不仅看它的取值,还应考虑到它取不同值的概率大小.

定义 4.1　设离散型随机变量 X 的概率分布为

$$P\{X=x_k\}=p_k, k=1,2,\cdots$$

若级数 $\sum_{k=1}^{\infty}x_kp_k$ 绝对收敛,则称级数 $\sum_{k=1}^{\infty}x_kp_k$ 为随机变量 X 的数学期望,记为 $E(X)$,即

$$E(X)=\sum_{k=1}^{\infty}x_kp_k \tag{4.1}$$

如果级数 $\sum_{k=1}^{\infty}x_kp_k$ 不绝对收敛,则称 X 的数学期望不存在.

定义中的“绝对收敛”这一条件,是为了保证 $E(X)$ 的值不因求和的次序改变而改变,期望式(4.1)实际上是随机变量 X 的取值以概率为权重的加权平均,其物理的解释为:具有单位质量的一根金属细棒,其质量散布在坐标为 $x_1,x_2,\cdots$ 的质点 $M_1,M_2,\cdots$ 上,其中质点 M_k 有质量 p_k,且 $\sum_{k=1}^{\infty}p_k=1$,则金属细棒的重心位置是 $\sum_{k=1}^{\infty}x_kp_k$,因此用期望刻画分布的中心位置是合理的.

【例 4.1】　设随机变量 X 服从参数为 p 的(0－1)分布,求 $E(X)$.

解　X 的概率分布见表 4.1.

表 4.1

X	0	1
p_k	$1-p$	p

则 X 的数学期望为

$$E(X)=0\times(1-p)+1\times p=p$$

【例 4.2】　设随机变量 X 服从参数为 λ 的泊松分布,即 $X\sim P(\lambda)$,求 $E(X)$.

解　X 的概率分布为

$$P\{X=k\}=\frac{\lambda^k}{k!}e^{-\lambda}, k=0,1,2,\cdots$$

则 X 的数学期望为

$$E(X)=\sum_{k=0}^{\infty}k\cdot\frac{\lambda^k}{k!}e^{-\lambda}=\lambda e^{-\lambda}\sum_{k=1}^{\infty}\frac{\lambda^{k-1}}{(k-1)!}=\lambda e^{-\lambda}e^{\lambda}=\lambda$$

【例 4.3】　两种种子各播种 100 亩地,调查其收获量见表 4.2.

表 4.2

亩产量/kg	290～310	310～330	330～350	350～370	总计
种子甲亩数	12	38	40	10	100
种子乙亩数	23	24	30	23	100

分别求它们产量的平均值,并比较两种种子哪个产量的平均值较高(计算时以组中中间值为代表).

解 设随机变量 X,Y 分别表示种子甲、乙的产量,则

$$E(X)=\frac{300\times 12+320\times 38+340\times 40+360\times 10}{100}=329.6$$

$$E(Y)=\frac{300\times 23+320\times 24+340\times 30+360\times 23}{100}=330.6$$

可见,种子乙产量的平均值较高.

4.1.2 连续型随机变量的数学期望

定义 4.2 设连续型随机变量 X 的概率密度为 $f(x)\,(-\infty<x<+\infty)$,若广义积分

$$\int_{-\infty}^{+\infty}xf(x)\,\mathrm{d}x$$

绝对收敛,则称积分 $\int_{-\infty}^{+\infty}xf(x)\,\mathrm{d}x$ 的值为随机变量 X 的数学期望,记为 $E(X)$,即

$$E(X)=\int_{-\infty}^{+\infty}xf(x)\,\mathrm{d}x \tag{4.2}$$

【例 4.4】 设随机变量 X 服从区间 (a,b) 上的均匀分布,即 $X\sim U(a,b)$,求 $E(X)$.

解 X 的概率密度为

$$f(x)=\begin{cases}\dfrac{1}{b-a}, & a<x<b\\ 0, & \text{其他}\end{cases}$$

则 X 的数学期望为

$$E(X)=\int_{-\infty}^{+\infty}xf(x)\,\mathrm{d}x=\int_a^b\frac{x}{b-a}\mathrm{d}x=\frac{x^2}{2(b-a)}\bigg|_a^b=\frac{a+b}{2}$$

【例 4.5】 设随机变量 X 服从参数为 λ 的指数分布,即 $X\sim E(\lambda)$,求 $E(X)$.

解 X 的概率密度为

$$f(x)=\begin{cases}\lambda\mathrm{e}^{-\lambda x}, & x>0\\ 0, & x\leqslant 0\end{cases}$$

则 X 的数学期望为

$$E(X)=\int_{-\infty}^{+\infty}xf(x)\,\mathrm{d}x=\int_0^{+\infty}\lambda x\mathrm{e}^{-\lambda x}\mathrm{d}x=\frac{1}{\lambda}$$

【例 4.6】 设随机变量 X 服从参数为 μ,σ 的正态分布,即 $X\sim N(\mu,\sigma^2)$,求 $E(X)$.

解 X 的概率密度为

$$f(x)=\frac{1}{\sqrt{2\pi}\sigma}\mathrm{e}^{-\frac{(x-\mu)^2}{2\sigma^2}},\ -\infty<x<+\infty$$

则 X 的数学期望为

$$E(X)=\int_{-\infty}^{+\infty}xf(x)\mathrm{d}x=\int_{-\infty}^{+\infty}\frac{x}{\sqrt{2\pi}\sigma}\mathrm{e}^{-\frac{(x-\mu)^2}{2\sigma^2}}\mathrm{d}x$$

令 $t=\dfrac{x-\mu}{\sigma}$,则 $x=\mu+\sigma t,\mathrm{d}x=\sigma\mathrm{d}t$,则

$$E(X)=\int_{-\infty}^{+\infty}\frac{\mu+\sigma t}{\sqrt{2\pi}}\mathrm{e}^{-\frac{t^2}{2}}\mathrm{d}t=\frac{\mu}{\sqrt{2\pi}}\int_{-\infty}^{+\infty}\mathrm{e}^{-\frac{t^2}{2}}\mathrm{d}t+\frac{\sigma}{\sqrt{2\pi}}\int_{-\infty}^{+\infty}t\mathrm{e}^{-\frac{t^2}{2}}\mathrm{d}t=$$

$$\frac{\mu}{\sqrt{2\pi}}\int_{-\infty}^{+\infty}\mathrm{e}^{-\frac{t^2}{2}}\mathrm{d}t+0\left(\text{其中}\int_{-\infty}^{+\infty}\mathrm{e}^{-\frac{x^2}{2}}\mathrm{d}x=\sqrt{2\pi}\right)=\mu$$

【例4.7】　设随机变量 $X\sim f(x)$,其中

$$f(x)=\begin{cases}ax+b, & 0<x<1\\ 0, & \text{其他}\end{cases}$$

且 $E(X)=7/12$,求 a 和 b 的值.

解　由式(2.8)和式(4.2),有

$$\int_{-\infty}^{+\infty}f(x)\mathrm{d}x=\int_0^1(ax+b)\mathrm{d}x=\frac{a}{2}+b=1$$

$$E(X)=\int_{-\infty}^{+\infty}xf(x)\mathrm{d}x=\int_0^1 x(ax+b)\mathrm{d}x=\frac{a}{3}+\frac{b}{2}=\frac{7}{12}$$

则有

$$\begin{cases}a+2b=2\\ 4a+6b=7\end{cases}$$

解得

$$a=1,b=\frac{1}{2}$$

4.1.3　随机变量的函数的数学期望

对于随机变量 X 的函数 $Y=g(X)$,也可以由 X 的分布直接计算 $g(X)$ 的期望.

定理4.1　设离散型随机变量 X 的概率分布为

$$P\{X=x_k\}=p_k,k=1,2,\cdots$$

$g(x)$ 是实值连续函数,且级数 $\sum\limits_{k=1}^{\infty}g(x_k)p_k$ 绝对收敛,则随机变量函数 $Y=g(X)$ 的数学期望为

$$E(Y)=E[g(X)]=\sum_{k=1}^{\infty}g(x_k)p_k \tag{4.3}$$

定理4.2　设连续型随机变量 X 的概率密度为 $f(x)$,$g(x)$ 是实值连续函数,且广义积分 $\int_{-\infty}^{+\infty}g(x)f(x)\mathrm{d}x$ 绝对收敛,则随机变量函数 $Y=g(X)$ 的数学期望为

$$E(Y)=E[g(X)]=\int_{-\infty}^{+\infty}g(x)f(x)\,\mathrm{d}x \tag{4.4}$$

【例 4.8】 设离散型随机变量的概率分布见表 4.3.

表 4.3

X	-1	0	2	3
p_k	$\frac{1}{8}$	$\frac{1}{4}$	$\frac{3}{8}$	$\frac{1}{4}$

求 $E(X^2)$, $E(-2X+1)$.

解法 1 X^2 的概率分布见表 4.4.

表 4.4

X^2	1	0	4	9
p_k	$\frac{1}{8}$	$\frac{1}{4}$	$\frac{3}{8}$	$\frac{1}{4}$

$-2X+1$ 的概率分布见表 4.5.

表 4.5

$-2X+1$	3	1	-3	-5
p_k	$\frac{1}{8}$	$\frac{1}{4}$	$\frac{3}{8}$	$\frac{1}{4}$

则

$$E(X^2)=1\times\frac{1}{8}+0\times\frac{1}{4}+4\times\frac{3}{8}+9\times\frac{1}{4}=\frac{31}{8}$$

$$E(-2X+1)=3\times\frac{1}{8}+1\times\frac{1}{4}+(-3)\times\frac{3}{8}+(-5)\times\frac{1}{4}=-\frac{7}{4}$$

解法 2 由式(4.3)有

$$E(X^2)=(-1)^2\times\frac{1}{8}+0^2\times\frac{1}{4}+2^2\times\frac{3}{8}+3^2\times\frac{1}{4}=\frac{31}{8}$$

$$E(-2X+1)=[(-2)\times(-1)+1]\times\frac{1}{8}+[(-2)\times 0+1]\times\frac{1}{4}+$$
$$[(-2)\times 2+1]\times\frac{3}{8}+[(-2)\times 3+1]\times\frac{1}{4}=-\frac{7}{4}$$

【例 4.9】 设随机变量 $X\sim U(a,b)$,求 $E(X^2)$.

解 由式(4.4)有

$$E(X^2)=\int_{-\infty}^{+\infty}x^2f(x)\,\mathrm{d}x=\int_a^b\frac{x^2}{b-a}\mathrm{d}x=\frac{x^3}{3(b-a)}\bigg|_a^b=\frac{a^2+ab+b^2}{3}$$

【例 4.10】　假定世界市场对我国某种出口商品的需求量 X(单位:t) 是随机变量,且 $X \sim U(2\,000,4\,000)$,设该商品每售出 1 t,可获利 3 万美元,但若销售不出去则积压于库,而且每吨需支付保养费 1 万美元. 问如何计划年出口量,才能使国家获利最多.

解　X 表示"国际市场的需求量",且 $X \sim U(2\,000,4\,000)$,其概率密度为

$$f(x)=\begin{cases}\dfrac{1}{2\,000}, & 2\,000 < x < 4\,000\\ 0, & \text{其他}\end{cases}$$

设计划年出口量为 a t$(2\,000 < a < 4\,000)$,年创利额为 Y 万美元,则

$$Y=g(X)=\begin{cases}3a, & X \geqslant a\\ 3X-(a-X), & X < a\end{cases}$$

$$E(Y)=\int_{-\infty}^{+\infty} g(x)f(x)\,\mathrm{d}x=\frac{1}{2\,000}\int_{2\,000}^{4\,000} g(x)\,\mathrm{d}x=\frac{1}{2\,000}\left[\int_{2\,000}^{a}(4x-a)\,\mathrm{d}x+\int_{a}^{4\,000}3a\mathrm{d}x\right]=$$

$$\frac{-a^2+7\,000a-4\,000\,000}{1\,000}$$

可见,$E(Y)$ 是 a 的一元二次函数,令

$$[E(Y)]'=(-a^2+7\,000a-4\,000\,000)'=0$$

即

$$-2a+7\,000=0$$

得

$$a=3\,500$$

则当 $a=3\,500$ 时,$E(Y)$ 最大. 因此计划年出口量为 3 500 t 为最佳决策.

4.1.4　二维随机变量的数学期望

对于二维随机变量,定义它的数学期望为

$$E(X,Y)=[E(X),E(Y)]$$

定义 4.3　设二维离散型随机变量(X,Y) 的联合概率分布为

$$P\{X=x_i,Y=y_j\}=p_{ij},i=1,2,\cdots;j=1,2,\cdots$$

则

$$\left.\begin{aligned}E(X)&=\sum_{i=1}^{\infty}x_i p_{i\cdot}=\sum_{i=1}^{\infty}\sum_{j=1}^{\infty}x_i p_{ij}\\ E(Y)&=\sum_{j=1}^{\infty}y_j p_{\cdot j}=\sum_{j=1}^{\infty}\sum_{i=1}^{\infty}y_j p_{ij}\end{aligned}\right\}\tag{4.5}$$

定义 4.4　设二维连续型随机变量(X,Y) 的联合概率密度为 $f(x,y)$,则

$$
\left.\begin{aligned}
E(X) &= \int_{-\infty}^{+\infty} x f_X(x)\,\mathrm{d}x = \int_{-\infty}^{+\infty}\int_{-\infty}^{+\infty} x f(x,y)\,\mathrm{d}x\mathrm{d}y \\
E(Y) &= \int_{-\infty}^{+\infty} y f_Y(y)\,\mathrm{d}y = \int_{-\infty}^{+\infty}\int_{-\infty}^{+\infty} y f(x,y)\,\mathrm{d}x\mathrm{d}y
\end{aligned}\right\} \tag{4.6}
$$

定理 4.3 设二维离散型随机变量(X,Y)的联合概率分布为

$$
P\{X = x_i, Y = y_j\} = p_{ij}, i = 1,2,\cdots; j = 1,2,\cdots
$$

$g(x,y)$是实值连续函数,且级数$\sum\limits_{i=1}^{\infty}\sum\limits_{j=1}^{\infty} g(x_i,y_j)p_{ij}$绝对收敛,则随机变量函数$g(X,Y)$的数学期望为

$$
E[g(X,Y)] = \sum_{i=1}^{\infty}\sum_{j=1}^{\infty} g(x_i,y_j)p_{ij} \tag{4.7}
$$

定理 4.4 设二维连续型随机变量(X,Y)的联合概率密度为$f(x,y)$,$g(x,y)$是实值连续函数,且广义积分$\int_{-\infty}^{+\infty}\int_{-\infty}^{+\infty} g(x,y)f(x,y)\,\mathrm{d}x\mathrm{d}y$绝对收敛,则随机变量函数$g(X,Y)$的数学期望为

$$
E[g(X,Y)] = \int_{-\infty}^{+\infty}\int_{-\infty}^{+\infty} g(x,y)f(x,y)\,\mathrm{d}x\mathrm{d}y \tag{4.8}
$$

【例 4.11】 设二维随机变量(X,Y)的联合概率密度为

$$
f(x,y) = \begin{cases} 12y^2, & 0 < x < 1, 0 < y < x \\ 0, & \text{其他} \end{cases}
$$

求$E(X)$,$E(Y)$.

解 如图 4.1 所示,有

$$
E(X) = \iint_D x f(x,y)\,\mathrm{d}\sigma = \int_0^1 x\mathrm{d}x\int_0^x 12y^2\mathrm{d}y = \int_0^1 x[4y^3|_0^x]\,\mathrm{d}x = \frac{4}{5}
$$

$$
E(Y) = \iint_D y f(x,y)\,\mathrm{d}\sigma = \int_0^1 \mathrm{d}x\int_0^x 12y^3\mathrm{d}y = \int_0^1 [3y^4|_0^x]\,\mathrm{d}x = \frac{3}{5}
$$

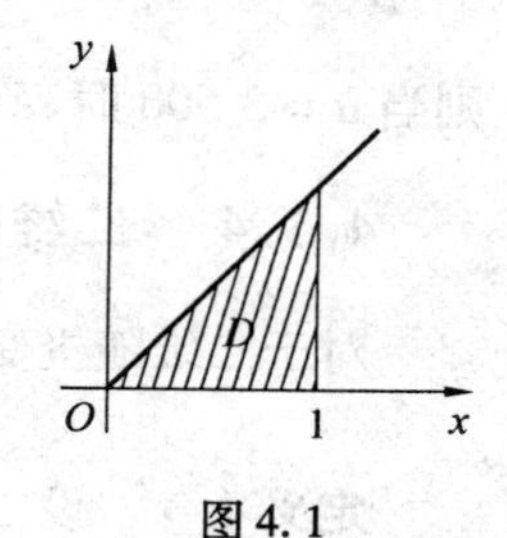

图 4.1

4.1.5 数学期望的性质

随机变量的数学期望有以下性质:

(1) 设C为常数,则

$$
E(C) = C
$$

(2) 设随机变量X,C为常数,则

$$
E(CX) = CE(X)
$$

(3) 设X,Y是两个随机变量,则

$$
E(X + Y) = E(X) + E(Y)
$$

(4) 设X,Y是两个相互独立的随机变量,则

$$E(XY)=E(X)E(Y)$$

证明　(1)C作为一个随机变量是离散型的,且仅有1个值C,则概率为1,根据式(4.1),有

$$E(C)=1\times C=C$$

(2)若$C=0$,则

$$E(CX)=E(0)=0$$

若$C\neq 0$,设X为连续型随机变量(离散型情况留给读者作为练习),其概率密度函数为$f(x)$,则

$$E(CX)=\int_{-\infty}^{+\infty}Cxf(x)\,\mathrm{d}x=C\int_{-\infty}^{+\infty}xf(x)\,\mathrm{d}x=CE(X)$$

(3)设二维随机变量(X,Y)的概率密度为$f(x,y)$,其边缘概率密度为$f_X(x)$,$f_Y(y)$. 由式(4.8)有

$$E(X+Y)=\int_{-\infty}^{+\infty}\int_{-\infty}^{+\infty}(x+y)f(x,y)\,\mathrm{d}x\mathrm{d}y=$$
$$\int_{-\infty}^{+\infty}\int_{-\infty}^{+\infty}xf(x,y)\,\mathrm{d}x\mathrm{d}y+\int_{-\infty}^{+\infty}\int_{-\infty}^{+\infty}yf(x,y)\,\mathrm{d}x\mathrm{d}y=$$
$$E(X)+E(Y)$$

(4)因为随机变量X与Y相互独立,由式(4.8)有

$$E(XY)=\int_{-\infty}^{+\infty}\int_{-\infty}^{+\infty}xyf(x,y)\,\mathrm{d}x\mathrm{d}y=$$
$$\int_{-\infty}^{+\infty}\int_{-\infty}^{+\infty}xyf_X(x)f_Y(y)\,\mathrm{d}x\mathrm{d}y=$$
$$\left[\int_{-\infty}^{+\infty}xf_X(x)\,\mathrm{d}x\right]\left[\int_{-\infty}^{+\infty}yf_Y(y)\,\mathrm{d}y\right]=$$
$$E(X)E(Y)$$

【例4.12】　设随机变量X服从参数为n,p的二项分布,即$X\sim B(n,p)$,求$E(X)$.

解　二项分布是n个(0－1)分布的和,则

$$E(X)=np$$

【例4.13】　设随机变量$X\sim N(2,4)$,$Y\sim B(10,0.1)$,求$E(3X+2Y)$.

解　已知$E(X)=2$,$E(Y)=1$,有

$$E(3X+2Y)=E(3X)+E(2Y)=3E(X)+2E(Y)=8$$

【例4.14】　设二维随机变量(X,Y)的联合概率分布见表4.6.

表 4.6

X \ Y	−1	0	1
−1	0.3	0	0.3
1	0.1	0.2	0.1

求 $E(X),E(Y),E(XY)$.

解 X 与 Y 的边缘概率分布见表 4.7、表 4.8.

表 4.7

X	−1	1
$p_{i\cdot}$	0.6	0.4

表 4.8

Y	−1	0	1
$p_{\cdot j}$	0.4	0.2	0.4

则

$$E(X)=(-1)\times 0.6+1\times 0.4=-0.2$$

$$E(Y)=(-1)\times 0.4+0\times 0.2+1\times 0.4=0$$

$$E(XY)=\sum_{i=1}^{2}\sum_{j=1}^{3}x_iy_jp_{ij}=(-1)\times(-1)\times 0.3+(-1)\times 1\times 0.1+1\times(-1)\times 0.3+1\times 1\times 0.1=0$$

通过计算发现 $E(X)E(Y)=E(XY)$,但是 X 与 Y 不相互独立.

【例 4.15】 设二维随机变量 (X,Y) 的联合概率密度为

$$f(x,y)=\begin{cases}8xy, & 0<x<1,0<y<x\\ 0, & \text{其他}\end{cases}$$

求 $E(X),E(Y)$.

解 X 的边缘概率密度为

$$f_X(x)=\int_{-\infty}^{+\infty}f(x,y)\mathrm{d}y=\begin{cases}\int_0^x 8xy\mathrm{d}y, & 0<x<1\\ 0, & \text{其他}\end{cases}=\begin{cases}4x^3, & 0<x<1\\ 0, & \text{其他}\end{cases}$$

Y 的边缘概率密度为

$$f_Y(x)=\int_{-\infty}^{+\infty}f(x,y)\mathrm{d}x=\begin{cases}\int_y^1 8xy\mathrm{d}x, & 0<y<1\\ 0, & \text{其他}\end{cases}=\begin{cases}4y-4y^3, & 0<y<1\\ 0, & \text{其他}\end{cases}$$

则

$$E(X)=\int_{-\infty}^{+\infty}xf_X(x)\,\mathrm{d}x=\int_0^1 4x^4\,\mathrm{d}x=\frac{4}{5}$$

$$E(Y)=\int_{-\infty}^{+\infty}yf_Y(y)\,\mathrm{d}y=\int_0^1(4y^2-4y^4)\,\mathrm{d}y=\frac{8}{15}$$

4.2　方　　差

4.2.1　方差的定义

在相同条件下,对两个工人加工的滚珠直径进行测量(单位:mm),数据见表4.9.

表4.9

甲	5.1	5.2	5.0	5.1	5.1
乙	5.2	5.2	4.9	5.1	5.1

判断这两个工人谁的技术好一些.

通过计算可以发现,两个工人加工的滚珠直径的期望是相同的,但是甲与期望的偏离程度要小一些,因此,甲生产的滚珠技术好一些.

可见,数学期望虽然反映了随机变量的平均取值,但是往往期望相同的两个随机变量取值情况差异很大,所以需要进一步了解随机变量的取值对期望值的分散程度. 例如,有一批元件,其平均使用寿命$E(X)=1\,000$ h,仅由这一指标还很难判定这批元件的质量优劣. 事实上,有可能其中绝大部分元件的寿命都在950 ~ 1 050 h;也有可能其中约有一半是高质量的,其寿命大约有1 300 h,另一半质量很差,其寿命大约只有700 h. 为了要评定这批元件质量的优劣,还需进一步考察元件寿命X与其均值$E(X)$的偏离程度. 若偏离程度较小,表示质量较稳定. 前面也曾提到在检验棉花质量时,既要注意纤维的平均长度,还要注意纤维长度与平均长度的偏离程度. 由此可见,研究随机变量与其均值的偏离程度$X-E(X)$是十分必要的. 那么如何考察随机变量X与其均值$E(X)$的偏离程度呢?因为$X-E(X)$有正有负,则$E[X-E(X)]$正负相抵会掩盖其真实性,所以容易想到用$E(|X-E(X)|)$来度量X与其均值$E(X)$的偏离程度. 然而,从数学角度讲,绝对值的运算有许多不便之处. 因此通常用$E\{[X-E(X)]^2\}$来度量X与其均值$E(X)$的偏离程度更为科学.

定义4.5　设随机变量X,期望$E(X)$存在,称$X-E(X)$为X的离差.

定义4.6　设随机变量X,若$E\{[X-E(X)]^2\}$存在,则称$E\{[X-E(X)]^2\}$为X的方差,记为$D(X)$,即

$$D(X)=E\{[X-E(X)]^2\} \tag{4.9}$$

称$\sqrt{D(X)}$为随机变量X的标准差,记为σ_X.

由式(4.9)可知,方差$D(X)$实质上是随机变量X的函数$g(X)=[X-E(X)]^2$的数学期望. 于是,对于离散型随机变量X的方差可写为

$$D(X)=\sum_{k=1}^{\infty}[x_k-E(X)]^2p_k \tag{4.10}$$

其中,$P\{X=x_k\}=p_k(k=1,2,\cdots)$是随机变量$X$的概率分布.

对于连续型随机变量X,则有

$$D(X)=\int_{-\infty}^{+\infty}[x-E(X)]^2f(x)\mathrm{d}x \tag{4.11}$$

其中$f(x)$是随机变量X的概率密度.

【例 4.16】 设随机变量服从参数为p的$(0-1)$分布,求$D(X)$.

解 已知$E(X)=p$,且由式(4.10)有

$$\begin{aligned}D(X)&=(0-p)^2(1-p)+(1-p)^2p=\\&p^2(1-p)+(1-p)^2p=\\&p(1-p)=pq\end{aligned}$$

其中$q=1-p,0<p<1$.

通过例4.16发现,方差$D(X)$通过定义公式来计算,计算过程较繁琐. 事实上可以通过方差的性质来计算,下面介绍方差的性质.

4.2.2 方差的性质

随机变量的方差有以下性质:

(1) 设C为常数,则

$$D(C)=0$$

(2) 设随机变量X,C为常数,则

$$D(CX)=C^2D(X)$$

(3) 设随机变量X,则

$$D(X)=E(X^2)-[E(X)]^2$$

(4) 设随机变量X,Y,则

$$D(X+Y)=D(X)+D(Y)+2E\{[X-E(X)][Y-E(Y)]\}$$

特别地,若X与Y相互独立,则有

$$D(X+Y)=D(X)+D(Y)$$

(5) $D(X)=0$的充要条件是X以概率1取常数C,即

$$P\{X=C\}=1$$

证明 (1) $D(C)=E\{[C-E(C)]^2\}=0$

(2) $$D(CX)=E\{[CX-E(CX)]^2\}=E\{[CX-CE(X)]^2\}= C^2E\{[X-E(X)]^2\}=C^2D(X)$$

(3) $$D(X)=E\{[X-E(X)]^2\}=E\{X^2-2XE(X)+[E(X)]^2\}= E(X^2)-2E(X)E(X)+[E(X)]^2= E(X^2)-[E(X)]^2$$

(4) $$D(X+Y)=E\{[(X+Y)-E(X+Y)]^2\}=E\{[(X-E(X))+(Y-E(Y))]^2\}= E\{[X-E(X)]^2\}+E\{[Y-E(Y)]^2\}+2E\{[X-E(X)][Y-E(Y)]\}= D(X)+D(Y)+2E\{[X-E(X)][Y-E(Y)]\}$$

其中

$$2E\{[X-E(X)][Y-E(Y)]\}= 2E[XY-XE(Y)-YE(X)+E(X)E(Y)]= 2[E(XY)-E(X)E(Y)-E(Y)E(X)+E(X)E(Y)]= 2[E(XY)-E(X)E(Y)]$$

若 X 与 Y 相互独立,则根据数学期望的性质(4) $E(XY)=E(X)E(Y)$,有

$$E\{[X-E(X)][Y-E(Y)]\}=0$$

则

$$D(X+Y)=D(X)+D(Y)$$

(5) 证明略.

【例4.17】　设随机变量 X 服从参数为 λ 的泊松分布,即 $X\sim P(\lambda)$,求 $D(X)$.

解　X 的概率分布为

$$P\{X=k\}=\frac{\lambda^k}{k!}\mathrm{e}^{-\lambda},k=0,1,2,\cdots$$

且 $E(X)=\lambda$,而

$$E(X^2)=E[X(X-1)+X]=E[X(X-1)]+E(X)= \sum_{k=1}^{\infty}k(k-1)\frac{\lambda^k}{k!}\mathrm{e}^{-\lambda}+\lambda=\lambda^2\mathrm{e}^{-\lambda}\sum_{k=2}^{\infty}\frac{\lambda^{k-2}}{(k-2)!}+\lambda= \lambda^2\mathrm{e}^{-\lambda}\mathrm{e}^{\lambda}+\lambda=\lambda^2+\lambda$$

所以随机变量 X 的方差为

$$D(X)=E(X^2)-[E(X)]^2=\lambda$$

【例4.18】　设随机变量 X 服从参数为 n,p 的二项分布,即 $X\sim B(n,p)$,求 $D(X)$.

解　设 $X=\sum_{i=1}^{n}X_i$,其中 X_i 服从参数为 p 的 $(0-1)$ 分布,即

$$P\{X_i=0\}=1-p,P\{X_i=1\}=p,i=1,2,\cdots,n$$

且 $X_i(i=1,2,\cdots,n)$ 是相互独立的,则根据方差性质(4),有

$$D(X)=D(\sum_{i=1}^{n}X_i)=\sum_{i=1}^{n}D(X_i)=np(1-p)=npq,q=1-p,0<p<1$$

【例 4.19】 设随机变量 X 服从区间 (a,b) 上的均匀分布,即 $X\sim U(a,b)$,求 $D(X)$.

解 由例 4.4 和例 4.9 知

$$E(X)=\frac{a+b}{2},E(X^2)=\frac{a^2+ab+b^2}{3}$$

则随机变量 X 方差为

$$D(X)=E(X^2)-[E(X)]^2=\frac{(b-a)^2}{12}$$

【例 4.20】 设随机变量 X 服从参数为 μ,σ 的正态分布,即 $X\sim N(\mu,\sigma^2)$,求 $D(X)$.

解 先计算标准正态随机变量 $Y=\dfrac{X-\mu}{\sigma}$ 方差,Y 的概率密度为

$$\varphi(y)=\frac{1}{\sqrt{2\pi}}e^{-\frac{y^2}{2}},\ -\infty<y<+\infty$$

且

$$E(Y^2)=\frac{1}{\sqrt{2\pi}}\int_{-\infty}^{+\infty}t^2e^{-\frac{t^2}{2}}dt=-\frac{1}{\sqrt{2\pi}}te^{-\frac{t^2}{2}}\Big|_{-\infty}^{+\infty}+\frac{1}{\sqrt{2\pi}}\int_{-\infty}^{+\infty}e^{-\frac{t^2}{2}}dt$$

已知

$$\int_{-\infty}^{+\infty}e^{-\frac{t^2}{2}}dt=\sqrt{2\pi}$$

则

$$E(Y^2)=1$$

已知 $E(Y)=0$,则

$$D(Y)=E(Y^2)=1$$

因 $X=\mu+\sigma Y$,根据方差的性质有

$$D(X)=D(\mu+\sigma Y)=D(\sigma Y)=\sigma^2D(Y)=\sigma^2$$

【例 4.21】 设随机变量 X 与 Y 相互独立且都服从泊松分布,且 $E(X)=16,E(Y)=3$,求 $E(X^2),D\left(\dfrac{X}{2}-Y\right)$.

解

$$E(X^2)=D(X)+[E(X)]^2=16+16^2=272$$

$$D\left(\frac{X}{2}-Y\right)=D\left(\frac{X}{2}\right)+D(Y)=\frac{1}{4}D(X)+D(Y)=\frac{1}{4}\times16+3=7$$

【例 4.22】 设活塞的直径(单位:cm)$X\sim N(22.40,0.03^2)$,气缸的直径(单位:cm)$Y\sim N(22.50,0.04^2)$,X 与 Y 相互独立,任取一只活塞,任取一只气缸,求活塞能装入气缸的概率.

解 由于 X,Y 均为正态分布,且相互独立,则 $X-Y$ 也服从正态分布,且

$$E(X-Y)=E(X)-E(Y)=-0.10$$
$$D(X-Y)=D(X)+D(Y)=0.0025$$

则

$$X-Y\sim N(-0.10,0.0025)$$

按照题意需求,有

$$P\{X<Y\}=P\{(X-Y)<0\}=$$
$$P\left\{\frac{(X-Y)-(-0.10)}{\sqrt{0.0025}}<\frac{0-(-0.10)}{\sqrt{0.0025}}\right\}=\Phi\left(\frac{0.10}{0.05}\right)=$$
$$\Phi(2)=0.97725$$

【例 4.23】 设二维随机变量(X,Y)在区域$D=\{(x,y)\mid 0<x<1,|y|<x\}$内服从均匀分布,设随机变量$Z=2X+1$,求$D(Z)$.

解
$$D(Z)=D(2X+1)=4D(X)$$

其中(X,Y)的概率密度为

$$f(x,y)=\begin{cases}1, & 0<x<1,0<|y|<x\\ 0, & \text{其他}\end{cases}$$

X的边缘概率密度为

$$f_X(x)=\int_{-\infty}^{+\infty}f(x,y)\,\mathrm{d}y=\begin{cases}\int_{-x}^{x}1\,\mathrm{d}y, & 0<x<1\\ 0, & \text{其他}\end{cases}=\begin{cases}2x, & 0<x<1\\ 0, & \text{其他}\end{cases}$$

则有

$$E(X)=\int_{-\infty}^{+\infty}xf_X(x)\,\mathrm{d}x=\int_0^1 2x^2\,\mathrm{d}x=\frac{2}{3}$$
$$E(X^2)=\int_{-\infty}^{+\infty}x^2f_X(x)\,\mathrm{d}x=\int_0^1 2x^3\,\mathrm{d}x=\frac{1}{2}$$
$$D(X)=E(X^2)-[E(X)]^2=\frac{1}{18}$$

则

$$D(Z)=4D(X)=\frac{2}{9}$$

【例 4.24】 求例4.15中(X,Y)的$D(X),D(Y)$.

解　由例4.15知

$$E(X)=\frac{4}{5},E(Y)=\frac{8}{15}$$
$$E(X^2)=\int_{-\infty}^{+\infty}x^2f_X(x)\,\mathrm{d}x=\int_0^1 4x^5\,\mathrm{d}x=\frac{2}{3}$$

$$D(X)=E(X^2)-[E(X)]^2=\frac{2}{75}$$

$$E(Y^2)=\int_{-\infty}^{+\infty}y^2f_Y(y)\,\mathrm{d}y=\int_0^1 y^2(4y-4y^3)\,\mathrm{d}y=\frac{1}{3}$$

$$D(Y)=E(Y^2)-[E(Y)]^2=\frac{11}{225}$$

某些常用的分布的数学期望与方差见表4.10,希望读者能熟记. 以后可直接使用表4.10中的结果.

表4.10

分布名称	参数	概率分布或概率密度	数学期望	方差
两点分布 $X\sim(0-1)$	$0<p<1$	$P\{X=0\}=1-p,P\{X=1\}=p$	p	$p(1-p)$
二项分布 $X\sim B(n,p)$	$n\geqslant 1$ $0<p<1$	$P\{X=k\}=C_n^k p^k(1-p)^{n-k}$ $(k=0,1,2,\cdots,n)$	np	$np(1-p)$
泊松分布 $X\sim P(\lambda)$	$\lambda>0$	$P\{X=k\}=\frac{\lambda^k}{k!}\mathrm{e}^{-\lambda}$ $(k=0,1,2,\cdots)$	λ	λ
均匀分布 $X\sim U(a,b)$	$a<b$	$f(x)=\begin{cases}\frac{1}{b-a}, & a<x<b\\ 0, & 其他\end{cases}$	$\frac{a+b}{2}$	$\frac{(b-a)^2}{12}$
指数分布 $X\sim E(\lambda)$	$\lambda>0$	$f(x)=\begin{cases}\lambda\mathrm{e}^{-\lambda x}, & x>0\\ 0, & 其他\end{cases}$	$\frac{1}{\lambda}$	$\frac{1}{\lambda^2}$
正态分布 $X\sim N(\mu,\sigma^2)$	μ $\sigma>0$	$f(x)=\frac{1}{\sqrt{2\pi}\sigma}\mathrm{e}^{-\frac{(x-\mu)^2}{2\sigma^2}},-\infty<x<+\infty$	μ	σ^2
标准正态分布 $X\sim N(0,1)$		$\varphi(x)=\frac{1}{\sqrt{2\pi}}\mathrm{e}^{-\frac{x^2}{2}},-\infty<x<+\infty$	0	1

4.3 协方差与相关系数

本节讨论描述两个随机变量之间的相关性的数字特征.

4.3.1 协方差

若两个随机变量 X 与 Y 是相互独立的,则

$$E\{[X-E(X)][Y-E(Y)]\}=E(XY)-E(X)E(Y)=0$$

若 $E\{[X-E(X)][Y-E(Y)]\}\neq 0$,则 X 与 Y 不相互独立,而是存在一定关系的.

定义4.7　$E\{[X-E(X)][Y-E(Y)]\}$ 称为随机变量 X 与 Y 的协方差,记为 $\mathrm{Cov}(X,Y)$,即

$$\mathrm{Cov}(X,Y)=E\{[X-E(X)][Y-E(Y)]\} \tag{4.12}$$

由定义4.7可知,对任意两个随机变量 X 与 Y,下列等式成立

$$D(X+Y)=D(X)+D(Y)+2\mathrm{Cov}(X,Y)$$

$$\mathrm{Cov}(X,Y)=E(XY)-E(X)E(Y) \tag{4.13}$$

常用式(4.13)计算协方差.

协方差有以下性质:

(1) $\mathrm{Cov}(X,X)=D(X)$;

(2) $\mathrm{Cov}(X,Y)=\mathrm{Cov}(Y,X)$;

(3) $\mathrm{Cov}(aX,bY)=ab\mathrm{Cov}(X,Y)$,$a,b$ 为任意常数;

(4) $\mathrm{Cov}(C,Y)=0$,C 为任意常数;

(5) $\mathrm{Cov}(X_1+X_2,Y)=\mathrm{Cov}(X_1,Y)+\mathrm{Cov}(X_2,Y)$;

(6) 如果 X 与 Y 相互独立,则 $\mathrm{Cov}(X,Y)=0$.

【例4.25】　设二维随机变量 (X,Y) 的联合概率密度为

$$f(x,y)=\begin{cases}\frac{1}{2}, & 0<x<1,0<y<2\\ 0, & \text{其他}\end{cases}$$

求 $\mathrm{Cov}(X,Y)$.

解

$$E(X)=\int_{-\infty}^{+\infty}\int_{-\infty}^{+\infty}xf(x,y)\mathrm{d}x\mathrm{d}y=\int_0^1\mathrm{d}x\int_0^2\frac{x}{2}\mathrm{d}y=\int_0^1 x\mathrm{d}x=\frac{1}{2}$$

$$E(Y)=\int_{-\infty}^{+\infty}\int_{-\infty}^{+\infty}yf(x,y)\mathrm{d}x\mathrm{d}y=\int_0^1\mathrm{d}x\int_0^2\frac{y}{2}\mathrm{d}y=\int_0^1 1\mathrm{d}x=1$$

$$E(XY)=\int_{-\infty}^{+\infty}\int_{-\infty}^{+\infty}xyf(x,y)\mathrm{d}x\mathrm{d}y=\int_0^1\mathrm{d}x\int_0^2\frac{xy}{2}\mathrm{d}y=\int_0^1 x\mathrm{d}x=\frac{1}{2}$$

则

$$\mathrm{Cov}(X,Y)=E(XY)-E(X)E(Y)=0$$

【例4.26】　设二维随机变量 (X,Y) 在区域 D 上服从均匀分布,其中 D 是由 x 轴、y 轴及 $x+y=1$ 所围成,求 $\mathrm{Cov}(X,Y)$.

解　(X,Y) 的联合概率密度为

$$f(x,y)=\begin{cases}2, & x>0,y>0,x+y<1\\ 0, & \text{其他}\end{cases}$$

$$E(X)=\int_{-\infty}^{+\infty}\int_{-\infty}^{+\infty}xf(x,y)\mathrm{d}x\mathrm{d}y=\int_0^1\mathrm{d}x\int_0^{1-x}2x\mathrm{d}y=\int_0^1(2x-2x^2)\mathrm{d}x=\frac{1}{3}$$

$$E(Y)=\int_{-\infty}^{+\infty}\int_{-\infty}^{+\infty}yf(x,y)\mathrm{d}x\mathrm{d}y=\int_0^1\mathrm{d}x\int_0^{1-x}2y\mathrm{d}y=\int_0^1(1-x)^2\mathrm{d}x=\frac{1}{3}$$

$$E(XY)=\int_{-\infty}^{+\infty}\int_{-\infty}^{+\infty}xyf(x,y)\mathrm{d}x\mathrm{d}y=\int_0^1\mathrm{d}x\int_0^{1-x}2xy\mathrm{d}y=\int_0^1x(1-x)^2\mathrm{d}x=\frac{1}{12}$$

则

$$\mathrm{Cov}(X,Y)=E(XY)-E(X)E(Y)=-\frac{1}{36}$$

4.3.2 相关系数

协方差 $\mathrm{Cov}(X,Y)$ 在一定程度上描述了随机变量 X 与 Y 的相关性,但是,协方差 $\mathrm{Cov}(X,Y)$ 是具有量纲的量.

下面引入一种与量纲无关的能够描述随机变量之间相关性的数字特征 —— 相关系数.

定义 4.8 设随机变量 X,Y 的数学期望、方差都存在,称

$$\rho_{XY}=\frac{\mathrm{Cov}(X,Y)}{\sqrt{D(X)D(Y)}} \tag{4.14}$$

为随机变量 X 与 Y 的相关系数.

根据方差性质(4),有

$$D(X+Y)=D(X)+D(Y)+2\rho_{XY}\sqrt{D(X)D(Y)}$$

下面推导 ρ_{XY} 的两条重要性质,并说明 ρ_{XY} 的含义.

考虑以 X 的线性函数 $a+bX$ 来近似表示 Y,定义均方误差

$$e=E\{[Y-(a+bX)]^2\}=$$
$$E(Y^2)+b^2E(X^2)+a^2-2bE(XY)+2abE(X)-2aE(Y)$$

来衡量以 $a+bX$ 近似表达 Y 的好坏程度. e 的值越小,表示 $a+bX$ 与 Y 的近似程度越好. 这样,就取 a,b 使 e 取到最小. 为此,将 e 关于 a,b 求偏导数,并令其等于零,得

$$\begin{cases}\dfrac{\partial e}{\partial a}=2a+2bE(X)-2E(Y)=0\\[2mm]\dfrac{\partial e}{\partial b}=2bE(X^2)-2E(XY)+2aE(X)=0\end{cases}$$

解得

$$b_0=\frac{\mathrm{Cov}(X,Y)}{D(X)}$$

$$a_0=E(Y)-b_0E(X)=E(Y)-E(X)\frac{\mathrm{Cov}(X,Y)}{D(X)}$$

将 a_0,b_0 代入 e,得

$$\min_{a,b}E\{[Y-(a+bX)]^2\}=E\{[Y-(a_0+b_0X)]^2\}=(1-\rho_{XY}^2)D(Y) \tag{4.15}$$

由式(4.15)得到下述定理.

定理4.5　设随机变量 X 与 Y 的相关系数为 ρ_{XY}，则

(1) $|\rho_{XY}| \leqslant 1$；

(2) $|\rho_{XY}| = 1$ 的充要条件是，存在常数 a,b 使 $P\{Y = a + bX\} = 1$.

当 $\rho_{XY} = 0$，X 与 Y 不相关；当 $|\rho_{XY}| = 1$ 时，X 与 Y 具有线性关系.

由定理4.5可知，ρ_{XY} 是一个可以表征 X 与 Y 之间线性关系紧密程度的量. 当 $|\rho_{XY}|$ 接近于1时，X 与 Y 线性相关程度较好；当 $|\rho_{XY}|$ 接近于0时，X 与 Y 线性相关程度较差. 若 X 与 Y 不相关，则认为 X 与 Y 之间不存在线性关系，但不能排除 X 与 Y 之间可能有其他关系.

【例4.27】　结合例4.15和例4.24求例4.15中 (X,Y) 的 $\mathrm{Cov}(X,Y)$ 及 ρ_{XY}.

解　由例4.15和例4.24知

$$E(X) = \frac{4}{5}, E(Y) = \frac{8}{15}, D(X) = \frac{2}{75}, E(Y) = \frac{11}{225}$$

$$E(XY) = \int_{-\infty}^{+\infty}\int_{-\infty}^{+\infty} xyf(x,y)\,\mathrm{d}x\mathrm{d}y = \int_0^1 \mathrm{d}x \int_0^x 8x^2y^2\,\mathrm{d}y = \int_0^1 \frac{8x^5}{3}\mathrm{d}x = \frac{4}{9}$$

$$\mathrm{Cov}(X,Y) = E(XY) - E(X)E(Y) = \frac{4}{9} - \frac{4}{5} \times \frac{8}{15} = \frac{4}{225}$$

$$\rho_{XY} = \frac{\mathrm{Cov}(X,Y)}{\sqrt{D(X)}\sqrt{D(Y)}} = \frac{4/225}{\sqrt{2/75}\sqrt{11/225}} = \frac{2\sqrt{66}}{33}$$

【例4.28】　设二维随机变量 (X,Y) 的联合概率分布见表4.11.

表4.11

Y \ X	-1	0	1
0	0	$\frac{1}{3}$	0
1	$\frac{1}{3}$	0	$\frac{1}{3}$

证明 X 与 Y 不相关，但不相互独立.

证明　X 与 Y 的边缘概率分布分别见表4.12、表4.13.

表4.12

X	-1	0	1
$p_{i\cdot}$	$\frac{1}{3}$	$\frac{1}{3}$	$\frac{1}{3}$

表 4.13

Y	0	1
$p_{\cdot j}$	$\frac{1}{3}$	$\frac{2}{3}$

利用式(4.13)有

$$\mathrm{Cov}(X,Y)=(-1)\times 1\times\frac{1}{3}+0\times 0\times\frac{1}{3}+1\times 1\times\frac{1}{3}-$$

$$\left[(-1)\times\frac{1}{3}+0\times\frac{1}{3}+1\times\frac{1}{3}\right]\left(0\times\frac{1}{3}+1\times\frac{2}{3}\right)=0$$

所以 X 与 Y 是不相关的. 但是,因为

$$P\{X=0,Y=0\}=\frac{1}{3},P\{X=0\}P\{Y=0\}=\frac{1}{3}\times\frac{1}{3}=\frac{1}{9}$$

由此可见

$$P\{X=0,Y=0\}\neq P\{X=0\}P\{Y=0\}$$

所以 X 与 Y 不是相互独立的.

【例 4.29】 设随机变量 $Z\sim U(0,2\pi)$,且 $X=\sin Z,Y=\sin(Z+k)$,k 为常数,求 X 与 Y 的相关系数 ρ_{XY}.

解 Z 的概率密度为

$$f_Z(z)=\begin{cases}\frac{1}{2\pi}, & 0<z<2\pi\\ 0, & \text{其他}\end{cases}$$

则

$$E(X)=E(\sin Z)=\frac{1}{2\pi}\int_0^{2\pi}\sin z\mathrm{d}z=0$$

$$E(Y)=E[\sin(Z+k)]=\frac{1}{2\pi}\int_0^{2\pi}\sin(z+k)\mathrm{d}z=0$$

$$E(XY)=E[\sin Z\sin(Z+k)]=\frac{1}{2\pi}\int_0^{2\pi}\sin z\sin(z+k)\mathrm{d}z=$$

$$\frac{1}{4\pi}\int_0^{2\pi}[\cos k-\cos(2z+k)]\mathrm{d}z=\frac{\cos k}{2}$$

$$\mathrm{Cov}(X,Y)=E(XY)-E(X)E(Y)=\frac{\cos k}{2}$$

$$D(X)=E(X^2)=\frac{1}{2\pi}\int_0^{2\pi}\sin^2 z\mathrm{d}z=\frac{1}{2}$$

$$D(Y)=E(Y^2)=\int_0^{2\pi}\frac{1}{2\pi}\sin^2(z+k)\mathrm{d}z=\frac{1}{2}$$

$$\rho_{XY}=\frac{\mathrm{Cov}(X,Y)}{\sqrt{D(X)}\sqrt{D(Y)}}=\frac{\cos k/2}{\sqrt{1/2}\sqrt{1/2}}=\cos k$$

若 $k=\frac{\pi}{2}$，则有 $\rho_{XY}=0$，此时 $Y=\sin(Z+\frac{\pi}{2})=\cos Z$，而 $X=\sin Z$，X 与 Y 之间满足关系式

$$X^2+Y^2=1$$

由以上例题可以看出，X 与 Y 相互独立，则 $\rho_{XY}=0$，因而不相关；反之，X 与 Y 不相关，X 与 Y 不一定相互独立.

【例 4.30】　设随机变量 $X\sim N(1,3^2)$，$Y\sim N(1,4^2)$，且 $\rho_{XY}=-\frac{1}{2}$，设 $Z=\frac{X}{3}+\frac{Y}{2}$，求 $E(Z)$，$D(Z)$，ρ_{XZ}.

解　根据题意知

$$E(X)=1, E(Y)=1, D(X)=9, D(Y)=16$$

则

$$E(Z)=E\left(\frac{X}{3}+\frac{Y}{2}\right)=\frac{1}{3}E(X)+\frac{1}{2}E(Y)=\frac{5}{6}$$

$$D(Z)=D\left(\frac{X}{3}+\frac{Y}{2}\right)=D\left(\frac{X}{3}\right)+D\left(\frac{Y}{2}\right)+2\mathrm{Cov}\left(\frac{X}{3},\frac{Y}{2}\right)=$$

$$\frac{1}{9}D(X)+\frac{1}{4}D(Y)+\frac{1}{3}\mathrm{Cov}(X,Y)=5+\frac{1}{3}\rho_{XY}\sqrt{D(X)}\sqrt{D(Y)}=3$$

因为

$$\rho_{XZ}=\frac{\mathrm{Cov}(X,Z)}{\sqrt{D(X)}\sqrt{D(Z)}}$$

其中

$$\mathrm{Cov}(X,Z)=\mathrm{Cov}\left(X,\frac{X}{3}+\frac{Y}{2}\right)=\frac{1}{3}\mathrm{Cov}(X,X)+\frac{1}{2}\mathrm{Cov}(X,Y)=$$

$$\frac{1}{3}D(X)+\frac{1}{2}\rho_{XY}\sqrt{D(X)}\sqrt{D(Y)}=0$$

则

$$\rho_{XZ}=0$$

4.4　应用实例：配对问题

4.4.1　减少验血的工作量

在有 N 个人的团体中普查某种疾病需要逐个验血. 一般来说，若血样呈阳性，则有此种疾

病;若呈阴性,则无此种疾病. 逐个验血需要 N 次,若 N 值很大,验血的工作量也很大. 为了能减少验血的工作量,有位统计学家提出一种想法:把 $k(k \geq 2)$ 个人的血样混合后再检验,若呈阴性,则 k 个人都无此疾病,这时 k 个人只需要作一次检验;若呈阳性,则对 k 个人再分别检验,这时为弄明白谁有此种疾病共需检验 $k+1$ 次. 若该团体中患此疾病的概率为 p,且个人得此种疾病相互独立,那么此种方法能否减少验血次数? 若能减少,则能减少多少工作量?

令 X 表示"该团体中每个人需要验血的次数",则 X 是只取 2 个值的离散型随机变量,其概率分布为见表 4.14.

表 4.14

X	$\frac{1}{k}$	$1+\frac{1}{k}$
p_k	$(1-p)^k$	$1-(1-p)^k$

则每人平均验血次数为

$$E(X)=\frac{1}{k}(1-p)^k+\left(1+\frac{1}{k}\right)[1-(1-p)^k]=1+\frac{1}{k}-(1-p)^k$$

而新的验血方法比逐个验血方法平均能减少验血的次数为

$$1-E(X)=(1-p)^k-\frac{1}{k}$$

只要 $E(X)<1$,即 $(1-p)^k>\frac{1}{k}$,就能减少验血的工作量. 比如,当 $p=0.1,k=2$ 时,这时

$$1-E(X)=0.9^2-\frac{1}{2}=0.31(\text{次})$$

若该团体有 10 000 人,则可减少 3 100 次,即减少 31% 的工作量.

类似地,可以进行如下计算:当 $p=0.1,k=4$ 时,使得 $E(X)$ 的值最小,这时可以减少 40.61% 的工作量,然后又逐渐增加,当 $k=34$ 时,$E(X)>1$,这种方法反而增加工作量;当 $p=0.01,k=11$ 时,$E(X)$ 的值最小,这时可以减少 80.44% 的工作量;当 $p=0.001,k=28$ 时,$E(X)$ 的值最小,这时可以减少 93.67% 的工作量. 可见,患某种疾病的概率 p 越小,使 $E(X)$ 取到最小值的 k 值越大,减少验血的工作量的期望值 $1-E(X)=(1-p)^k-\frac{1}{k}$ 就越大. 对于 p,k 不同值的 $1-E(X)$ 数值计算见表 4.15.

表 4.15

k	$p=0.1$	$p=0.05$	$p=0.01$	$p=0.005$	$p=0.001$
2	0.310 0	0.402 5	0.480 1	0.490 0	0.498 0
4	0.406 1	0.564 5	0.710 6	0.730 1	0.746 0

续表 4.15

k	$p=0.1$	$p=0.05$	$p=0.01$	$p=0.005$	$p=0.001$
5	0.390 5	0.573 8	0.751 0	0.775 2	0.795 0
8	0.305 5	0.538 4	0.797 7	0.835 7	0.867 0
10	0.248 7	0.498 7	0.804 4	0.851 1	0.890 0
13	0.177 3	0.436 4	0.800 6	0.860 0	0.910 2
16	0.122 8	0.377 6	0.789 0	0.860 4	0.921 6
20	0.071 6	0.308 5	0.767 9	0.854 6	0.930 2
25	0.031 8	0.237 4	0.737 8	0.842 2	0.935 3
30	0.009 1	0.181 3	0.706 4	0.827 1	0.937 1
35	-0.003 5	0.137 5	0.674 9	0.810 5	0.937 0
40	-0.010 2	0.103 5	0.644 0	0.793 3	0.935 8
45	-0.013 5	0.077 2	0.614 0	0.775 8	0.933 8
50	-0.014 8	0.056 9	0.585 0	0.758 3	0.931 2

根据随机变量的期望值进行决策是风险型决策的常用方法，决策的依据往往是期望收益最大或者期望支出最小等. 类似的方法有综合使用人力、物力和财力，使其发挥最大效用或者使得效果最显著，这在经济管理决策中有着重要的应用.

4.4.2　配对问题

有 n 个人，每个人将自己的礼品扔入同一个箱子中，把礼品充分混合后，每人再随机从中选取一个，求选中自己礼品人数 X 的数学期望与方差. 设

$$\text{随机变量 } X_i=\begin{cases}1, & \text{当第 } i \text{ 个人恰取到自己的礼品}\\ 0, & \text{当第 } i \text{ 个人取到别人的礼品}\end{cases},i=1,2,\cdots,n$$

这 n 个随机变量是同分布的，并且都服从 $p=1/n$ 的 $(0-1)$ 分布，则其数学期望与方差分别为

$$E(X_i)=\frac{1}{n},D(X_i)=\frac{1}{n}\left(1-\frac{1}{n}\right)=\frac{n-1}{n^2},i=1,2,\cdots,n$$

在上述假设之下，n 个人中选中自己礼品的人数 X 可以表示成

$$X=X_1+X_2+\cdots+X_n=\sum_{i=1}^{n}X_i$$

$$E(X)=E(\sum_{i=1}^{n}X_i)=E(X_1)+E(X_2)+\cdots+E(X_n)=1$$

即平均来说他们当中只有一个人能选中自己的礼品.

由于 $X_i(i=1,2,\cdots,n)$ 不是独立的,并且是相关的,则

$$D(X)=\sum_{i=1}^{n}D(X_i)+2\sum_{i=1}^{j-1}\sum_{j=1}^{n}\operatorname{Cov}(X_i,X_j)$$

下面考察一下 X_iX_j 的含义.

$$X_iX_j=\begin{cases}1, & \text{当第 } i \text{ 个人和第 } j \text{ 个人都取到自己的礼品}\\ 0, & \text{其他场合}\end{cases}$$

其中,$i,j=1,2,\cdots,n;i\neq j$.

$$E(X_iX_j)=P\{X_i=1,X_j=1\}=P\{X_i=1\}P\{X_j=1|X_i=1\}=\frac{1}{n(n-1)}$$

因此

$$\operatorname{Cov}(X_i,X_j)=E(X_iX_j)-E(X_i)E(X_j)=\frac{1}{n(n-1)}-\frac{1}{n^2}=\frac{1}{n^2(n-1)}$$

则

$$D(X)=\sum_{i=1}^{n}D(X_i)+2\sum_{i=1}^{j-1}\sum_{j=1}^{n}\operatorname{Cov}(X_i,X_j)=\frac{n(n-1)}{n^2}+\frac{2C_n^2}{n^2(n-1)}=1$$

由此可见,在配对问题中,成对个数的均值与方差都等于1,与参与人数 n 无关.

习题四

1. 一箱产品有20件,其中有5件正品,无放回地抽取2次,每次抽取1件,求取到正品件数 X 的期望.

2. 设随机变量 X 的概率密度为

$$f(x)=\begin{cases}2x, & 0<x<1\\ 0, & \text{其他}\end{cases}$$

求 $E(X)$.

3. 设随机变量 X 的概率密度为

$$f(x)=\begin{cases}x, & 0<x\leqslant 1\\ 2-x, & 1<x<2\\ 0, & \text{其他}\end{cases}$$

求 $E(X)$.

4. 设随机变量 X 的概率分布如下:

X	-1	0	$\frac{1}{2}$	1	2
p_k	$\frac{1}{3}$	$\frac{1}{6}$	$\frac{1}{6}$	$\frac{1}{12}$	$\frac{1}{4}$

求 $E(X)$,$E(-X+1)$,$E(X^2)$.

5. 设随机变量 X 的概率密度为

$$f(x)=\begin{cases}\frac{x}{2}, & 0<x<2\\ 0, & \text{其他}\end{cases}$$

求 $E(X)$,$E(X^2+1)$.

6. 设二维随机变量 (X,Y) 的联合概率分布如下:

Y \ X	0	1
0	0.3	0.4
1	0.2	0.1

求 $E(X)$,$E(Y)$,$E(X-2Y)$,$E(3XY)$.

7. 设随机变量 X 的概率密度为

$$f(x)=\begin{cases}kx^{\alpha}, & 0<x<1\\ 0, & \text{其他}\end{cases}$$

其中 $k,\alpha>0$,且 $E(X)=0.75$,求 k,α 的值.

8. 设随机变量 $X\sim N(-2,0.4^2)$,求 $E(2X+3)$.

9. 设随机变量 X_1,X_2,X_3 相互独立,其中 $X_1\sim U(0,6)$,$X_2\sim N(1,2^2)$,$X_3\sim P(3)$,记 $Y=X_1-2X_2+3X_3$,求 $E(Y)$.

10. 设甲、乙两台机床同时加工某种型号的零件,每生产 100 件出现的次品的概率分布如下:

甲机床次品数

X	0	1	2	3
p_k	0.7	0.2	0.06	0.04

乙机床次品数

Y	0	1	2	3
p_k	0.8	0.06	0.04	0.1

判断哪一台机床加工质量较好.

11. 设某射手每次击中目标的概率为0.9,现连续射击30次,求$E(X)$,$D(X)$.

12. 一批零件中有9件合格品,3件次品. 安装机器时,从这批零件中任取一件,且每次取出的次品不再放回去. 求在取得合格品以前取出的次品数X的数学期望$E(X)$,方差$D(X)$及$E(-2X+1)$,$E(X^2+1)$.

13. 设随机变量X的概率密度为

$$f(x)=\begin{cases}1+x, & -1<x<0\\ 1-x, & 0\leqslant x<1\\ 0, & \text{其他}\end{cases}$$

求$D(X)$.

14. 设随机变量X与Y相互独立,其中$X\sim N(1,2)$,$Y\sim N(2,4)$,求$D(4X-3Y)$.

15. 设随机变量$X\sim U(2,4)$,求$E(2X)$,$D(2X)$,$E(X^2)$.

16. 设随机变量X的概率密度为

$$f(x)=\begin{cases}ax+bx^2, & 0<x<1\\ 0, & \text{其他}\end{cases}$$

且$E(X)=\frac{2}{3}$. 求(1) 系数a,b;(2)$D(2X-1)$.

17. 设随机变量X的概率密度为

$$f(x)=\begin{cases}\mathrm{e}^{-x}, & x>0\\ 0, & \text{其他}\end{cases}$$

求(1)$E(X)$,$E(3X-2)$;(2)$D(X)$,$D(-2X+1)$;(3)$P\{|X-2E(X)|<D(-2X+1)\}$.

18. 设随机变量X的数学期望为$E(X)$,方差为$D(X)>0$,令$Y=\frac{X-E(X)}{\sqrt{D(X)}}$,求$E(Y)$,$D(Y)$.

19. 设二维随机变量(X,Y)的联合概率密度为

$$f(x,y)=\begin{cases}15xy^2, & 0<x<1,0<y<x\\ 0, & \text{其他}\end{cases}$$

求$D(X)$,$D(Y)$.

20. 设二维随机变量(X,Y)的联合概率密度为

$$f(x,y)=\begin{cases}k, & 0<x<1,0<y<x\\ 0, & \text{其他}\end{cases}$$

求(1) 常数k;(2)$E(XY)$,$D(XY)$.

21. 设二维随机变量(X,Y)的联合概率密度为

$$f(x,y)=\begin{cases}1, & 0<x<1,|y|<x\\0, & 其他\end{cases}$$

求 $E(X)$,$E(Y)$,$\mathrm{Cov}(X,Y)$.

22. 设随机变量 X 的方差 $D(X)=25$,随机变量 Y 的方差 $D(Y)=36$,且 X 与 Y 的相关系数 $\rho_{XY}=0.4$,求 $D(X+Y)$,$D(X-Y)$.

23. 设二维随机变量 (X,Y) 的联合概率密度为

$$f(x,y)=\begin{cases}A(x+y), & 0<x<2,0<y<2\\0, & 其他\end{cases}$$

求(1) 系数 A;(2)$E(X)$,$E(Y)$;(3)$D(X)$,$D(Y)$;(4)$\mathrm{Cov}(X,Y)$;(5)ρ_{XY}.

第5章

Chapter 5

大数定律与中心极限定理

概率论与数理统计是研究随机现象的统计规律的学科,在随机现象统计规律中,频率的稳定性引人注目,由此可以揭示随机现象本身许多固有的规律性.极限定理中的大数定律就是刻画频率稳定性的理论.而在概率论与数理统计的基础理论与应用中,中心极限定理占有极其重要的地位.本章主要介绍大数定律与中心极限定理.

5.1 切比雪夫不等式

5.1.1 依概率收敛

定义5.1 设$X_1,X_2,\cdots,X_n,\cdots$是一个随机变量序列,$a$是一个常数.若对于任意的$\varepsilon>0$,有

$$\lim_{n\to\infty}P\{|X_n-a|\geqslant\varepsilon\}=0$$

或

$$\lim_{n\to\infty}P\{|X_n-a|<\varepsilon\}=1 \tag{5.1}$$

则称序列$X_1,X_2,\cdots,X_n,\cdots$依概率收敛于$a$.记为

$$X_n\xrightarrow{P}a \tag{5.2}$$

定理5.1 设$X_n\xrightarrow{P}a,Y_n\xrightarrow{P}b,g(x,y)$在点$(a,b)$处连续,则

$$g(X_n,Y_n)\xrightarrow{P}g(a,b) \tag{5.3}$$

5.1.2 切比雪夫不等式

定理5.2(切比雪夫不等式) 设随机变量X的数学期望$E(X)$和方差$D(X)$都存在,则对于任意的$\varepsilon > 0$,有

$$P\{|X - E(X)| \geqslant \varepsilon\} \leqslant \frac{D(X)}{\varepsilon^2}$$

或

$$P\{|X - E(X)| < \varepsilon\} \geqslant 1 - \frac{D(X)}{\varepsilon^2} \tag{5.4}$$

证明 以连续型随机变量为例

设X为连续型随机变量,其概率密度为$f(x)$,则

$$P\{|X - E(X)| \geqslant \varepsilon\} = \int_{|x-E(X)| \geqslant \varepsilon} f(x)\mathrm{d}x \leqslant$$

$$\int_{|x-E(X)| \geqslant \varepsilon} \frac{|x - E(X)|}{\varepsilon^2} f(x)\mathrm{d}x \leqslant \frac{1}{\varepsilon^2}\int_{-\infty}^{+\infty} [x - E(X)]^2 f(x)\mathrm{d}x = \frac{D(X)}{\varepsilon^2}$$

切比雪夫不等式反映了随机变量离差与方差间的关系,在概率统计理论和应用中占有重要地位.

【例5.1】 设随机变量X的数学期望为μ,方差为$\sigma^2 > 0$,利用切比雪夫不等式估计$P\{\mu - 3\sigma < X < \mu + 3\sigma\}$.

解 由切比雪夫不等式得

$$P\{\mu - 3\sigma < X < \mu + 3\sigma\} = P\{|X - \mu| < 3\sigma\} \geqslant 1 - \frac{\sigma^2}{(3\sigma)^2} = \frac{8}{9}$$

【例5.2】 已知随机变量X的概率分布见表5.1.

表5.1

X	1	2	3
p_k	0.2	0.3	0.5

利用切比雪夫不等式估计$P\{|X - E(X)| < 1.5\}$.

解 由题意可知

$$E(X) = 1 \times 0.2 + 2 \times 0.3 + 3 \times 0.5 = 2.3$$

$$E(X^2) = 1^2 \times 0.2 + 2^2 \times 0.3 + 3^2 \times 0.5 = 5.9$$

$$D(X) = E(X^2) - [E(X)]^2 = 0.61$$

由切比雪夫不等式得

$$P\{|X - E(X)| < 1.5\} \geqslant 1 - \frac{0.61}{1.5^2} \approx 0.729$$

【例5.3】 设电站电网有10 000盏电灯,每晚各灯开着的概率都是0.7,假设各灯开、关彼此独立. 利用切比雪夫不等式估计,每晚同时开着的灯的数量在6 800 ~ 7 200之间的概率.

解 设X表示"10 000盏电灯中同时开着的数量",则

$$X \sim B(10\,000, 0.7)$$
$$E(X) = 10\,000 \times 0.7 = 7\,000$$
$$D(X) = 10\,000 \times 0.7 \times 0.3 = 2\,100$$

由切比雪夫不等式得

$$P\{6\,800 < X < 7\,200\} = P\{-200 < (X - 7\,000) < 200\} = P\{|X - 7\,000| < 200\} \geqslant 1 - \frac{2\,100}{200^2} = 0.947\,5$$

5.2 大数定律

人们在长期实践中发现,事件发生的频率具有稳定性,也就是说随着试验次数的增多,事件发生的频率将稳定于一个确定的常数. 对某个随机变量X进行大量重复观测,所得到的大批观测数据的算术平均值也具有稳定性. 由于这类稳定性都是对随机现象进行大量重复试验条件下呈现出来的,因而反映这方面的定理统称为**大数定律**.

5.2.1 切比雪夫大数定律

定理5.3(切比雪夫大数定律) 设$X_1, X_2, \cdots, X_n, \cdots$是相互独立的随机变量序列,数学期望$E(X_i)$和方差$D(X_i)$都存在($i = 1, 2, \cdots$),则对于任意的$\varepsilon > 0$,有

$$\lim_{n\to\infty} P\left\{\left|\frac{1}{n}\sum_{i=1}^{n} X_i - \frac{1}{n}\sum_{i=1}^{n} E(X_i)\right| < \varepsilon\right\} = 1 \tag{5.5}$$

证明略.

推论(切比雪夫大数定律的特殊情况) 设$X_1, X_2, \cdots, X_n, \cdots$是相互独立的随机变量序列,且具有相同的数学期望和方差.

$$E(X_i) = \mu, D(X_i) = \sigma^2, i = 1, 2, \cdots$$

则对于任意的$\varepsilon > 0$,有

$$\lim_{n\to\infty} P\left\{\left|\frac{1}{n}\sum_{i=1}^{n} X_i - \mu\right| < \varepsilon\right\} = 1 \tag{5.6}$$

证明略.

切比雪夫大数定律表明:在一定条件下,当n充分大时,n个随机变量的算术平均值$\bar{X} = \frac{1}{n}\sum_{i=1}^{n} X_i$与其数学期望$\frac{1}{n}\sum_{i=1}^{n} E(X_i)$的偏差很小的概率接近1,即当$n$充分大时,$\frac{1}{n}\sum_{i=1}^{n} X_i$几乎不

再是随机的了，而是依概率收敛于其数学期望.

【例5.4】　用某种仪器测量已知量A时，设n次独立得到的测量数据为$x_1,x_2,\cdots,x_n$. 如果仪器无系统误差，判断当n充分大时，$\frac{1}{n}\sum_{i=1}^{n}(x_i-A)^2$是否可以作为仪器测量误差的方差近似值.

解　把x_i视为n个相互独立且具有相同分布的随机变量$X_i(i=1,2,\cdots)$的观察值，且

$$E(X_i)=\mu, D(X_i)=\sigma^2, i=1,2,\cdots$$

则仪器第i次测量的误差(x_i-A)的数学期望为

$$E(X_i-A)=\mu-A$$

方差

$$D(X_i-A)=\sigma^2$$

设$Y_i=(X_i-A)^2(i=1,2,\cdots)$，则$Y_i$也相互独立且具有相同的分布，在仪器无系统误差时，$E(X_i-A)=0$，即有$\mu=A$. 于是

$$E(Y_i)=E(X_i-A)^2=E[X_i-E(X_i)]^2=D(X_i)=\sigma^2, i=1,2,\cdots,n$$

由切比雪夫大数定律的特殊情况，可得

$$\lim_{n\to\infty}P\left\{\left|\frac{1}{n}\sum_{i=1}^{n}Y_i-\sigma^2\right|<\varepsilon\right\}=1$$

即

$$\lim_{n\to\infty}P\left\{\left|\frac{1}{n}\sum_{i=1}^{n}(X_i-A)^2-\sigma^2\right|<\varepsilon\right\}=1$$

从而确定，当$n\to\infty$时，随机变量$\frac{1}{n}\sum_{i=1}^{n}(X_i-A)^2$依概率收敛于$\sigma^2$，即当$n$充分大时，可以取$\frac{1}{n}\sum_{i=1}^{n}(x_i-A)^2$作为仪器测量误差的方差近似值.

5.2.2　贝努里大数定律

定理5.4(贝努里大数定律)　设n_A是事件A在n次独立重复试验中发生的次数，事件A在每次试验中发生的概率是p，则对于任意的$\varepsilon>0$，有

$$\lim_{n\to\infty}P\left\{\left|\frac{n_A}{n}-p\right|<\varepsilon\right\}=1 \tag{5.7}$$

证明略.

贝努里大数定律给出了当n充分大时，A发生的频率n_A/n依概率收敛于每次试验中A发生的概率p这一结论，同时也证明了频率具有稳定性. 也就是说，当试验次数n充分大时，某一事件发生的频率与概率有较大偏差的可能性很小. 在实际中，也是用频率来认识概率的.

5.2.3 辛钦大数定律

定理5.5(辛钦大数定律) 设$X_1,X_2,\cdots,X_n,\cdots$是相互独立的随机变量序列,且服从同一分布,$E(X_i)=\mu(i=1,2,\cdots)$,则对于任意的$\varepsilon>0$,有

$$\lim_{n\to\infty}P\left\{\left|\frac{1}{n}\sum_{i=1}^{n}X_i-\mu\right|<\varepsilon\right\}=1 \tag{5.8}$$

证明略.

辛钦大数定律表明,对于相互独立且服从同一分布的随机变量序列,只要各随机变量共同的数学期望μ存在,则当n充分大时,n个随机变量的算术平均值$\bar{X}$近似等于共同的数学期望μ,极少例外.

在同一分布下,辛钦大数定律与切比雪夫大数定律二者结论相同,不过辛钦大数定律只要求数学期望存在,而切比雪夫大数定律要求方差也存在. 在许多统计推断问题中,应用辛钦大数定律更为方便,贝努里大数定律是辛钦大数定律的特殊情况,即由辛钦大数定律可以推出贝努里大数定律.

【例5.5】 利用辛钦大数定律证明贝努里大数定律.

证明 设随机变量$X_1,X_2,\cdots,X_n$分别服从参数为p的$(0-1)$分布,且$n_A=\sum_{i=1}^{n}X_i$,则

$$E(X_i)=p,D(X_i)=p(1-p)\leqslant\frac{1}{4},i=1,2,\cdots,n$$

存在. $X_1,X_2,\cdots,X_n$显然满足辛钦大数定律的条件,根据辛钦大数定律,有

$$\lim_{n\to\infty}P\left\{\left|\frac{n_A}{n}-p\right|<\varepsilon\right\}=1$$

5.3 中心极限定理

有许多随机变量,它们由大量的相互独立的随机变量的综合影响所形成,而其中每个个别因素作用都很小,这种随机变量往往服从或近似服从正态分布,或者说它的极限分布是正态分布. 在概率论里,把研究在某些条件下,大量独立随机变量和的分布服从或近似服从正态分布的一类定理称为**中心极限定理**.

下面介绍两个常用的中心极限定理

定理5.6(独立同分布中心极限定理) 设随机变量$X_1,X_2,\cdots,X_n,\cdots$相互独立且具有相同分布

$$E(X_i)=\mu,D(X_i)=\sigma^2>0,i=1,2,\cdots$$

且随机变量 $Y_n = \dfrac{\sum\limits_{i=1}^{n} X_i - n\mu}{\sqrt{n}\sigma}$ 的分布函数为 $F_n(x)$，则对于任意实数 x，有

$$\lim_{n\to\infty} F_n(x) = \lim_{n\to\infty} P\{Y_n \leqslant x\} = \lim_{n\to\infty} P\left\{\frac{\sum\limits_{i=1}^{n} X_i - n\mu}{\sqrt{n}\sigma} \leqslant x\right\} =$$

$$\int_{-\infty}^{x} \frac{1}{\sqrt{2\pi}} e^{-\frac{t^2}{2}} dt = \Phi(x) \tag{5.9}$$

此定理表明：当 n 充分大时，Y_n 近似服从标准正态分布 $N(0,1)$，随机变量

$$\sum_{i=1}^{n} X_i = \sqrt{n}\sigma Y_n + n\mu$$

近似服从正态分布 $N(n\mu, n\sigma^2)$，即

$$E\left(\sum_{i=1}^{n} X_i\right) = n\mu, D\left(\sum_{i=1}^{n} X_i\right) = n\sigma^2$$

故 Y_n 实际上是 $\sum\limits_{i=1}^{n} X_i$ 的标准化随机变量.

证明略.

此定理也称**列维 - 林德伯格定理**. 它说明如果一个随机现象受多个随机因素的影响，这些随机变量都服从同一分布且具有相同的数学期望和方差，并且每种因素都不起主要作用，则描述这一随机现象的随机变量近似服从正态分布. 在实际问题中，当 n 充分大时（一般指 $n \geqslant 50$，有时也放宽到 $n \geqslant 30$）都可用此定理.

【例 5.6】　袋装味精用机器包装，每袋味精净重为随机变量，规定每袋的标准质量为 100 g，标准差为 4 g，一箱内装 100 袋. 求一箱味精净重大于 10 100 g 的概率.

解　设 X_i 表示"第 i 袋味精的质量"（$i = 1,2,\cdots,100$），X 表示"一箱味精的净重"，则

$$X = \sum_{i=1}^{100} X_i$$

由于 X_i 相互独立且具有相同分布，且

$$E(X_i) = 100, D(X_i) = 4^2 = 16, i = 1,2,\cdots,100$$

则

$$E(X) = 100E(X_i) = 100 \times 100 = 10\ 000, D(X) = 100D(X_i) = 100 \times 16 = 1\ 600$$

$$\sqrt{D(X)} = 40$$

由独立同分布中心极限定理得

$$P\{X > 10\ 100\} = 1 - P\{X \leqslant 10\ 100\} = 1 - P\left\{\frac{X - 10\ 000}{40} \leqslant \frac{10\ 100 - 10\ 000}{40}\right\} =$$

$$1 - \Phi(2.5) = 1 - 0.993\ 79 = 0.006\ 21$$

【例 5.7】 某餐厅每天接待 400 名顾客,设每位顾客的消费额(单位:元)服从(20,100)上的均匀分布,顾客的消费额是相互独立的. 求(1)该餐厅的日平均营业额;(2)日营业额在平均营业额上下不超过 760 元的概率.

解 (1)设 X_i 表示"第 i 位顾客的消费额"($i = 1,2,\cdots,400$),则 $X_i \sim U(20,100)$,$X = \sum_{i=1}^{400} X_i$,则 X 表示餐厅的日营业额,由于 $X_1,X_2,\cdots,X_{400}$ 相互独立且具有相同分布,则

$$E(X_i) = \frac{a+b}{2} = \frac{20+100}{2} = 60$$

$$D(X_i) = \frac{(b-a)^2}{12} = \frac{(100-20)^2}{12} = \frac{1\ 600}{3}$$

$$E(X) = E\left(\sum_{i=1}^{400} X_i\right) = \sum_{i=1}^{400} E(X_i) = 400 \times 60 = 24\ 000$$

(2)因为 $X_1,X_2,\cdots,X_{400}$ 相互独立且具有相同分布,所以

$$D(X) = D\left(\sum_{i=1}^{400} X_i\right) = \sum_{i=1}^{400} D(X_i) = 400 \times \frac{1\ 600}{3} = \frac{800^2}{3}$$

由独立同分布中心极限定理得

$$P\{|X - E(X)| \leqslant 760\} = P\left\{\frac{|X - E(X)|}{\sqrt{D(X)}} \leqslant \frac{760}{\sqrt{D(X)}}\right\} \approx$$

$$P\left\{\frac{|X - E(X)|}{\sqrt{D(X)}} \leqslant 1.65\right\} =$$

$$2\Phi(1.65) - 1 = 0.901\ 06$$

【例 5.8】 一生产线生产的产品成箱包装,每箱的质量是随机变量. 假设每箱平均重 50 kg,标准差为 5 kg. 若用最大载重量为 5 t 的汽车承运. 问利用中心极限定理说明每辆车最多可以装多少箱,才能保障不超载的概率大于 0.977 25.

解 设 X_i 表示"装运的第 i 箱的质量"($i = 1,2,\cdots,n$),由题意可知 $X_1,X_2,\cdots,X_n$ 相互独立且具有相同分布,X 表示"n 箱总质量",n 为所求的箱数,则 $X = \sum_{i=1}^{n} X_i$.

由已知 $E(X_i) = 50$,$D(X_i) = 5^2$,则 $E(X) = 50n$,$D(X) = 25n$,由独立同分布中心极限定理

$$P\{X \leqslant 5\ 000\} = P\left\{\frac{X - 50n}{5\sqrt{n}} \leqslant \frac{5\ 000 - 50n}{5\sqrt{n}}\right\} =$$

$$\Phi\left(\frac{1\ 000 - 10n}{\sqrt{n}}\right) > 0.977\ 25$$

因为

$$\Phi(2) = 0.977\ 25$$

所以

$$(1\,000 - 10n)/\sqrt{n} > 2$$

解得

$$n < 98.019\,9$$

即最多可以装98箱.

定理5.7(棣莫佛 - 拉普拉斯中心极限定理)　设随机变量 $X \sim B(n,p)$,且随机变量

$$Y = \frac{X - np}{\sqrt{np(1-p)}}$$

的分布函数是 $F(x)$,则对于任意的 x,有

$$\lim_{n\to\infty}F(x) = \lim_{n\to\infty}P\{Y \leqslant x\} = \lim_{n\to\infty}P\left\{\frac{X - np}{\sqrt{np(1-p)}} \leqslant x\right\} =$$

$$\int_{-\infty}^{x}\frac{1}{\sqrt{2\pi}}\mathrm{e}^{-\frac{t^2}{2}}\mathrm{d}t = \Phi(x) \tag{5.10}$$

证明略.

这个定理说明了二项分布以正态分布为极限. 若 $X \sim B(n,p)$,则当 n 充分大时($n \geqslant 50$),随机变量 $Y = \dfrac{X - np}{\sqrt{np(1-p)}}$ 近似服从标准正态分布,即 $Y \sim N(0,1)$.

【例5.9】　某出租车公司有500辆的士参加保险. 据统计,在一年里每台出租车出事故的概率为0.006,参加保险的的士每年需交800元的保险费. 若出事故,保险公司最多赔偿50 000元,利用棣莫佛 - 拉普拉斯中心极限定理,计算保险公司一年盈利不小于200 000元的概率.

解　设 X 表示"500辆的士出事故的车辆数",则

$$X \sim B(500,0.006)$$

则

$$E(X) = np = 3,D(X) = np(1-p) = 2.982$$

保险公司一年盈利不小于200 000元的概率为

$$P\{200\,000 \leqslant (500 \times 800 - 50\,000X) \leqslant 500 \times 800\} =$$

$$P\{0 \leqslant X \leqslant 4\} = P\left\{\frac{0-3}{\sqrt{2.982}} \leqslant \frac{X-3}{\sqrt{2.982}} \leqslant \frac{4-3}{\sqrt{2.982}}\right\} \approx$$

$$\Phi(0.58) - \Phi(-1.74) = 0.719\,0 + 0.959\,07 - 1 = 0.678\,07$$

5.4　应用实例:如何有效安排人力

某研究中心有同种类型仪器300台,各仪器工作相互独立,而且发生故障的概率均为0.01,通常一台仪器的故障由一人即可排除. 问:(1) 为保证当仪器发生故障时,不能及时排除

的概率小于0.01,至少要配多少个维修工人?(2) 若一人包修20台仪器,仪器发生故障时不能及时排除的概率是多少?(3) 若由3人共同负责维修80台仪器,仪器发生故障时不能及时排除的概率是多少?

解 (1) 设X表示“300台仪器中发生故障的台数”,则$X \sim B(300,0.01)$,a表示“需要配备的维修工人数”,则

$$P\{X > a\} \leqslant 0.01$$

又

$$P\{X > a\} = 1 - P\{X \leqslant a\} = 1 - \sum_{k=0}^{a} C_{300}^{k} 0.01^{k} 0.99^{300-k}$$

由于$n = 300$较大,$p = 0.01$又较小,根据泊松定理,可以用$\lambda = np = 3$的泊松分布近似计算.

$$P\{X > a\} \approx \sum_{k=a+1}^{+\infty} \frac{3^k}{k!}e^{-3} = 1 - \sum_{k=0}^{a} \frac{3^k}{k!}e^{-3} \leqslant 0.01$$

查表得

$$\sum_{k=0}^{8} \frac{3^k}{k!}e^{-3} = 0.996\ 2$$

所以

$$P\{X \geqslant 9\} < 0.01$$

故为达到要求,只需配8名维修工人.

(2) 设Y表示“20台仪器中发生故障的台数”,则$Y \sim B(20,0.01)$,若在同一时刻发生故障的仪器数$Y \geqslant 2$,则一个维修工不能及时维修. 因此,所求的概率为

$$P\{Y \geqslant 2\} = 1 - P\{Y = 0\} - P\{Y = 1\} = 1 - 0.99^{20} - 20 \times 0.01 \times 0.99^{19} \approx 0.016\ 9$$

(3) 设Z表示“80台仪器中发生故障的台数”,则$Z \sim B(80,0.01)$,若在同一时刻发生故障的仪器数$Z \geqslant 4$,则由三个工人共同负责包修时不能及时维修. 由于$n = 80$较大,$p = 0.01$较小,可以用$\lambda = np = 0.8$的泊松分布对二项分布作近似计算,即

$$P\{Z \geqslant 4\} = 1 - P\{Z \leqslant 3\} = 1 - \sum_{k=0}^{3} C_{80}^{k} 0.01^{k} 0.99^{80-k} \approx 1 - \sum_{k=0}^{3} \frac{0.8^k}{k!}e^{-0.8} = 1 - 0.990\ 9 = 0.009\ 1 < 0.016\ 9$$

本题涉及的是如何有效地使用人力问题,其中包括合理确定人员数和安排工作方式. 如按(1) 的要求,配备8人即可达到要求,若安排人员过多,就会造成人力资源的浪费;比较(2) 和(3) 的结果可以看出:虽然3个人共同负责80台仪器,每个人的任务比(2) 中一人负责20台仪器的任务大,但(3) 的安排是合理的,工作质量不但没有降低,反而提升了,能够保证机器的正常运转.

在该问题中(1)和(3)的计算中,由于$n \geqslant 30$,满足中心极限定理得条件,用棣莫佛－拉普拉斯中心极限定理计算会更简便.

(1) 设X表示"300台仪器中发生故障的台数",则$X \sim B(300,0.01)$,a表示"需要配备的维修工人数",则$E(X)=np=3$, $D(X)=npq=2.97$. 又

$$P\{X > a\} \leqslant 0.01$$

由于n较大,满足中心极限定理的条件,由棣莫佛－拉普拉斯中心极限定理得

$$P\{X > a\} = 1 - P\{X \leqslant a\} = 1 - P\left\{\frac{X-3}{\sqrt{2.97}} \leqslant \frac{a-3}{\sqrt{2.97}}\right\} = 1 - \Phi\left(\frac{a-3}{\sqrt{2.97}}\right) \leqslant 0.01$$

即

$$\Phi\left(\frac{a-3}{\sqrt{2.97}}\right) \geqslant 0.99$$

因为

$$\Phi(2.33) = 0.990\,10$$

所以

$$\frac{a-3}{\sqrt{2.97}} \geqslant 2.33$$

解得

$$a \geqslant 7.015\,4$$

即为达到要求,只需配8名维修工人.

(3) 设Z表示"80台仪器中发生故障的台数",则$Z \sim B(80,0.01)$,若在同一时刻发生故障的仪器数$Z \geqslant 4$,则由三个工人共同负责包修时不能及时维修. 由于$n=80$较大,$p=0.01$较小,满足中心极限定理的条件,由棣莫佛－拉普拉斯中心极限定理得

$$E(Z) = np = 0.8$$

$$D(Z) = npq = 0.792$$

所以

$$P\{Z \geqslant 4\} = 1 - P\{Z < 4\} = 1 - P\left\{\frac{Z-0.8}{\sqrt{0.792}} < \frac{4-0.8}{\sqrt{0.792}}\right\} \approx 1 - \Phi(3.60) = 0.000\,16$$

习题五

1. 假设随机变量$X_1, X_2, \cdots, X_n, \cdots$依概率收敛于$X$的概率,而且也依概率收敛于$Y$的概率. 证明$P\{X=Y\}=1$.

2. 设随机变量 $X \sim B(10,0.4)$,利用切比雪夫不等式估计 $P\{2 < X < 6\}$.

3. 设每次试验中,事件 A 发生的概率为 0.75,利用切比雪夫不等式估计,n 值多大时,才能使 n 次重复独立试验中,事件 A 出现的频率在 0.74 ~ 0.76 之间的概率大于 0.90?

4. 设随机变量 X 在区间 $(-1,2)$ 上服从均匀分布,$X_1,X_2,\cdots,X_n$ 是相互独立且与 X 具有相同分布的随机变量. 证明 $\frac{1}{n}\sum_{i=1}^{n} X_i^2 \xrightarrow{P} 1$.

5. 设随机变量序列 $X_1,X_2,\cdots,X_n,\cdots$ 相互独立且服从相同分布,$E(X_i)=\mu,D(X_i)=\sigma^2>0(i=1,2,\cdots)$ 存在,求 $X_1,X_2,\cdots,X_n,\cdots$ 的算术平均值依概率收敛的极限.

6. 设随机变量 X 表示"一次射击中命中的环数",其概率分布如下:

X	10	9	8	7	6
p_k	0.5	0.3	0.1	0.05	0.05

求 100 次射击中命中环数在 900 环到 930 环之间的概率.

7. 计算机进行数值计算时,遵从四舍五入的原则. 为简单计算,现对小数点后第一位进行舍入运算,则误差 X 可以认为服从均匀分布 $U(-0.5,0.5)$,若在一项计算中进行了 100 次数值计算,求平均误差落在区间 $(-\sqrt{3}/20,\sqrt{3}/20)$ 上的概率.

8. 在抽样检查某种产品的质量时,如果发现次品数多于 10 个,则拒绝接受这批产品. 设产品次品率为 0.1,求至少应抽查多少个产品进行检查才能保证拒绝这批产品的概率达到 0.9?

9. 袋装食盐,每袋净重为随机变量,规定每袋标准质量为 400 g,标准差为 10 g,一箱内装 100 袋,求一箱食盐净重超过 40 150 g 的概率.

10. 分别用切比雪夫不等式和中心极限定理确定,当掷一枚均匀硬币时,需掷多少次,才能保证正面出现的频率在 0.4 与 0.6 之间的概率不少于 0.9?

第6章

Chapter 6

样本分布

在前五章里已经讨论了概率论的基本概念和方法，为学习数理统计建立了重要的理论基础. 数理统计所研究的问题概括起来可以分为两大类：其一，试验的设计和研究，即研究如何更合理、更有效地获得观察资料的方法；其二，统计推断，即研究如何利用已知的数据资料，对所关心的问题作出尽可能精确、可靠的推断. 归纳起来，就是抽样方法和统计方法这两个方面的内容.

在概率论中，随机变量的分布通常是已知的，并在此基础上进行计算和推断，但在数理统计中，研究的随机变量的分布是未知的，或者是不完全知道的，人们是通过对所研究的随机变量进行重复独立的观察，得到许多观察值，对这些数据进行分析，从而对所研究的随机变量的分布作出种种推断.

为了更有效地介绍数理统计所研究的问题，本章引入一些数理统计中常用的基本概念和术语，其次着重介绍统计学中常用的统计量及抽样分布.

6.1 统计量

6.1.1 总体与样本

定义 6.1 某一特定研究过程中的研究对象的全体称为总体，一般记为 X. 组成总体的每个基本单元称为个体，总体中所含个体的数目称为总体容量.

总体通常是所关心对象的全部. 如某工厂生产的全部产品，某学校的全部学生等. 而某工厂的每个产品，某学校的每个学生便是个体.

总体根据其所包含的个体数目可以分为有限总体和无限总体. **有限总体**是指总体的范围能够明确确定,而且个体的数目是有限的. 例如,2008 年在北京举行的奥运会的全体参赛国家是有限总体. **无限总体**是指总体所包含的个体数目是无限的. 例如,空气中所悬浮的固体颗粒的数目.

总体之所以分为有限总体和无限总体,主要是为了判别在抽样中每次抽样的结果是否相互独立. 对于无限总体,每次抽取一个个体,并不影响下次的抽样结果,因此每次抽样可以看作是相互独立的. 对于有限总体,抽取一个个体后,总的元素就会少一个,前一次的抽样结果会影响下一次的抽样结果,因此每次抽取是不相互独立的.

定义 6.2 从总体中抽取一部分个体所构成的集合称为样本,来自总体 X 的样本可记为 $X_1,X_2,\cdots,X_n$. 样本中所含个体的数目称为样本容量. 每一次具体的抽样所得到的数据称为样本值,记为 $x_1,x_2,\cdots,x_n$.

注意,样本具有双重性,即它本身是随机变量,但一经抽取便有一组确定的具体值,即样本值.

若 $X_1,X_2,\cdots,X_n$ 是来自总体 X 的一个样本,且 $X_1,X_2,\cdots,X_n$ 相互独立,它们与总体 X 具有相同的分布函数 $F(x)$,则 $X_1,X_2,\cdots,X_n$ 的联合分布函数为

$$F^*(x_1,x_2,\cdots,x_n)=\prod_{i=1}^{n}F(x_i)=F(x_1)F(x_2)\cdots F(x_n)$$

又若 X 的概率密度函数为 $f(x)$,则 $X_1,X_2,\cdots,X_n$ 的联合概率密度为

$$f^*(x_1,x_2,\cdots,x_n)=\prod_{i=1}^{n}f(x_i)=f(x_1)f(x_2)\cdots f(x_n)$$

6.1.2 统计量

样本是进行统计推断的依据,在应用时,往往不是直接使用样本本身,而是针对不同的问题构造样本的适当函数,利用这些样本的函数进行统计推断.

定义 6.3 设 $X_1,X_2,\cdots,X_n$ 为来自总体 X 的一个样本,$g(X_1,X_2,\cdots,X_n)$ 是一个连续函数,若 $g(X_1,X_2,\cdots,X_n)$ 中不含未知参数,则称 $g(X_1,X_2,\cdots,X_n)$ 为一个统计量.

【例 6.1】 设随机变量 $X\sim N(\mu,\sigma^2)$,其中 μ 为已知,σ^2 未知,$X_1,X_2,\cdots,X_n$ 为来自总体 X 的样本,则 $\sum\limits_{i=1}^{n}(X_i-\mu)^2$ 是一个统计量,而 σ^2 未知,所以 $\frac{1}{n}\sum\limits_{i=1}^{n}\left(\frac{X_i-\mu}{\sigma}\right)^2$ 不是统计量.

在许多情况下,往往利用抽样的办法,通过样本的信息来推断总体的情况. 统计量是根据样本计算出的一个量,它是样本的函数. 常用的统计量如下

1. 样本均值

$$\overline{X}=\frac{1}{n}\sum_{i=1}^{n}X_i$$

2. 样本方差

$$S^2 = \frac{1}{n-1}\sum_{i=1}^{n}(X_i - \overline{X})^2 = \frac{1}{n-1}\left(\sum_{i=1}^{n}X_i^2 - n\overline{X}^2\right)$$

3. 样本标准差

$$S = \sqrt{S^2} = \sqrt{\frac{1}{n-1}\sum_{i=1}^{n}(X_i - \overline{X})^2}$$

4. 样本 k 阶(原点)矩

$$A_k = \frac{1}{n}\sum_{i=1}^{n}X_i^k, k = 1,2,\cdots$$

当 $k=1$ 时,样本一阶原点矩就是样本均值.

5. 样本 k 阶中心矩

$$B_k = \frac{1}{n}\sum_{i=1}^{n}(X_i - \overline{X})^k, k = 2,3,\cdots$$

当 $k=2$ 时,样本二阶中心矩与样本方差只相差一个常数倍,即

$$B_2 = \frac{n-1}{n}S^2$$

6.2　抽样分布

统计量的分布称为**抽样分布**. 一般来说,要确定一个统计量的抽样分布是非常复杂的. 但对于一些特殊情形,如正态总体,就有较为简单的方法. 而且中心极限定理也保证了在统计研究中所遇到的总体可由正态分布作为它的一个很好的近似,许多重要的统计量也是由正态总体导出的,这些都决定了正态总体有特别重要的地位. 本节主要介绍由正态总体导出的 χ^2 分布和 t 分布.

6.2.1　样本均值的分布

对于正态总体,样本均值服从正态分布. 对于任意总体,只要 n 充分大,样本均值近似服从正态分布.

定理 6.1　设总体 $X \sim N(\mu,\sigma^2)$,$X_1,X_2,\cdots,X_n$ 为来自总体 X 的一个样本,则样本均值 $\overline{X} = \frac{1}{n}\sum_{i=1}^{n}X_i$ 服从数学期望为 μ,方差为 σ^2/n 的正态分布,即 $\overline{X} \sim N\left(\mu,\frac{\sigma^2}{n}\right)$.

证明　由于相互独立的服从正态分布的随机变量的线性组合仍服从正态分布,所以样本均值 $\overline{X} = \frac{1}{n}\sum_{i=1}^{n}X_i$ 服从正态分布,其数学期望和方差分别为

$$E(\overline{X})=E\left(\frac{1}{n}\sum_{i=1}^{n}X_i\right)=\frac{1}{n}\sum_{i=1}^{n}E(X_i)=\frac{n\mu}{n}=\mu$$

$$D(\overline{X})=D\left(\frac{1}{n}\sum_{i=1}^{n}X_i\right)=\frac{1}{n^2}\sum_{i=1}^{n}D(X_i)=\frac{n\sigma^2}{n^2}=\frac{\sigma^2}{n}$$

所以 $\overline{X}\sim N\left(\mu,\frac{\sigma^2}{n}\right)$.

定理 6.2 设 X 为任意总体,其期望 $E(X)=\mu$,方差 $D(X)=\sigma^2$,$X_1,X_2,\cdots,X_n$ 为来自总体 X 的一个样本. 则当 n 值充分大时,样本均值 $\overline{X}=\frac{1}{n}\sum_{i=1}^{n}X_i$ 近似地服从期望为 μ,方差为 σ^2/n 的正态分布,即 $\overline{X}\sim N\left(\mu,\frac{\sigma^2}{n}\right)$.

利用中心极限定理,易证此定理,故证明略.

6.2.2 χ^2 分布

χ^2 分布是统计推断中最重要的连续型分布之一,服从 χ^2 分布的随机变量,可以表示为相互独立的标准正态随机变量的平方和,正态总体的样本方差服从 χ^2 分布,许多重要统计量的极限分布也是 χ^2 分布.

定义 6.4 若随机变量 X 的概率密度函数为

$$f(x)=\begin{cases}\dfrac{1}{2^{\frac{n}{2}}\Gamma\left(\frac{n}{2}\right)}x^{\frac{n}{2}-1}\mathrm{e}^{-\frac{x}{2}}, & x>0\\ 0, & x\leqslant 0\end{cases}$$

其中 $\Gamma\left(\frac{n}{2}\right)=\int_0^{+\infty}x^{\frac{n}{2}-1}\mathrm{e}^{-x}\mathrm{d}x$,$\Gamma\left(\frac{1}{2}\right)=\sqrt{\pi}$,则称随机变量 X 服从自由度为 n 的 χ^2 分布,记为 $X\sim\chi^2(n)$.

定理 6.3 设随机变量 $X_1,X_2,\cdots,X_n$ 相互独立,且都服从标准正态分布,则

$$X=\sum_{i=1}^{n}X_i^2\sim\chi^2(n)$$

特别地,若 $X\sim N(0,1)$,则 $X\sim\chi^2(1)$.

证明略.

$\chi^2(n)$ 的概率密度函数的图形见图 6.1,注意到该函数的图像总在第一象限.

从图 6.1 可以看出,χ^2 分布曲线与自由度有关,当自由度很小时,χ^2 分布曲线向右伸展,随着自由度的增加,χ^2 分布曲线变得越来越对称,当自由度达到相当大时,χ^2 分布曲线接近正态分布曲线.

由 χ^2 分布的定义,不难推得如下性质:

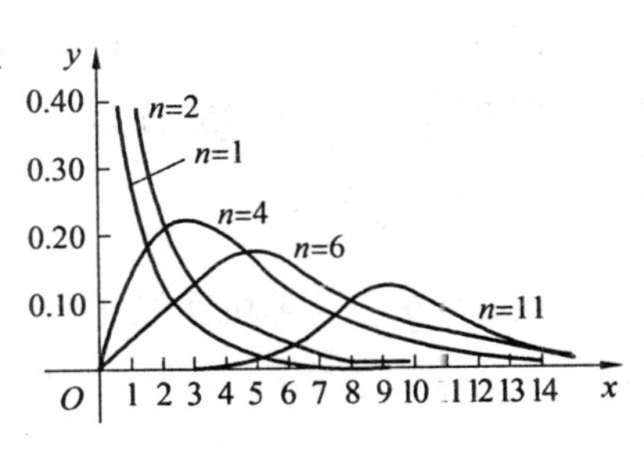

图6.1

(1) $X_1, X_2, \cdots, X_n$ 为来自总体 $X \sim N(\mu, \sigma^2)$ 的一个样本，则

$$\frac{\sum_{i=1}^{n}(X_i - \mu)^2}{\sigma^2} \sim \chi^2(n)$$

(2) 若 $X \sim \chi^2(n)$，则

$$E(X) = n, D(X) = 2n$$

(3) 设 $X_1 \sim \chi^2(n_1)$，$X_2 \sim \chi^2(n_2)$，且 X_1 与 X_2 相互独立，则

$$X_1 + X_2 \sim \chi^2(n_1 + n_2)$$

即 χ^2 分布满足可加性. 这一性质可推广到有限个 χ^2 分布的情形.

设 $X_i \sim \chi^2(n_i)(i = 1, 2, \cdots, k)$，且相互独立，则有

$$\sum_{i=1}^{k} X_i \sim \chi^2\left(\sum_{i=1}^{k} n_i\right)$$

定理6.4　设总体 $X \sim N(\mu, \sigma^2)$，$X_1, X_2, \cdots, X_n$ 为来自总体 X 的一个样本，样本均值

$$\overline{X} = \frac{1}{n}\sum_{i=1}^{n} X_i$$

样本方差

$$S^2 = \frac{1}{n-1}\sum_{i=1}^{n}(X_i - \overline{X})^2$$

则

(1) $\dfrac{(n-1)S^2}{\sigma^2} \sim \chi^2(n-1)$；

(2) $\overline{X}$ 与 S^2 相互独立.

定义6.5　若 X 服从自由度为 n 的 χ^2 分布，对于给定的正数 $\alpha(0 < \alpha < 1)$，称满足条件

$$P\{X > \chi_\alpha^2(n)\} = \alpha$$

的点 $\chi_\alpha^2(n)$ 为 $\chi^2(n)$ 的上侧 α 分位点(数).

图6.2中阴影部分面积等于 α.

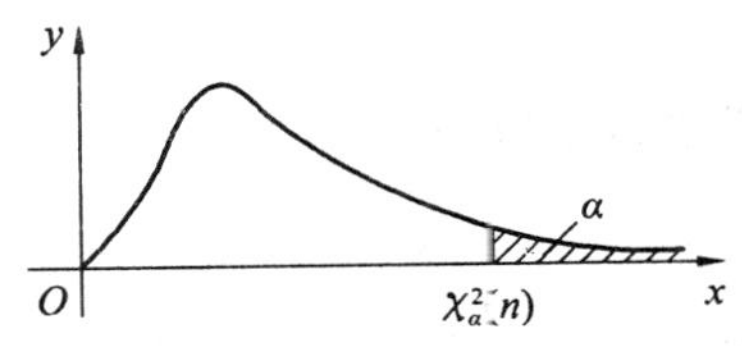

图6.2

【例6.2】　已知 $X \sim \chi^2(24)$，求满足

$$P\{X > \lambda_1\} = 0.975, P\{X < \lambda_2\} = 0.25$$

的 λ_1 和 λ_2.

解　对于 $P\{X > \lambda_1\} = 0.975$ 直接查附表4，$n = 24$，$\alpha = 0.975$，可得 $\lambda_1 = 12.401$. 对于 $P\{X < \lambda_2\} = 0.25$ 无法直接查表，可转化一下形式

$$P\{X<\lambda_2\}=1-P\{X\geqslant\lambda_2\}=0.25$$

所以 $P\{X\geqslant\lambda_2\}=0.75$,查表得 $\lambda_2=19.037$.

6.2.3 t 分布

定义 6.6 若随机变量 X 的概率密度函数为

$$f(x)=\frac{\Gamma\left(\frac{n+1}{2}\right)}{\Gamma\left(\frac{n}{2}\right)\sqrt{n\pi}}\left(1+\frac{x^2}{n}\right)^{-\frac{n+1}{2}},\ -\infty<x<+\infty$$

则称随机变量 X 服从自由度为 n 的 t 分布,记为 $X\sim t(n)$.

定理 6.5 设 $X\sim N(0,1)$,$Y\sim\chi^2(n)$,且 X 与 Y 相互独立,则随机变量

$$T=\frac{X}{\sqrt{Y/n}}$$

服从自由度为 n 的 t 分布.

t 分布的概率密度函数是偶函数,它关于 y 轴对称,其形状类似于标准正态分布概率密度曲线. 其图像见图 6.3.

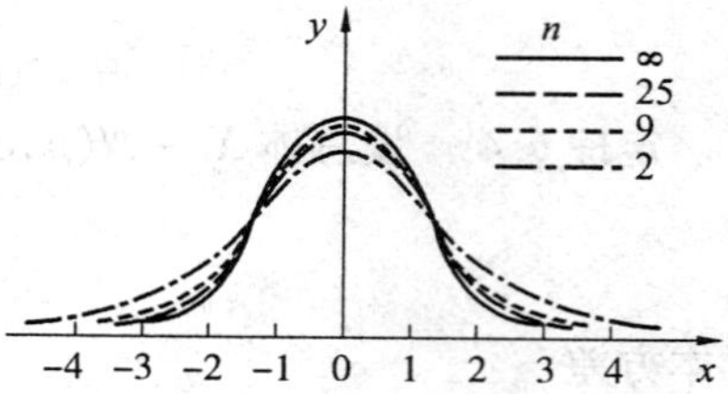

图 6.3

事实上,可以证明

$$\lim_{n\to\infty}t(x,n)=\frac{1}{\sqrt{2\pi}}\mathrm{e}^{-\frac{x^2}{2}},\ -\infty<x<+\infty$$

即当自由度 n 很大时,t 分布接近于标准正态分布.

定义 6.7 若 X 服从自由度为 n 的 t 分布,对于给定的正数 $\alpha(0<\alpha<1)$,称满足条件

$$P\{X>t_\alpha(n)\}=\alpha$$

的点 $t_\alpha(n)$ 为分布 $t(n)$ 的上侧 α 分位点(数).

图 6.4 中阴影部分面积等于 α.

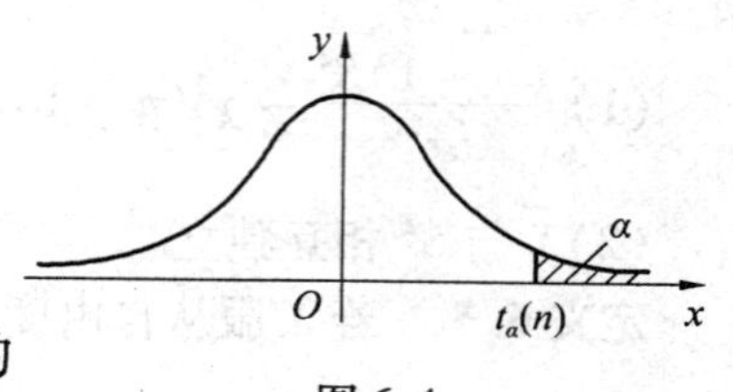

图 6.4

定理 6.6 设 $X_1,X_2,\cdots,X_n$ 为来自总体 $X\sim N(\mu,\sigma^2)$ 的一个样本,样本均值

$$\overline{X}=\frac{1}{n}\sum_{i=1}^{n}X_i$$

样本方差为

$$S^2=\frac{1}{n-1}\sum_{i=1}^{n}\left(X_i-\overline{X}\right)^2$$

则

$$\frac{\overline{X}-\mu}{S/\sqrt{n}}\sim t(n-1)$$

证明略.

关于样本均值 $\overline{X}$,样本方差 S^2,有如下结果:

(1) 设 $X_1,X_2,\cdots,X_n$ 为来自总体 X(不管服从什么分布,只要它的均值和方差存在)的样本,且有 $E(X)=\mu,D(X)=\sigma^2$,则

$$E(\overline{X})=\mu,D(\overline{X})=\frac{\sigma^2}{n}$$

(2) $\dfrac{\overline{X}-\mu}{\sigma/\sqrt{n}}\sim N(0,1)$ 是已知方差 σ^2 的条件下对期望 μ 进行的估计,$\dfrac{\overline{X}-\mu}{S/\sqrt{n}}\sim t(n-1)$ 是未知方差 σ^2 的条件下对期望 μ 进行的估计,而 $\dfrac{(n-1)S^2}{\sigma^2}\sim\chi^2(n-1)$ 是未知期望 μ 的条件下对方差 σ^2 进行的估计.

(3) 设总体 $X\sim N(\mu,\sigma^2)$,$X_1,X_2,\cdots,X_n$ 是来自总体 X 的样本,则

①$\overline{X}\sim N\left(\mu,\dfrac{\sigma^2}{n}\right)$;

②$\dfrac{(n-1)S^2}{\sigma^2}\sim\chi^2(n-1)$;

③$\overline{X}$ 与 S^2 相互独立;

④$\dfrac{\overline{X}-\mu}{S/\sqrt{n}}\sim t(n-1)$.

习题六

1. 若总体 $X\sim N(\mu,\sigma^2)$,其中 σ^2 为已知,但 μ 未知,$X_1,X_2,\cdots,X_n$ 为来自总体 X 的样本,试指出下列量中哪些是统计量,哪些不是统计量?

(1) $\dfrac{1}{n}\sum\limits_{i=1}^{n}X_i$;　(2) $\dfrac{1}{n}\sum\limits_{i=1}^{n}(X_i-\mu)^2$;　(3) $\dfrac{1}{n}\sum\limits_{i=1}^{n}(X_i-\overline{X})^2$;

(4) $\dfrac{\overline{X}-3}{\sigma}\sqrt{n}$;　(5) $\dfrac{\overline{X}-\mu}{\sigma}\sqrt{n}$;　(6) $\dfrac{\overline{X}-5}{\sqrt{\dfrac{1}{n(n-1)}\sum\limits_{i=1}^{n}(X_i-\overline{X})^2}}$

2. 设总体 X 的一个容量为5的样本值是:0,1,0,1,1,求样本均值 $\overline{X}$ 与样本方差 S^2 的值.

3. 设总体 $X\sim N(52,6.3^2)$,现随机抽取一个容量为36的样本,求(1)样本均值 $\overline{X}$ 的分布;(2)样本均值 $\overline{X}$ 落在50.8～53.8之间的概率.

4. 设 $X_1,X_2,\cdots,X_n$ 为来自 $\chi^2(n)$ 的一个样本,$\overline{X}=\dfrac{1}{n}\sum\limits_{i=1}^{n}X_i$ 为其样本均值,求 $E(\overline{X})$ 与

$D(\overline{X})$.

5. 设总体 $X \sim N(20,3^2)$,抽取样本容量是 $n_1=40$ 及 $n_2=50$ 的两个样本,求两个样本均值之差的绝对值小于0.7的概率.

6. 设 $X_1,X_2,\cdots,X_{10}$ 为来自总体 $X \sim N(0,0.3^2)$ 的一个样本,求 $P\{\sum_{i=1}^{10} X_i^2 > 1.44\}$.

7. 设总体 $X \sim N(\mu,\sigma^2)$,已知样本容量 $n=16$,样本均值 $\bar{x}=12.5$,样本方差 $s^2=5$. 如果 σ 未知,求 $|\mu-\overline{X}|<0.5$ 的概率.

8. 设 X_1,X_2,X_3,X_4 为来自总体 $X \sim N(0,2^2)$ 的一个样本,令

$$Y=a(X_1-2X_2)^2+b(3X_3-4X_4)^2$$

求系数 a,b,使得 Y 服从 χ^2 分布,并求自由度.

9. 根据附表查下列各值:(1)$\chi^2_{0.05}(20)$;(2)$\chi^2_{0.95}(20)$;(3)$t_{0.01}(10)$.

10. 设随机变量 $X \sim N(2,1)$,随机变量 Y_1,Y_2,Y_3,Y_4 均服从参数为0,2的正态分布,且 X,$Y_i(i=1,\cdots,4)$ 相互独立,令 $T=\dfrac{4(X-2)}{\sqrt{\sum_{i=1}^{4} Y_i^2}}$,求 T 的分布,并确定 t_0 的值,使 $P\{|T|>t_0\}=0.01$.

第7章

Chapter 7

参数估计

统计推断是数理统计学的核心内容. 概括地说,**统计推断**就是用样本推断总体,利用抽取到的样本,对样本的特征进行分析处理,进而推断总体的某些特征.

统计推断主要分为参数估计问题和假设检验问题. 本章主要涉及参数估计部分. 参数估计主要分为点估计和区间估计两部分. 所谓**参数估计**,就是用样本构造统计量来估计总体的未知参数. 例如,对于总体的未知参数θ,抽取样本$X_1,X_2,\cdots,X_n$,如构造统计量$\hat{\theta}=\hat{\theta}(X_1,X_2,\cdots,X_n)$去估计总体的参数$\theta$,这种方法称为**点估计法**;如构造统计量$\hat{\theta}_1=\hat{\theta}_1(X_1,X_2,\cdots,X_n)$,$\hat{\theta}_2=\hat{\theta}_2(X_1,X_2,\cdots,X_n)$,用区间$(\hat{\theta}_1,\hat{\theta}_2)$去估计总体参数$\theta$的范围,这种方法称为**区间估计**.

7.1 点估计

点估计的方法有很多,本书只介绍矩估计法和最大似然估计法.

7.1.1 矩估计

对于总体X,若X为离散型随机变量,其概率分布为$P\{X=x\}=p(x;\theta)$(θ代表一个或多个未知参数),若X^k的期望存在,即

$$\mu_k=E(X^k)=\sum_{x\in R_X}x^k p(x;\theta)$$

存在(R_X表示X所有可能的取值构成的集合),则μ_k称为X的k**阶原点矩**,简称k**阶矩**.

若X为连续型随机变量,其概率密度函数为$f(x;\theta)$(θ代表一个或多个未知参数),同样,若

$$\mu_k = E(X^k) = \int_{-\infty}^{+\infty} x^k f(x;\theta)\,\mathrm{d}x$$

存在,则 μ_k 称为 X 的 k **阶原点矩**,简称 k **阶矩**.

第 6 章给出了样本矩的概念,对于来自总体 X 的样本 $X_1,X_2,\cdots,X_n$,样本的 k 阶矩为

$$A_k = \frac{1}{n}\sum_{i=1}^{n} X_i^k$$

对于总体原点矩 μ_k,样本矩 A_k,当抽取的样本无限增大时,样本矩 A_k 依概率收敛于总体原点矩 μ_k,所以可以用样本矩作为总体原点矩的估计,这就是矩估计的基本思想.

矩估计的具体做法:令 $\mu_k = A_k$,即

$$E(X^k) = \frac{1}{n}\sum_{i=1}^{n} X_i^k,k = 1,2,\cdots,n \tag{7.1}$$

假设总体 $X \sim f(x;\theta)$,这里用 θ 表示总体中含有的所有未知参数,即若总体 X 中含有 m 个未知参数,则 $\theta = (\theta_1,\theta_2,\cdots,\theta_m)$. 显然,总体矩 μ_k 中含有 m 个未知参数 $(\theta_1,\theta_2,\cdots,\theta_m)$,要求解这些参数需要 m 个等式,即 $\mu_1 = A_1,\mu_2 = A_2,\cdots,\mu_m = A_m$,从而求得参数 $\theta_i(i = 1,2,\cdots,m)$ 的唯一表达式,θ_i 应该为样本 $X_1,X_2,\cdots,X_n$ 的函数,假设有形式 $\theta_i = \theta_i(X_1,X_2,\cdots,X_n)$. 由于样本 $X_1,X_2,\cdots,X_n$ 的函数为统计量,故用 $\hat{\theta}_i$ 代替 θ_i. 换一种说法,即 $\hat{\theta}_i = \hat{\theta}_i(X_1,X_2,\cdots,X_n)$ 为 θ_i 的矩估计量,若将样本的一组取值为 $x_1,x_2,\cdots,x_n$ 代入 $\hat{\theta}_i$,可以得到 θ_i 的矩估计值.

【例 7.1】 设总体 $X \sim U(a,b)$,$X_1,X_2,\cdots,X_n$ 是来自总体 X 的样本,求参数 a,b 的矩估计量.

解 总体分布中含有两个未知参数,所以需要两个方程

$$\begin{cases}\mu_1 = A_1\\ \mu_2 = A_2\end{cases}$$

又

$$\begin{cases}\mu_1 = E(X) = \dfrac{a+b}{2}\\ \mu_2 = E(X^2) = D(X) + [E(X)]^2 = \dfrac{(b-a)^2}{12} + \dfrac{(a+b)^2}{4}\end{cases}$$

由式(7.1)有

$$\begin{cases}\dfrac{a+b}{2} = A_1\\ \dfrac{(b-a)^2}{12} + \dfrac{(a+b)^2}{4} = A_2\end{cases}$$

解得

$$\begin{cases}a = A_1 - \sqrt{3(A_2 - A_1^2)}\\ b = A_1 + \sqrt{3(A_2 - A_1^2)}\end{cases}$$

又

$$A_1=\frac{1}{n}\sum_{i=1}^{n}X_i=\overline{X},A_2=\frac{1}{n}\sum_{i=1}^{n}X_i^2$$

所以,参数 a,b 的矩估计量为

$$\hat{a}=\overline{X}-\sqrt{\frac{3}{n}\sum_{i=1}^{n}(X_i-\overline{X})^2},\hat{b}=\overline{X}+\sqrt{\frac{3}{n}\sum_{i=1}^{n}(X_i-\overline{X})^2}$$

7.1.2　最大似然估计

对于最大似然估计法的思想,可以用一个例子来说明.

假定一个黑箱子中有 100 个球,这些球的分类有两种情况. 情况 Ⅰ:99 个白球,1 个黑球. 情况 Ⅱ:99 个黑球,1 个白球. 现从箱中任取 1 球,发现为白球. 问原来箱中球的情况.

严格地说,原来箱中球分类的两种情况都有可能造成任取 1 球为白球的结果. 但是哪一种情况是最可能的呢? 对于情况 Ⅰ:任取 1 球为白球的概率为 0.99. 对于情况 Ⅱ:任取 1 球为白球的概率为 0.01. 显然,情况 Ⅰ 是最有可能的,或者说抽取 1 球为白球的结果于情况 Ⅰ 更有利. 而且,推断原来箱中球的分类为情况 Ⅰ 也很符合人们的经验推理.

这就是最大似然估计法的基本思想. 最大似然就是"最有可能"的意思. 对于已经出现的结果,更愿意相信使结果发生的所有可能情况中可能性较大的一种情况. 例如,射击运动员和一般射击爱好者同时向一个靶盘射击,已知只有一枪中靶,那更愿意相信这一枪是射击运动员射中的.

对于来自总体 X 中的样本 $X_1,X_2,\cdots,X_n$ 的一组样本值 $x_1,x_2,\cdots,x_n$,由最大似然的思想,样本取这些值的概率应尽可能大.

下面就总体是离散型随机变量和连续型随机变量两种情况,分别给出参数的最大似然估计法.

(1) 若总体 X 为离散型随机变量,其概率分布为

$$P\{X=x\}=p(x;\theta),\theta\in\Theta$$

其中 θ 代表一个或多个未知参数;Θ 为 θ 可能的取值范围. 样本 $X_1,X_2,\cdots,X_n$ 来自总体 X,显然 X_i 相互独立且与总体 X 具有相同的分布,即

$$P\{X_i=x_i\}=p(x_i;\theta)(\theta\in\Theta),i=1,2,\cdots,n$$

由此可以得到样本 $X_1,X_2,\cdots,X_n$ 的联合概率分布为

$$P\{X_1=x_1,X_2=x_2,\cdots,X_n=x_n\}=\prod_{i=1}^{n}p(x_i;\theta),\theta\in\Theta \tag{7.2}$$

式(7.2)为事件 $\{X_1=x_1,X_2=x_2,\cdots,X_n=x_n\}$ 的概率. 当样本的取值已知时,它可以被看作是参数 θ 的函数,这里记为 $L(\theta)$(当 θ 代表多个未知参数时,$L(\theta)$ 为多元函数),并称

$$L(\theta)=\prod_{i=1}^{n}p(x_i;\theta),\theta\in\Theta \tag{7.3}$$

为样本的**似然函数**.可见,$L(\theta)$ 反映的是样本 X_i 取值 x_i 时的概率,根据最大似然的思想,希望找到 $\hat{\theta}\in\Theta$ 使得 $L(\theta)$ 达到最大值,即

$$L(\hat{\theta})=\max_{\theta\in\Theta}L(\theta) \tag{7.4}$$

一般来说,$\hat{\theta}$ 与样本取值 $x_1,x_2,\cdots,x_n$ 有关,记 $\hat{\theta}(x_1,x_2,\cdots,x_n)$ 为参数 θ 的**最大似然估计值**,记统计量 $\hat{\theta}(X_1,X_2,\cdots,X_n)$ 为参数 θ 的**最大似然估计量**.

同样地,当总体 X 为连续型随机变量时,假设其概率密度函数为 $f(x;\theta)(\theta\in\Theta)$ (θ,Θ 的含义同前),样本 $X_1,X_2,\cdots,X_n$ 来自总体 X,样本 X_i 相互独立且与总体 X 具有相同的分布,概率密度函数为 $f(x_i;\theta)(\theta\in\Theta)$,则样本 $X_1,X_2,\cdots,X_n$ 的联合概率密度函数为

$$f(x_1,x_2,\cdots,x_n;\theta)=\prod_{i=1}^{n}f(x_i;\theta),\theta\in\Theta \tag{7.5}$$

式(7.5)也为 θ 的函数,定义为样本的**似然函数** $L(\theta)$,即

$$L(\theta)=\prod_{i=1}^{n}f(x_i;\theta),\theta\in\Theta \tag{7.6}$$

同样希望取 $\hat{\theta}\in\Theta$ 使得 $L(\theta)$ 达到最大值,$\hat{\theta}(x_1,x_2,\cdots,x_n)$ 为参数 θ 的**最大似然估计值**,统计量 $\hat{\theta}(X_1,X_2,\cdots,X_n)$ 为参数 θ 的**最大似然估计量**.

对似然函数 $L(\theta)$ 求最大值,通常先由等式 $\dfrac{\mathrm{d}L(\theta)}{\mathrm{d}\theta}=0$ 求出使得 $L(\theta)$ 最大的点 θ.又因为 $L(\theta)$ 与 $\ln L(\theta)$ 具有相同的单调性,所以 $L(\theta)$ 与 $\ln L(\theta)$ 在同一 θ 处取到最大值,而且式 $\dfrac{\mathrm{d}\ln L(\theta)}{\mathrm{d}\theta}=0$ 也较容易求得 θ.

【例7.2】 设总体 $X\sim P(\lambda)$,其中 λ 为未知参数,$X_1,X_2,\cdots,X_n$ 是来自总体 X 的样本,求参数 λ 的最大似然估计量.

解 总体服从泊松分布,总体的概率分布为

$$P\{X=x\}=\frac{\lambda^x}{x!}\mathrm{e}^{-\lambda},x=0,1,2,\cdots$$

样本和总体具有相同的分布,样本 X_i 的分布为

$$P\{X_i=x_i\}=\frac{\lambda^{x_i}}{x_i!}\mathrm{e}^{-\lambda},x_i=0,1,2,\cdots;i=1,2,\cdots,n$$

由此,得到似然函数

$$L(\lambda)=\prod_{i=1}^{n}P(X_i=x_i)=\prod_{i=1}^{n}\frac{\lambda^{x_i}}{x_i!}\mathrm{e}^{-\lambda}=\frac{\mathrm{e}^{-n\lambda}\lambda^{\sum\limits_{i=1}^{n}x_i}}{\prod\limits_{i=1}^{n}x_i!}$$

上式两边取自然对数得

$$\ln L(\lambda)=\left(\sum_{i=1}^{n}x_i\right)\ln\lambda-n\lambda-\ln\prod_{i=1}^{n}x_i!$$

令

$$\frac{\mathrm{d}\ln L(\lambda)}{\mathrm{d}\lambda}=\frac{1}{\lambda}\sum_{i=1}^{n}x_i-n=0$$

解得

$$\lambda=\frac{1}{n}\sum_{i=1}^{n}x_i$$

所以,参数 λ 的最大似然估计量为

$$\hat{\lambda}=\frac{1}{n}\sum_{i=1}^{n}X_i=\overline{X}$$

【例7.3】　设总体 $X\sim N(\mu,\sigma^2)$,其中 μ,σ^2 为未知参数,$X_1,X_2,\cdots,X_n$ 是来自总体 X 的样本,求参数 μ 与 σ^2 的最大似然估计量.

解　总体服从正态分布,其概率密度函数为

$$f(x)=\frac{1}{\sqrt{2\pi}\sigma}\mathrm{e}^{-\frac{(x-\mu)^2}{2\sigma^2}},\ -\infty<x<+\infty$$

样本与总体具有相同的分布,样本 X_i 的概率密度函数为

$$f(x_i)=\frac{1}{\sqrt{2\pi}\sigma}\mathrm{e}^{-\frac{(x_i-\mu)^2}{2\sigma^2}},\ -\infty<x_i<+\infty;i=1,2,\cdots,n$$

因为概率密度中含有两个未知参数,所以似然函数为二元函数,为

$$L(\mu,\sigma^2)=\prod_{i=1}^{n}f(x_i)=\prod_{i=1}^{n}\frac{1}{\sqrt{2\pi}\sigma}\mathrm{e}^{-\frac{(x_i-\mu)^2}{2\sigma^2}}=(2\pi)^{-\frac{n}{2}}(\sigma^2)^{-\frac{n}{2}}\mathrm{e}^{-\frac{1}{2\sigma^2}\sum\limits_{i=1}^{n}(x_i-\mu)^2}$$

两边取自然对数得

$$\ln L(\mu,\sigma^2)=-\frac{n\ln 2\pi}{2}-\frac{n\ln\sigma^2}{2}-\frac{1}{2\sigma^2}\sum_{i=1}^{n}(x_i-\mu)^2$$

对上式中 μ,σ^2 分别求偏导,并令其为零,有

$$\begin{cases}\dfrac{\partial\ln L(\mu,\sigma^2)}{\partial\mu}=\dfrac{\sum\limits_{i=1}^{n}(x_i-\mu)}{\sigma^2}=0\\[2ex]\dfrac{\partial\ln L(\mu,\sigma^2)}{\partial\sigma^2}=-\dfrac{n}{2\sigma^2}+\dfrac{\sum\limits_{i=1}^{n}(x_i-\mu)^2}{2\sigma^4}=0\end{cases}$$

解得

$$\begin{cases}\mu = \dfrac{1}{n}\sum\limits_{i=1}^{n} x_i \\ \sigma^2 = \dfrac{1}{n}\sum\limits_{i=1}^{n} (x_i - \mu)^2\end{cases}$$

所以,参数μ与σ^2的最大似然估计量为

$$\begin{cases}\hat{\mu} = \overline{X} \\ \hat{\sigma}^2 = \dfrac{1}{n}\sum\limits_{i=1}^{n} (X_i - \overline{X})^2\end{cases}$$

【例 7.4】 样本$X_1,X_2,\cdots,X_n$来自总体X,总体X的概率密度函数为

$$f(x;\theta) = \begin{cases}\theta x^{\theta-1}, & 0 < x < 1 \\ 0, & 其他\end{cases}$$

求参数θ的最大似然估计量.

解 样本$X_1,X_2,\cdots,X_n$来自总体X,所以样本和总体服从相同分布,样本X_i的概率密度函数为

$$f(x_i;\theta) = \begin{cases}\theta x_i^{\theta-1}, & 0 < x_i < 1 \\ 0, & 其他\end{cases}$$

其中$i = 1,2,\cdots,n$. 所以,似然函数为

$$L(\theta) = \prod_{i=1}^{n} f(x_i) = \begin{cases}\theta^n \prod\limits_{i=1}^{n} x_i^{\theta-1}, & 0 < x_i < 1 \\ 0, & 其他\end{cases}$$

当$0 < x_i < 1$时,上式两边取自然对数

$$\ln L(\theta) = n\ln \theta + (\theta - 1)\sum_{i=1}^{n} \ln x_i$$

令

$$\frac{\mathrm{d}\ln L(\theta)}{\mathrm{d}\theta} = \frac{n}{\theta} + \sum_{i=1}^{n} \ln x_i = 0$$

解得

$$\theta = -\frac{n}{\sum\limits_{i=1}^{n} \ln x_i}$$

所以,参数θ的最大似然估计量为

$$\hat{\theta} = -\frac{n}{\sum\limits_{i=1}^{n} \ln X_i}$$

7.2　点估计的评价标准

7.1节已经学习了矩估计法和最大似然估计法. 在统计学中,还有其他的点估计法. 对于同一个总体的未知参数,不同的估计方法可能会得到不同的估计量. 这里就存在一个问题,哪一个估计量更能反映总体参数的真值呢? 这就需要一个衡量估计量优劣的标准.

数理统计中有很多估计量的评价标准,对同一个估计量使用不同的标准可能会得到不同的结论. 因此,评价估计量的优劣应该首先说明在同一个标准下才有意义. 本节主要介绍估计量的三个评价标准,即无偏性、有效性和相合性.

7.2.1　无偏性

假设$\hat{\theta}$为总体参数θ的估计量,经过多次抽样,$\hat{\theta}$的取值会有所不同. 无偏性要求这些取值要以θ的真值为中心波动,从概率上讲,即$\hat{\theta}$的期望是θ.

定义7.1　对于总体参数θ的一个估计量$\hat{\theta}$,若

$$E(\hat{\theta})=\theta \tag{7.7}$$

则称$\hat{\theta}$为θ的无偏估计量.

$\hat{\theta}$作为一个统计量,是一个随机变量,因而它具有随机性. $\hat{\theta}$的取值与θ的真值有偏差,这种偏差有时为正,有时为负. 无偏估计的含义是说这些偏差的均值为零.

【例7.5】　样本$X_1,X_2,\cdots,X_n$来自总体X,$\overline{X}$为样本均值,证明$\overline{X}$,$X_i(i=1,2,\cdots,n)$,$(X_1+X_n)/2$都是总体均值的无偏估计量.

证明　假设总体均值为μ,即$E(X)=\mu$,样本X_i与总体X服从相同分布,则$E(X_i)=\mu$,所以有

$$E(\overline{X})=E\left(\frac{1}{n}\sum_{i=1}^{n}X_i\right)=\frac{1}{n}\sum_{i=1}^{n}E(X_i)=\mu$$

$$E(X_i)=\mu$$

$$E\left(\frac{X_1+X_n}{2}\right)=\frac{E(X_1)+E(X_n)}{2}=\mu$$

由式(7.7)可知,$\overline{X}$,X_i,$(X_1+X_n)/2$都是总体均值的无偏估计量.

这说明同一个参数的无偏估计量不唯一.

【例7.6】　证明样本的二阶中心矩不是总体方差的无偏估计量.

证明　样本$X_1,X_2,\cdots,X_n$来自总体X,$\overline{X}$为样本均值,假设$E(X)=\mu$,$D(X)=\sigma^2$,则

$$E(B_2)=E\left[\frac{1}{n}\sum_{i=1}^{n}(X_i-\overline{X})^2\right]=\frac{1}{n}E\left[\sum_{i=1}^{n}(X_i-\overline{X})^2\right]=\frac{1}{n}\left[\sum_{i=1}^{n}E(X_i^2)-E(n\overline{X}^2)\right]$$

又

$$E(X_i^2)=D(X_i)+[E(X)]^2=\sigma^2+\mu^2$$

$$E(\overline{X}^2)=D(\overline{X})+[E(\overline{X})]^2=\frac{\sigma^2}{n}+\mu^2$$

所以

$$E(B_2)=\frac{1}{n}[\sum_{i=1}^{n}E(X_i^2)-nE(\overline{X}^2)]=\frac{1}{n}\left[n(\sigma^2+\mu^2)-n\left(\frac{\sigma^2}{n}+\mu^2\right)\right]=\frac{(n-1)\sigma^2}{n}\neq\sigma^2$$

即样本的二阶中心矩不是总体方差的无偏估计量. 可以验证样本方差S^2为总体方差的无偏估计量,即

$$E(S^2)=\sigma^2$$

在选择估计量时,应该尽量选择无偏估计量. 但是应该注意,无偏估计量只是保证在经过多次抽样后,估计量的偏差总和为零,不能保证在一次抽样中,估计量的偏差很小. 那么如何衡量一个无偏估计量的优劣,下面引入有效性的定义.

7.2.2 有效性

从例7.5可以看出,同一个参数的无偏估计量有很多. 那么对于参数θ的两个无偏估计量$\hat{\theta}_1$与$\hat{\theta}_2$,怎样才能知道哪一个更好呢? $\hat{\theta}_1$,$\hat{\theta}_2$作为参数的无偏估计量,它们都围绕着同一个参数真值波动. 现在,一个直观的想法是估计量应该围绕着真值的波动越小越好. 也就是说,在抽取样本容量相同条件下,经过多次观察后,若发现$\hat{\theta}_1$的取值比$\hat{\theta}_2$的取值更接近真值,就可以认为$\hat{\theta}_1$比$\hat{\theta}_2$更好.

实际上,度量随机变量偏离程度最好的工具是方差,所以对于无偏估计量来说,估计量的方差应该越小越好,这种评价标准就是有效性.

定义7.2 对于总体参数θ的两个无偏估计量$\hat{\theta}_1$与$\hat{\theta}_2$,若

$$D(\hat{\theta}_1)<D(\hat{\theta}_2) \tag{7.8}$$

则称$\hat{\theta}_1$比$\hat{\theta}_2$有效.

【例7.7】 比较例7.5中无偏估计量$\overline{X}$,$X_i(i=1,2,\cdots,n)$,$(X_1+X_n)/2\ (n>2)$哪一个更有效.

解 假设总体X方差为σ^2,则

$$D(\overline{X})=D\left(\frac{1}{n}\sum_{i=1}^{n}\overline{X}_i\right)=\frac{\sigma^2}{n}$$

$$D(X_i)=\sigma^2$$

$$D\left(\frac{X_1+X_n}{2}\right)=\frac{D(X_1)}{4}+\frac{D(X_n)}{4}=\frac{\sigma^2}{2}$$

由式(7.8)可知,当样本容量$n>2$时,有

$$D(\overline{X}) < D\left(\frac{X_1 + X_2}{2}\right) < D(X_i)$$

所以,估计量 $\overline{X}$ 最有效.

估计量的有效性是两个或多个无偏估计量相比较而言的.

7.2.3　相合性

一般来说,参数的点估计量是与抽取的样本容量有关的,样本容量越大,估计量就越接近真实值.把这种估计量随着样本容量不断增大而逼近真实值的性质,称为相合性.

定义 7.3　对于总体参数 θ 的估计量 $\hat{\theta}(X_1,X_2,\cdots,X_n)$,若对于任意 $\varepsilon > 0$,有

$$\lim_{n\to\infty} P\{|\hat{\theta} - \theta| < \varepsilon\} = 1 \tag{7.9}$$

则称 $\hat{\theta}(X_1,X_2,\cdots,X_n)$ 为 θ 的相合估计量.

式(7.9)的含义是当样本容量无限大时,估计值 $\hat{\theta}(X_1,X_2,\cdots,X_n)$ 与 θ 几乎是相等的.

例如,要估计一批种子的发芽率 p,当然是抽取试验的种子越多越好,当多到是全部的种子的时候,也就真实的估计了 p 值,这也很符合人们的经验推理.

相合性是估计量的前提,也就是说,一个估计量应该具有相合性这种性质.如果一个估计量在样本容量不断增大时,不能把被估参数估计到任意指定的精度,则这个估计量是不可取的.

7.3　区间估计

参数的点估计是对被估参数给出一个数值,这样的好处是比较直观,且易于计算和使用.但是,估计的数值与参数真值的逼近程度却无法说明,也就是说,不知道估计数值的可信程度是多少.因此,可以给出参数的一个估计区间,并给出此区间包含参数真值的可信程度.

举一个例子:某供销商有一批面粉,每袋面粉的标准质量是 25 kg,为了促销,经销商宣称这批面粉中有 90% 以上都超重了,现在问如何判断经销商说的话是否可信?

在这里,假定面粉的质量 $X \sim N(\mu,\sigma^2)$,现在可以对这批面粉进行抽样,进而对参数 μ 进行估计.如果运用点估计法,可以得到一个估计值 $\hat{\mu}$,即使这个数值大于 25,也无法判断经销商的话是否准确.但如果得到 μ 的一个估计区间,并给出这个区间包含真实值 μ 的可信程度,这个问题就解决了.例如,若给出 μ 的估计区间为(25.2,25.9),并且这个估计的可信程度为 0.9,就可以认定经销商没有说谎了.

这种给出参数的估计区间,并说明此区间包含参数真值可信程度的方法称为**区间估计**,这样的区间称为置信区间.下面给出置信区间的定义.

定义 7.4　对于总体的参数 θ,确定两个统计量 $\hat{\theta}_1$ 和 $\hat{\theta}_2$,对于给定值 $\alpha(0 < \alpha < 1)$,若

$$P\{\hat{\theta}_1 < \theta < \hat{\theta}_2\} = 1 - \alpha \tag{7.10}$$

成立,则$(\hat{\theta}_1,\hat{\theta}_2)$为$\theta$的置信水平为$1-\alpha$的置信区间,$1-\alpha$为置信水平,$\hat{\theta}_1$为置信下限,$\hat{\theta}_2$为置信上限.

这里$\hat{\theta}_2-\hat{\theta}_1$为区间长度,在应用中,当然希望区间长度越短越好,这样就可以缩小θ的取值范围.但在样本容量一定的前提下,长度越小,说明该区间包含真值的可能性越小.置信区间的长短表示估计的精度,而包含真值的可能性大小表示估计的可信程度,如果想二者兼得,则需要加大样本容量.

对式(7.10)的理解是:对于每次抽样确定的区间$(\hat{\theta}_1,\hat{\theta}_2)$,要么包含$\theta$的真值,要么不包含$\theta$的真值,没有机会多少的问题.经过多次抽样确定的区间中,包含真值的约占$100(1-\alpha)\%$,不包含真值的约占$100\alpha\%$.假设重复100次抽样,确定100个区间,取$\alpha=0.05$,那么大约有95个区间包含θ的真值,有5个不包含θ的真值.

下面以正态总体为例,讨论在某些情况下参数的区间估计的具体方法.

7.3.1 单个正态总体均值的区间估计

假设总体$X \sim N(\mu,\sigma^2)$,$X_1,X_2,\cdots,X_n$是来自总体X的样本,$\overline{X}$为样本均值,S^2为样本方差.下面分两种情况对总体均值进行区间估计.

1. σ^2已知,μ的区间估计

对于如上说明的总体和样本,由第6章统计量分布的知识,有

$$\overline{X} \sim N(\mu,\frac{\sigma^2}{n})$$

即

$$\frac{\overline{X}-\mu}{\sigma/\sqrt{n}} \sim N(0,1)$$

由于正态分布为对称分布,对于置信水平$1-\alpha$,由标准正态分布上α分位点的含义,可以取临界点$z_{\alpha/2}$,$-z_{\alpha/2}$,见图7.1,使得

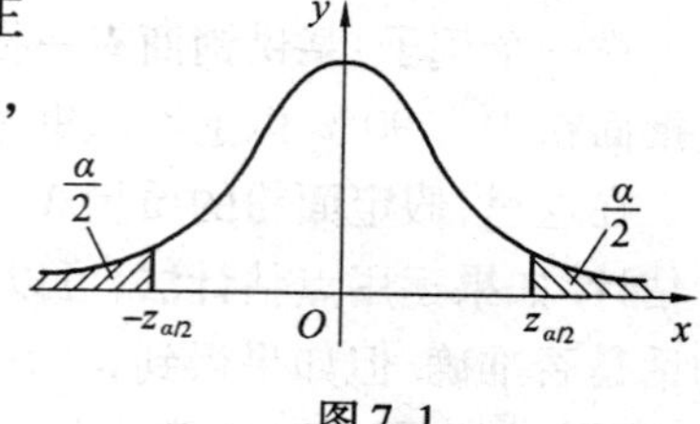

图7.1

$$P\left\{-z_{\alpha/2} < \frac{\overline{X}-\mu}{\sigma/\sqrt{n}} < z_{\alpha/2}\right\} = 1-\alpha$$

即

$$P\left\{\overline{X}-\frac{\sigma}{\sqrt{n}}z_{\alpha/2} < \mu < \overline{X}+\frac{\sigma}{\sqrt{n}}z_{\alpha/2}\right\} = 1-\alpha$$

这里σ与$z_{\alpha/2}$都是已知的,则$\overline{X}-\frac{\sigma}{\sqrt{n}}z_{\alpha/2}$与$\overline{X}+\frac{\sigma}{\sqrt{n}}z_{\alpha/2}$都是统计量,这样就得到了$\sigma^2$已知情

况下μ的置信水平为$1-\alpha$的置信区间,即

$$\left(\overline{X}-\frac{\sigma}{\sqrt{n}}z_{\alpha/2},\overline{X}+\frac{\sigma}{\sqrt{n}}z_{\alpha/2}\right) \tag{7.11}$$

【例7.8】 保险公司想了解某地区的平均寿命,对该地区居民的寿命进行抽查,假设寿命服从正态分布,其方差$\sigma^2=5^2$,现抽取样本容量为9的样本,得到其平均寿命为70,求该地区平均寿命μ的置信水平为0.95的置信区间.

解 根据题意有

$$\bar{x}=70,\sigma=5,z_{0.025}=1.96,n=9$$

由式(7.11)得到

置信下限

$$\hat{\mu}_1=\bar{x}-\frac{\sigma}{\sqrt{n}}z_{\alpha/2}\approx 66.73$$

置信上限

$$\hat{\mu}_2=\bar{x}+\frac{\sigma}{\sqrt{n}}z_{\alpha/2}\approx 73.27$$

这样即可得到该地区平均寿命μ的置信水平0.95的置信区间为(66.73,73.27),即估计该地区的居民的平均寿命在66.73与73.27之间,这个估计的可信程度为0.95.

在实际问题中,总体方差未知的情况较多,下面就σ^2未知的情况,讨论如何对王态总体均值μ进行区间估计.

2. σ^2未知,μ的区间估计

由于总体方差σ^2未知,则以上区间估计中的$\overline{X}\pm\frac{\sigma}{\sqrt{n}}z_{\alpha/2}$就不是统计量,所以置信区间$\left(\overline{X}-\frac{\sigma}{\sqrt{n}}z_{\alpha/2},\overline{X}+\frac{\sigma}{\sqrt{n}}z_{\alpha/2}\right)$不适用于$\sigma^2$未知的情况. 已经验证,样本方差$S^2$是总体方差的无偏估计量,可以想到用$S^2$代替$\sigma^2$,由第6章抽样分布的知识,有

$$\frac{\overline{X}-\mu}{S/\sqrt{n}}\sim t(n-1)$$

由于t分布也是对称分布,对比正态分布,对于置信水平$1-\alpha$,取临界点$-t_{\alpha/2}(n-1),t_{\alpha/2}(n-1)$,见图7.2,使得

$$P\left\{-t_{\alpha/2}(n-1)<\frac{\overline{X}-\mu}{S/\sqrt{n}}<t_{\alpha/2}(n-1)\right\}=1-\alpha$$

即

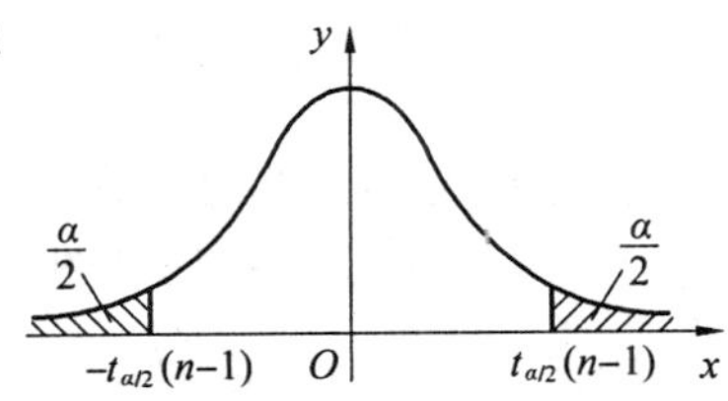

图7.2

$$P\left\{\overline{X}-\frac{S}{\sqrt{n}}t_{\alpha/2}(n-1)<\mu<\overline{X}+\frac{S}{\sqrt{n}}t_{\alpha/2}(n-1)\right\}=1-\alpha$$

这里 $\overline{X}-\frac{S}{\sqrt{n}}t_{\alpha/2}(n-1)$，$\overline{X}+\frac{S}{\sqrt{n}}t_{\alpha/2}(n-1)$ 都是统计量，这样得到了 σ^2 未知情况下 μ 的置信水平为 $1-\alpha$ 的置信区间，即

$$\left(\overline{X}-\frac{S}{\sqrt{n}}t_{\alpha/2}(n-1),\overline{X}+\frac{S}{\sqrt{n}}t_{\alpha/2}(n-1)\right) \tag{7.12}$$

【例 7.9】 对一批烟草中尼古丁的含量进行抽样检查，得到 10 个样本值(单位:mg)：

18,24,27,21,26,28,22,31,19,20

假设尼古丁的含量服从正态分布，求该批烟草中尼古丁的平均含量 μ 的置信水平为 0.9 的置信区间.

解 根据题意有

$$\bar{x}=23.6,s=4.3,n=10,t_{0.05}(9)=1.8331$$

由式(7.12)可得

置信下限

$$\hat{\mu}_1=\bar{x}-\frac{s}{\sqrt{n}}t_{\alpha/2}(n-1)\approx 21.11$$

置信上限

$$\hat{\mu}_2=\bar{x}+\frac{s}{\sqrt{n}}t_{\alpha/2}(n-1)\approx 26.09$$

即 μ 的置信水平为 0.9 的置信区间为(21.11,26.09).

7.3.2 单个正态总体方差的区间估计

总体方差 σ^2 的区间估计也可以分为 μ 已知和 μ 未知两种情况，但在实际中，μ 已知的情况极少，所以这里只考虑 μ 未知时 σ^2 的区间估计.

设 $X\sim N(\mu,\sigma^2)$，μ 未知，$X_1,X_2,\cdots,X_n$ 为来自总体 X 的样本，S^2 为样本方差.

由第 6 章知

$$\frac{(n-1)S^2}{\sigma^2}\sim\chi^2(n-1)$$

由于 χ^2 分布是非对称分布，对于置信水平 $1-\alpha$，取临界点 $\chi^2_{1-\alpha/2}(n-1)$，$\chi^2_{\alpha/2}(n-1)$ (图 7.3)，使得

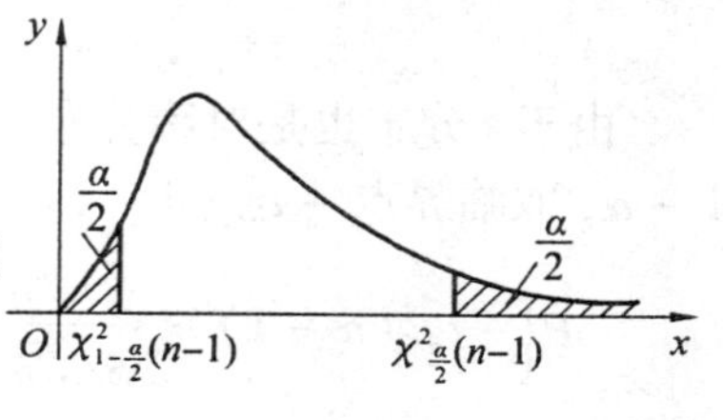

图 7.3

$$P\left\{\chi^2_{1-\alpha/2}(n-1)<\frac{(n-1)S^2}{\sigma^2}<\chi^2_{\alpha/2}(n-1)\right\}=1-\alpha$$

即

$$P\left\{\frac{(n-1)S^2}{\chi^2_{\alpha/2}(n-1)} < \sigma^2 < \frac{(n-1)S^2}{\chi^2_{1-\alpha/2}(n-1)}\right\} = 1-\alpha$$

这里，$\frac{(n-1)S^2}{\chi^2_{\alpha/2}(n-1)}$ 与 $\frac{(n-1)S^2}{\chi^2_{1-\alpha/2}(n-1)}$ 为统计量，所以可得总体方差 σ^2 的置信水平为 $1-\alpha$ 的置信区间为

$$\left(\frac{(n-1)S^2}{\chi^2_{\alpha/2}(n-1)}, \frac{(n-1)S^2}{\chi^2_{1-\alpha/2}(n-1)}\right) \tag{7.13}$$

由此，还可以得到总体标准差 σ 的置信水平为 $1-\alpha$ 的置信区间为

$$\left(\sqrt{\frac{(n-1)S^2}{\chi^2_{\alpha/2}(n-1)}}, \sqrt{\frac{(n-1)S^2}{\chi^2_{1-\alpha/2}(n-1)}}\right) \tag{7.14}$$

【例 7.10】 在经济活动中投资的回收利润率常用来衡量投资风险，随机的调查 26 年的回收利润率，计算得样本标准差 $s = 15\%$. 现假设回收利润率服从正态分布，求总体方差 σ^2 的区间估计（$\alpha = 0.05$）.

解 在本题中，对照以上 σ^2 的置信区间，有 $n = 26, s = 15, \alpha = 0.05$，查表得 $\chi^2_{0.025}(25) = 40.646$，$\chi^2_{0.975}(25) = 13.120$，由式(7.13) 得到

置信下限

$$\frac{(n-1)s^2}{\chi^2_{\alpha/2}(n-1)} = \frac{25 \times 15^2}{40.646} \approx 138.39$$

置信上限

$$\frac{(n-1)s^2}{\chi^2_{\alpha/2}(n-1)} = \frac{25 \times 15^2}{13.120} \approx 428.73$$

故总体方差 σ^2 的置信水平为 0.95 的置信区间为（138.39，428.73），总体标准差 σ 的置信水平为 0.95 的置信区间为

$$(\sqrt{138.39}, \sqrt{428.73}) \approx (11.76, 20.71)$$

由以上求置信区间的方法，可以稍加总结，得到一般求参数置信区间的步骤：

(1) 如果一个统计量 U 服从某已知分布，如标准正态分布，t 分布，χ^2 分布等，U 中除待估参数 θ 外，不应该含有其他未知参数. 一般地，称 $U = U(\theta)$ 为**枢轴量**.

(2) 对于置信水平 $1-\alpha$，确定临界点 u_1, u_2，使得

$$P\{u_1 < U < u_2\} = 1-\alpha$$

(3) 求解不等式 $u_1 < U < u_2$，得到关于待估参数 θ 的不等式 $\hat{\theta}_1 < \theta < \hat{\theta}_2$，即得到 θ 的置信水平为 $1-\alpha$ 的置信区间 $(\hat{\theta}_1, \hat{\theta}_2)$.

7.3.3 单侧区间估计

在以上的区间估计中，对于参数 θ，给出了置信水平为 $1-\alpha$ 的置信区间 $(\hat{\theta}_1, \hat{\theta}_2)$，这种估计

形式一般称为**双侧区间估计**,它分别给出了参数θ的“上限”和“下限”. 但在实际问题中,可能只关心“上限”或“下限”其中的一个. 例如,对一批零件的平均寿命,只关心平均寿命的“下限”;相反的,在考虑一批香烟中尼古丁的含量时,也只关心尼古丁含量的“上限”. 这就是所谓的**单侧区间估计**.

定义 7.5 对于总体的未知参数θ,确定统计量$\hat{\theta}$,对于给定值$\alpha(0<\alpha<1)$,若

$$P\{\theta>\hat{\theta}\}=1-\alpha \tag{7.15}$$

成立,则$(\hat{\theta},+\infty)$为θ的置信水平为$1-\alpha$的单侧置信区间,$1-\alpha$为置信水平,$\hat{\theta}$为置信下限;若

$$P\{\theta<\hat{\theta}\}=1-\alpha \tag{7.16}$$

成立,则$(-\infty,\hat{\theta})$为θ的置信水平为$1-\alpha$的单侧置信区间,$1-\alpha$为置信水平,$\hat{\theta}$为置信上限.

下面以正态总体为例,讨论均值μ在方差σ^2未知时的单侧区间估计问题. 其他情况,如σ^2已知,μ的单侧区间估计和总体方差σ^2的单侧区间估计问题可以类似讨论.

假设总体$X\sim N(\mu,\sigma^2)$,$X_1,X_2,\cdots,X_n$为来自总体X的样本,$\overline{X}$为样本均值,S^2为样本方差,则

$$\frac{\overline{X}-\mu}{S/\sqrt{n}}\sim t(n-1)$$

对于置信水平$1-\alpha$,取临界点$t_\alpha(n-1)$,见图7.4,使得

$$P\left\{\frac{\overline{X}-\mu}{S/\sqrt{n}}<t_\alpha(n-1)\right\}=1-\alpha$$

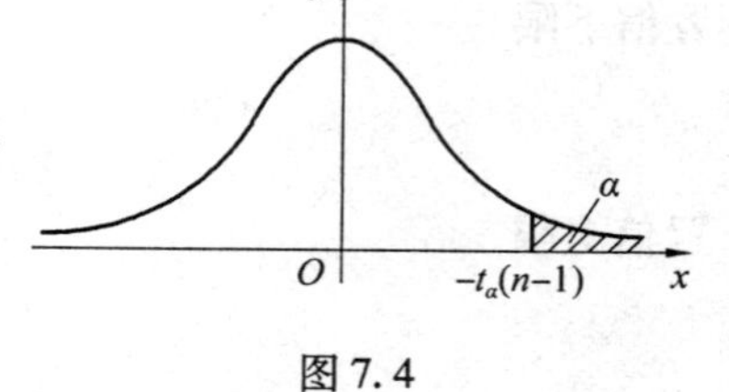

图7.4

即

$$P\left\{\mu>\overline{X}-\frac{S}{\sqrt{n}}t_\alpha(n-1)\right\}=1-\alpha$$

于是,得到了μ的置信水平为$1-\alpha$的单侧置信区间

$$\left(\overline{X}-\frac{S}{\sqrt{n}}t_\alpha(n-1),\ +\infty\right) \tag{7.17}$$

其中,$\overline{X}-\frac{S}{\sqrt{n}}t_\alpha(n-1)$为单侧置信下限.

同理,可以得到单侧置信上限为$\overline{X}+\frac{S}{\sqrt{n}}t_\alpha(n-1)$的单侧置信区间

$$\left(-\infty,\overline{X}+\frac{S}{\sqrt{n}}t_\alpha(n-1)\right) \tag{7.18}$$

【例 7.11】 对于例7.9,求尼古丁平均含量μ的置信水平为0.95的单侧置信上限,并给出单侧置信区间.

解　由例7.9,有

$$\bar{x}=23.6, s=4.3, n=10, t_{0.05}(9)=1.8331$$

由式(7.18),得到单侧置信上限

$$\hat{\mu}=\bar{x}+\frac{s}{\sqrt{n}}t_{\alpha}(n-1)\approx 25.48$$

所以μ的置信水平为0.95的单侧置信区间为$(-\infty,25.48)$.

7.4　应用实例:捕鱼问题与样本容量的确定

7.4.1　捕鱼问题

设湖中有N条鱼,现捕出r条,做上记号,然后放回湖中. 一段时间后再从湖中捕出s条,发现其中有t条有记号. 根据这些信息,估计湖中鱼的总数N值.

这里可以由多种方法估计N值.

方法Ⅰ:根据概率的统计定义,湖中有记号的鱼占鱼的总数的比例为$\frac{r}{N}$,而在第二次捕出的s条鱼中有记号的鱼为t条,有记号的鱼的比例是$\frac{t}{s}$,设想捕鱼是完全随机的,每条鱼被捕到的机会都相等,可以得到$\frac{r}{N}=\frac{t}{s}$,于是可以得到鱼总数N的估计量为$\hat{N}=\frac{rs}{t}$

方法Ⅱ:设第二次捕出的s条鱼中,标有记号的鱼有X条,则X的概率分布为

$$P\{X=k\}=\frac{C_{N-t}^{s-k}C_t^k}{C_N^s}$$

则$E(X)=\frac{rs}{N}$. 捕s条鱼得到有标记的鱼的总体平均数,而现在只捕一次,出现t条有标记的鱼,由矩估计法的思想,令总体的一阶原点矩等于样本的一阶原点矩,即$\frac{rs}{N}=t$,于是得到N的估计量为$\hat{N}=\frac{rs}{t}$.

方法Ⅲ:根据二项分布与最大似然估计. 若再加上一点条件,即假定捕出的s条鱼与湖中鱼总数N的比很小,即$s\ll N$,这样的假定也符合一般的实际情况. 可以认为每捕一条鱼出现有记号的概率为$p=\frac{r}{N}$,且认为在s次捕鱼中p不变. 把捕s条鱼看做s重贝努里试验,于是根据二项分布,s条鱼中有t条是有标记的,就相当于s次试验中有t次成功,故

$$P_s(t)=C_s^t p^t(1-p)^{s-t}=C_s^t\left(\frac{r}{N}\right)^t\left(1-\frac{r}{N}\right)^{s-t}=\frac{1}{N^s}C_s^t(r)^t(N-r)^{s-t}$$

同样,取 N 使得概率 $P_s(t)$ 达到最大,为此可将 N 作为非负实数看待,求 $P_s(t)$ 关于 N 的最大值,为方便,可求 $\ln P_s(t)$ 关于 N 的最大值,于是

$$\ln P_s(t) = - s\ln N + \ln C_s^t + t\ln r + (s-r)\ln (N-r)$$

令

$$\frac{\mathrm{d}\ln P_s(t)}{\mathrm{d}N} = -\frac{s}{N} + \frac{(s-t)}{N-r} = 0$$

同样可以得到 N 的估计量为 $\hat{N} = \frac{rs}{t}$.

7.4.2 样本容量的确定

对于总体的未知参数,需要从总体中抽取样本来进行估计,那么抽取的样本容量究竟是多少呢?一般来说,抽取样本容量较小,则受随机性的影响较大,无法得到满意的估计.如果抽取样本容量太大,则会浪费大量的人力、物力等,增加工作量.所以,确定适当的样本容量在实际当中就显得尤为重要.

就本章的区间估计来说,只注重了区间 $(\hat{\theta}_1, \hat{\theta}_2)$ 包含真值的可信程度,并没有考虑区间的长度 $\hat{\theta}_2 - \hat{\theta}_1$,即忽略了区间估计的精度问题.事实上,对于一个良好的区间估计来说,估计的精度也是十分重要的,而且在实际当中,也经常要求估计的精度达到某种要求.下面讲述对于给定精度在总体分布为正态分布 σ^2 已知的情况下,如何确定样本的容量.

假设总体 $X \sim N(\mu, \sigma^2)$,$X_1, X_2, \cdots, X_n$ 为来自总体 X 的样本,样本容量为 n,σ^2 已知,由式(7.11)可知,μ 的置信水平为 $1-\alpha$ 的置信区间为

$$\left(\overline{X} - \frac{\sigma}{\sqrt{n}}z_{\alpha/2}, \overline{X} + \frac{\sigma}{\sqrt{n}}z_{\alpha/2}\right)$$

此时估计的精度(即区间长度)为 $\frac{2\sigma}{\sqrt{n}}z_{\alpha/2}$,若给定一个数值 l,要求长度不超过 $2l$,即

$$\frac{2\sigma}{\sqrt{n}}z_{\alpha/2} < 2l$$

此时,可以得到样本容量 n 满足

$$n > \left(\frac{\sigma z_{\alpha/2}}{l}\right)^2 \tag{7.19}$$

这样,就可以得到满足所要求精度的最小样本容量.

【例 7.12】 某省公路维修部门要了解每辆卡车一星期之内平均行驶的里程,并决定估计与真值间的误差不超过 15 km,且置信水平为 0.9,从以往积累的资料中发现,标准差是 120 km.为达到上述要求,应抽取多大的样本.

解 由题意和前面的分析,有

$$l = 15, \sigma = 120, z_{0.05} = 1.645$$

由式(7.19)得

$$n > \left(\frac{\sigma z_{\alpha/2}}{l}\right)^2 = \left(\frac{120 \times 1.645}{15}\right)^2 = 173.1856$$

故可取 $n = 174$,至少要调查174辆车,才能达到要求.

习题七

1. 对球的直径做了5次测量,测量的结果是6.33,6.37,6.36,6.32,6.37.求样本均值和样本方差.

2. 设总体 $X \sim U(0,\theta)$,现从该总体中抽取样本容量为10的样本,样本值为

$$0.5, 1.3, 0.6, 1.7, 2.2, 1.2, 0.8, 1.5, 2.0, 1.6$$

求参数 θ 的矩估计量.

3. 一批产品中含有废品,从中抽取75件,发现废品10件,分别用矩估计法和最大似然估计法估计该批产品的废品率.

4. 样本 $X_1, X_2, \cdots, X_n$ 来自总体 X,总体 X 的概率密度为

$$f(x;\theta) = \begin{cases} \frac{2}{\theta^2}(\theta - x), & 0 < x < \theta \\ 0, & 其他 \end{cases}$$

求参数 θ 的矩估计值.

5. 样本 $X_1, X_2, \cdots, X_n$ 来自总体 X,总体 X 的概率密度为

$$f(x;\theta) = \begin{cases} \theta x^{\theta-1}, & 0 < x < 1 \\ 0, & 其他 \end{cases}$$

求参数 θ 的矩估计量.

6. 甲、乙两个校对员相互独立的对同一本书的样稿进行校对,校对完后,甲发现 a 个错字,乙发现 b 个错字,其中共同发现的有 c 个.用矩估计法对下面两个未知参数进行估计:(1)该书样稿的总错字个数;(2)未被发现的错字个数.

7. 设总体 $X \sim U(\theta, 2\theta)$,样本 $X_1, X_2, \cdots, X_n$ 来自总体 X,样本均值为 $\overline{X}$,证明 $\hat{\theta} = 2\overline{X}/3$ 是参数 θ 的无偏估计量.

8. 设总体 $X \sim N(\mu, \sigma^2)$,样本 $X_1, X_2, \cdots, X_n$ 来自总体 X.确定常数 c 使得 $c\sum\limits_{i=1}^{n-1}(X_{i+1} - X_i)^2$ 为 σ^2 的无偏估计量.

9. 设总体 $X \sim N(\mu, \sigma^2)$,分别抽取样本容量为 n_1, n_2 的两个独立随机样本,$\overline{X}_1, \overline{X}_2$ 为两个样本的均值.(1)如果 a, b 满足 $a + b = 1$,证明 $Y = a\overline{X}_1 + b\overline{X}_2$ 是 μ 的无偏估计量;(2)在(1)条

件下,确定 a,b,使得 $D(Y)$ 最小.

10. 已知某炼铁厂生产铁水的含碳量 X 在正常情况下服从正态分布,其方差 $\sigma^2 = 0.108^2$,现对其中 9 炉铁水进行抽检,测定其平均含碳量为 4.484,求该厂铁水平均含碳量 μ 的置信水平为 0.95 的置信区间.

11. 在一批螺丝钉中,随机抽取 16 个,测其长度(单位:cm) 为

2.23,2.21,2.20,2.24,2.22,2.25,2.21,2.24

2.25,2.23,2.25,2.21,2.24,2.23,2.25,2.22

设螺丝钉长度服从正态分布,求以下情况下总体均值 μ 的置信水平为 0.9 的置信区间:(1) 若 $\sigma = 0.01$;(2)σ 未知.

12. 有一大批糖果,随机抽取 16 袋,测得其样本均值为 503.75(单位:g),样本标准差为 6.202. 假设袋装糖果的质量近似服从正态分布,求总体均值 μ 的置信水平为 0.95 的置信区间.

13. 在一批铜丝中,随机的抽取 9 根,测得其抗拉程度为

578,582,574,568,596,572,570,584,578

设抗拉程度服从正态分布,求 σ^2 的置信水平为 0.95 的置信区间.

14. 一昆虫学家对甲虫大小很感兴趣,他取了 20 只甲虫的随机样本,测量它们的翅膀长度(单位:mm),得到 $\bar{x} = 32.4$,$s = 4.02$. 假定甲虫翅膀长度服从正态分布,求总体方差 σ^2 的置信水平为 0.95 的置信区间.

15. 从某批灯泡中随机抽取 5 只做寿命试验,其寿命(单位:h) 如下

1 050,1 100,1 120,1 250,1 280

设灯泡寿命服从正态分布,求其平均寿命的置信水平为 95% 的置信下限.

16. 某公司希望估计其职工实际探亲假的平均天数 μ,为此抽取一部分职工作调查,并且公司希望由此作出的估计与真值的差距不超过两天,且置信水平达到 0.95. 假定职工实际探亲假天数 X 服从正态分布,其标准差为 $\sigma = 15$,问至少需要抽取多少职工作调查?

第8章

Chapter 8

假设检验

统计推断是由样本来推断总体,它包括两个基本问题:参数估计和假设检验.

假设检验包括两类:参数假设检验和非参数假设检验. **参数假设检验**是针对总体分布函数中的未知参数提出的假设进行的检验. 例如,对于正态总体提出数学期望等于μ_0的假设. 而**非参数假设检验**是针对总体分布函数形式或类型的假设进行的检验. 例如,提出总体服从泊松分布的假设等.

本章主要讨论参数假设检验问题.

8.1 假设检验的基本概念

在总体的分布函数只知其形式,但不知其参数的情况下,为了推断总体的某个未知参数,提出某些关于总体参数的假设,需要根据所提供的信息(即样本),运用统计分析的方法,对提出的假设作出接受或者拒绝的决策,这就是**假设检验问题**. 而这种假设可以是正确的,也可以是错误的.

8.1.1 假设检验的引入

下面通过几个例题来说明假设检验问题.

【例 8.1】 判断一个硬币是否均匀,即投掷时出现正面的概率是否为0.5. 一般的做法是:把"$p=0.5$"作为一个假设,将硬币投掷100次,以X记正面出现的次数. 显然,X是一个随机变量,考虑$|X/100-0.5|$的值. 若$|X/100-0.5|$较小,则接受假设,即"$p=0.5$";否则,拒绝假设. 现在的问题是,$|X/100-0.5|$到底小到什么程度? 应该怎样给出界定它的值大或小

的标准.

【例 8.2】 检验一批产品的废品率是否超过 0.03,把"$p \leqslant 0.03$"作为一个假设.从这批产品中随机抽取若干个样品,记其中所含的废品数为 X,则 X 是一随机变量.当 X 小于某一给定的值时,认为假设正确,"接受"假设"$p \leqslant 0.03$";而若 X 大于这一值时,则认为假设不正确,"拒绝"或"否定"上述假设.

统计检验简称**检验**,通常用字母"H"来表示.如果关于总体有两个两者必居其一的假设,将这两个假设记为"H_0"和"H_1",要么 H_0 成立而 H_1 不成立,要么 H_1 成立而 H_0 不成立.通常,把其中一个称为**原假设或零假设**,记为 H_0;而把另一个称为**对立假设或备择假设**,记为 H_1.

例 8.1 的统计假设为:$H_0:p=0.5,H_1:p\neq 0.5$;

例 8.2 的统计假设为:$H_0:p\leqslant 0.03,H_1:p>0.03$.

针对提出的原假设和备择假设,根据随机抽取到的样本值,作出接受或拒绝原假设的判断.使原假设被拒绝的样本值所在的区域称为**拒绝域**,它一般是样本空间的一个子集,拒绝域的边界点称为**临界点**,而拒绝域的补集称为**接受域**.

当拒绝域确定后,检验的判断准则也就确定了.如果求得样本值属于拒绝域,则认为 H_0 不成立,即否定 H_0.而如果求得样本值不属于拒绝域,则认为 H_0 成立,即接受 H_0.可见,一个拒绝域唯一确定一个检验法则;反之,一个检验法则也唯一确定一个拒绝域.

8.1.2 假设检验的基本思想

假设检验的基本思想实质上是带有某种概率性质的反证法.这种反证法的思想主要是指**小概率原理**.它是基于人们在实践中广泛应用的原则,即小概率事件在一次试验中是几乎不可能发生的.为了检验一个假设 H_0 是否正确,首先假设该假设 H_0 正确,在此假设下,构造一个小概率事件 A,然后根据抽取到的样本,检验小概率事件 A 在一次试验中是否发生.如果事件 A 发生了,则与小概率事件几乎不可能发生相矛盾,这就不能不使人怀疑 H_0 的正确性,因此很有可能要否定 H_0;如果 A 不发生,就表明原命题成立在情理之中.但是概率小到什么程度才能算作"小概率事件"呢?显然,"小概率事件"的概率越小,否定原假设 H_0 就越有说服力,常记这个概率值为 $\alpha(0<\alpha<1)$,称为检验的**显著性水平**.对不同的问题,检验的显著性水平 α 不一定相同,但一般应取为较小的值,如 0.1,0.05 或 0.01 等.例如,在例 8.1 中可以令 $|X/100-0.5|<0.05$ 等.

【例 8.3】 某家庭有 4 个女孩,她们去洗碗.在打破的 4 个碗中至少有 3 个是最小的女孩打破的,因此人家说她笨拙.问她是否有理由申辩这完全是巧合?

解 设事件 A 表示"碗是最小的女孩打破的",事件 B 表示"4 个打破的碗中至少有 3 个是最小的女孩打破的",记 $P(A)=p$,则易知

$$P(B)=C_4^3p^3(1-p)+C_4^4p^4=p^3(4-3p)$$

令函数 $f(p)=4p^3-3p^4(0\leqslant p\leqslant 1)$,则

$$f'(p)=12p^2(1-p)>0$$

即 $f(p)$ 对 p 单调递增.

若最小的女孩有理由申辩,即 $P(A)=p\leqslant 0.25$,则

$$P(B)=4p^3-3p^4\leqslant 4\times 0.25^3-3\times 0.25^4\approx 0.050\ 8$$

这是一个小概率事件. 然而在一次试验中竟然发生了,这与小概率事件在一次试验中几乎不可能发生的原理相矛盾. 因此,最小的女孩无理由申辩.

【例8.4】 设一箱中有红白两种颜色的球共100个,甲说这里有98个白球. 现乙从箱中任取一球,发现是红球. 问甲的说法是否正确?

解　作假设 H_0:箱中确有98个白球.

如果假设 H_0 正确,则从箱中任取一个球是红球的概率只有0.02,这是个小概率事件. 因此,若乙从箱中任取一球,发现是白球,则没有理由怀疑假设 H_0 的正确性. 现乙从箱中任取一球,发现是红球,即小概率事件竟然在一次试验中发生了,故有理由拒绝假设 H_0,即认为甲的说法不正确.

【例8.5】 某厂每天产品分三批包装,规定每批产品的次品率都低于0.01才能出厂. 某日,有三批产品等待检验出厂,检验员进行抽样检查,从三批产品中各抽一件进行检验,发现有一件是次品. 问该日产品能否出厂?

解　假设该日产品能出厂,表明每批产品的次品率都低于0.01. 在这一条件下,设事件 A 表示"抽出的一件产品是次品",事件 B 表示"三批产品中至少有一件次品",$P(A)=p\leqslant 0.01$. 则所求概率为3重贝努里试验中事件 A 至少发生一次的概率,即

$$P(B)=1-(1-p)^3\leqslant 1-0.99^3<0.03$$

这是一个小概率事件. 在一次试验中 B 可以认为是不可能发生的,然而在一次检查中发现有一件是次品,也就是小概率事件 B 在一次试验中竟然发生了. 这表明原假设不正确,即该日产品不能出厂.

8.1.3　如何确定原假设 H_0 和备择假设 H_1

针对一个具体的检验问题,首先是要确定原假设和备择假设. 原假设是研究的起点,在没有其他信息的情况下原假设被看作可接受的真实状态. 另外,原假设是提供与观察到的结果进行比较的基准,进而分析是不是由于其他因素引起这些差异的.

由于检验的方法是用概率意义上的反证法,所以拒绝原假设是有说服力的,而接受原假设是没有说服力的. 因此,应把希望否定的假设放在原假设. 例如,例8.3和例8.4. 另外,有些结果已经经历了长时间的考验,不应轻易否定,也可以放在原假设.

例如,假定某厂家过去的声誉很好,现要对它生产的一批产品进行质量检测,以判定这批产品是否合格. 由于这个厂家过去的声誉很好,如果没有充分的证据就轻易地判定这批产品不合格,可能对厂家和商家两方面都不会有好处. 因此,在这种情况下应设置原假设为"这批产

品合格”,只有在抽样检测过程中抽到相当多的次品时才能拒绝这个假设.

又如,检验一种新的药品是否优于原来的药品. 如果原来的药品已经长期使用并被证明有效,那么一种并不特别有效的新药投放市场不仅不会给病人带来多少好处,反而可能造成一些不良效果. 因此,在进行临床试验时通常取原假设为“新药不优于旧药”,相应的备择假设是“新药优于旧药”. 只有当试验结果提供充分的证据证明新药的效果显著优于旧药时,才能拒绝原假设,接受备择假设,即接受新药.

由上述两个例子可以看到,在对统计假设作出判断前,处理 H_0 时总是偏于保守,在没有充分的证据时,不应轻易拒绝 H_0,或者说在没有充分的证据时,不能轻易接受 H_1.

在实际问题中,只提出一个假设,且统计检验的目的仅仅是为了判别这个假设是否成立,并不同时研究其他假设,此时直接取假设为原假设 H_0 即可.

8.1.4　假设检验的两类错误

由于假设检验使用的是概率性质的反证法,而非形式逻辑上的绝对矛盾,因此不可能不犯错误. 由于对原假设作出接受或拒绝决策的依据是一个样本,所以总有可能作出错误的判断. 第一种是当实际上 H_0 为真(H_1 不真)时,作出拒绝 H_0 的决策(这种可能性是无法消除的),称此类错误为**第一类错误**. 犯第一种错误的可能性可由条件概率

$$P\{拒绝H_0 | H_0 为真\} \tag{8.1}$$

来描述,称之为**犯第一类错误的概率**,或**“弃真”的概率**,用上面提及的显著性水平 α 表示,即

$$\alpha = P\{拒绝H_0 | H_0 为真\}$$

而第二种是当实际上 H_0 不真(H_1 为真)时,作出接受 H_0 的决策,称此类错误为**第二类错误**,用 β 表示**犯第二类错误的概率**,即

$$\beta = P\{接受H_0 | H_0 不真\} = P\{拒绝H_1 | H_1 为真\} \tag{8.2}$$

也称为**“纳伪”的概率**.

两类错误的概率见表 8.1.

表 8.1

真实情况 \ 所作判断	接受 H_0	接受 H_1
H_0 为真	正确($1-\alpha$)	第一类错误(α)
H_0 不真	第二类错误(β)	正确($1-\beta$)

从理论上讲,希望犯这两类错误的概率都很小. 但是,当样本容量固定时,α,β 不可能同时都较小,即 α 变小时,β 就变大;而 β 变小时,α 就变大. 只有当样本容量增大时,才有可能使两者同时变小,而过分的增加容量,就会加大成本. 在一般情况下,总是控制犯第一类错误的概率,即给定 α,然后通过增大样本容量的方法来减小 β,这种只对犯第一类错误的概率加以控

制,而不考虑犯第二类错误的概率的检验,称为**显著性检验**.

8.1.5　双边检验与单边检验

例 8.1 中的备择假设 H_1,表示 p 既可能大于 0.5,又可能小于 0.5. 像此种类型的备择假设称为**双边备择假设**,而此类假设检验问题称为**双边假设检验**.

有时只关心一个方面是否增大或减小,如例 8.2 备择假设 H_1 考虑 $p > 0.03$. 再如,试验新工艺以提高材料的强度,这时所考虑的总体的均值 μ 应该越大越好. 如果能判断在新工艺下总体均值 μ 较以往正常生产的均值 μ_0 大,则可考虑采用新工艺. 此时,需要检验假设

$$H_0:\mu \leqslant \mu_0, H_1:\mu > \mu_0$$

上述检验假设称为**右边检验**. 类似地,有时需要检验假设

$$H_0:\mu \geqslant \mu_0, H_1:\mu < \mu_0$$

此类假设检验称为**左边检验**. 右边检验和左边检验统称为**单边检验**.

8.1.6　假设检验的基本步骤

下面将参数假设检验问题的步骤归纳如下:

(1) 根据实际问题的要求,提出统计假设:原假设 H_0 及备择假设 H_1.

(2) 在原假设 H_0 成立的条件下,选取用来检验假设的样本统计量,称为**检验统计量**. 比较常见的假设检验问题是对于正态总体 $N(\mu,\sigma^2)$ 的未知参数 μ 或 σ^2 进行的检验,而检验统计量的具体形式将视具体情况而定. 例如:

① 方差已知,关于均值 μ 的检验采取 Z 检验法,采用检验统计量

$$Z = \frac{\overline{X} - \mu_0}{\sigma/\sqrt{n}}$$

② 方差未知,关于均值 μ 的检验采取 t 检验法,采用检验统计量

$$T = \frac{\overline{X} - \mu_0}{S/\sqrt{n}}$$

③ 期望 μ 未知,关于方差 σ^2 的检验采取 χ^2 检验法,采用检验统计量

$$\chi^2 = \frac{(n-1)S^2}{\sigma_0^2}$$

下面将就以上三种常见的情况具体分析检验统计量为何采取如此形式.

(3) 确定显著性水平 α,根据检验统计量的分布将样本空间划分为两个不相交的区域,其中一个是接受假设的样本值全体组成的接受域,另一个为拒绝域.

(4) 作出判断. 若检验统计量的值落入拒绝域,则拒绝原假设 H_0 而接受备择假设 H_1;反之,若检验统计量的值落在接受域,则接受 H_0 而拒绝 H_1.

8.2 单个正态总体 $N(\mu,\sigma^2)$ 均值 μ 的假设检验

8.2.1 方差 σ^2 已知,关于均值 μ 的检验(Z 检验)

设总体 $X \sim N(\mu,\sigma^2)$,其中 σ^2 已知,$X_1,X_2,\cdots,X_n$ 是来自总体 X 的样本. 给定显著性水平 α,下面求检验假设

$$H_0:\mu=\mu_0,H_1:\mu\neq\mu_0 \tag{8.3}$$

的接受域和拒绝域.

由于要检验的假设涉及总体均值 μ,故首先想到是否可借助样本均值 $\overline{X}$ 这一统计量来进行判断. 因为 $\overline{X}$ 是 μ 的无偏估计,$\overline{X}$ 的大小在一定程度上反映 μ 的大小. 因此,如果假设 H_0 为真,则样本值 $\bar{x}$ 与 μ_0 的偏差 $|\bar{x}-\mu_0|$ 一般不应太大. 若 $|\bar{x}-\mu_0|$ 过分大,就怀疑假设 H_0 的正确性而拒绝 H_0. 考虑到当 H_0 为真时,$\dfrac{\overline{X}-\mu_0}{\sigma/\sqrt{n}} \sim N(0,1)$,而衡量 $|\bar{x}-\mu_0|$ 的大小可归结为衡量 $\dfrac{|\bar{x}-\mu_0|}{\sigma/\sqrt{n}}$ 的大小. 基于上面的想法,可适当选定一个正数 k,使得当样本值 $\bar{x}$ 满足 $\dfrac{|\bar{x}-\mu_0|}{\sigma/\sqrt{n}} \geqslant k$ 时就拒绝假设 H_0;反之,若 $\dfrac{|\bar{x}-\mu_0|}{\sigma/\sqrt{n}} < k$,就接受假设 H_0.

为了确定常数 k,考虑统计量 $\dfrac{\overline{X}-\mu_0}{\sigma/\sqrt{n}}$. 由于只允许犯第一类错误的概率最大为 α,则令

$$P\{拒绝H_0|H_0 为真\} = P\left\{\left|\frac{\overline{X}-\mu_0}{\sigma/\sqrt{n}}\right| \geqslant k\right\} = \alpha$$

由于当 H_0 为真时

$$Z=\frac{\overline{X}-\mu_0}{\sigma/\sqrt{n}} \sim N(0,1)$$

则通过查附表3,得(图8.1的阴影区域)

$$k=z_{\alpha/2}$$

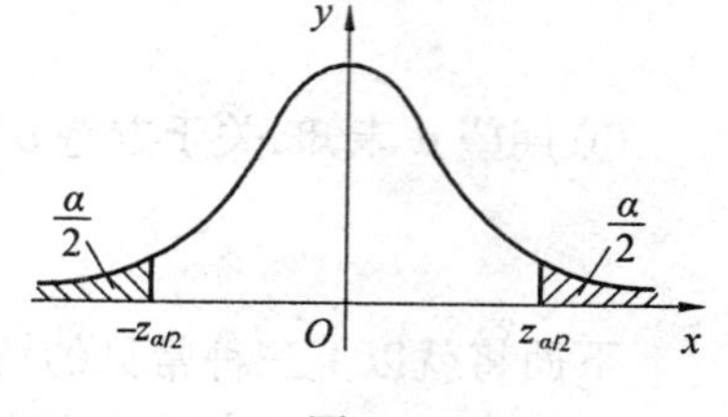

图 8.1

因而,若 Z 的样本值满足

$$|z| = \left|\frac{\bar{x}-\mu_0}{\sigma/\sqrt{n}}\right| \geqslant z_{\alpha/2}$$

则拒绝假设 H_0，而若

$$|z| = \left|\frac{\bar{x} - \mu_0}{\sigma/\sqrt{n}}\right| < z_{\alpha/2}$$

则接受假设 H_0. 即检验问题(8.3) 的接受域为 $(-z_{\alpha/2}, z_{\alpha/2})$，拒绝域为 $(-\infty, -z_{\alpha/2}] \cup [z_{\alpha/2}, +\infty)$.

这里统计量 $Z = \dfrac{\bar{X} - \mu_0}{\sigma/\sqrt{n}}$ 就是前面提及的检验统计量.

【例 8.6】　某车间生产钢丝，用 X 表示钢丝的折断力(单位:kg)，由经验判断 $X \sim N(\mu_0, \sigma^2)$，其中 $\mu_0 = 570$，$\sigma = 8$. 现换了一批材料，从性能上看，估计折断力的方差 σ^2 不会有什么变化(即仍有 $\sigma^2 = 8^2$)，但不知折断力的均值 μ 和原先有无差别. 现抽取样本，测得其折断力为

578, 572, 570, 568, 572, 570, 570, 572, 596, 584

取显著性水平 $\alpha = 0.05$ 时，试检验折断力均值有无变化?

解　根据参数的假设检验问题的计算步骤，将此题归纳求解如下:

(1) 根据题意，建立如下假设

$$H_0: \mu = 570, H_1: \mu \neq 570$$

(2) 由于"估计折断力的方差 σ^2 不会有什么变化"，故选定检验统计量为 $Z = \dfrac{\bar{X} - \mu_0}{\sigma/\sqrt{n}}$，且服从标准正态分布 $N(0,1)$. 依题意，由于 $\bar{x} = \dfrac{1}{10}\sum_{i=1}^{10} x_i = 575.20$，$\sigma^2 = 8^2$，$n = 10$ 得统计量的值为

$$|z| = \left|\frac{\bar{x} - \mu_0}{\sigma/\sqrt{n}}\right| = \left|\frac{575.20 - 570}{8/\sqrt{10}}\right| \approx 2.06$$

(3) 对于给定的显著性水平 $\alpha = 0.05$，查附表 3，得

$$z_{\alpha/2} = z_{0.025} = 1.96$$

(4) 显然，$|z| = 2.06 > 1.96$，统计量的值 z 落入了拒绝域，从而拒绝原假设 H_0，即认为折断力的均值发生了变化.

【例 8.7】　近些年来，很多公司在长话业务上和中国电信公司竞争. 这些公司在广告中宣传的费率明显低于中国电信公司的，从而有人认为账单上的话费也要少. 中国电信公司对这种说法提出质疑，它们认为客户的话费没有明显的区别. 假设中国电信公司的一个统计工作人员已知每月客户长话账单额的均值和标准差分别为 17.09 元和 3.87 元，然后他抽取了 100 个客户的随机样本，用竞争对手在广告中所引用的费率重新计算了这些客户的话费账单，其平均数是 17.55 元. 假定总体的标准差与中国电信公司的一样，在 0.05 的显著性水平下，能否认为中国电信公司与其他竞争者的账单有区别?

解　(1) 要想知道每月长话账单的均值是否与 17.09 有区别，需要检验假设

$$H_0:\mu = 17.09, H_1:\mu \neq 17.09$$

(2) 因为是在方差 σ^2 已知的情况下检验上述假设,故采取检验统计量 $Z=\dfrac{\overline{X}-\mu_0}{\sigma/\sqrt{n}}$. 此时,样本容量 $n=100$,样本均值 $\overline{x}=17.55$,标准差 $\sigma=3.87$,显著性水平 $\alpha=0.05$,则检验统计量的值为

$$|z|=\left|\frac{\overline{x}-\mu_0}{\sigma/\sqrt{n}}\right|=\left|\frac{17.55-17.09}{3.87/\sqrt{100}}\right|\approx 1.19$$

(3) 通过查附表 3,可知 $z_{\alpha/2}=z_{0.025}=1.96$.

(4) 显然,$|z|=1.19<1.96$,故接受原假设 H_0,即没有足够的证据可以推断其他公司每月长话账单的均值不同于中国电信的均值 17.09 元.

下面来讨论单边检验的接受域和拒绝域.

在正态总体方差 σ^2 已知的情况下,考虑右边检验问题

$$H_0:\mu \leqslant \mu_0, H_1:\mu > \mu_0 \tag{8.4}$$

的拒绝域.

因为 H_0 中的全部 μ 都比 H_1 中的 μ 要小,当 H_1 为真时,样本值 $\overline{x}$ 往往偏大. 因此,拒绝域的形式为

$$\overline{x} \geqslant k$$

其中 k 是某一正数.

下面来确定常数 k,考虑检验统计量 $Z=\dfrac{\overline{X}-\mu_0}{\sigma/\sqrt{n}}$.

$$P\{\text{拒绝}H_0\,|\,H_0\text{ 为真}\}=P\left\{\frac{\overline{X}-\mu_0}{\sigma/\sqrt{n}}\geqslant\frac{k-\mu_0}{\sigma/\sqrt{n}}\right\}\leqslant$$

$$P\left\{\frac{\overline{X}-\mu}{\sigma/\sqrt{n}}\geqslant\frac{k-\mu_0}{\sigma/\sqrt{n}}\right\}\text{(因为 }\mu\leqslant\mu_0\text{)}$$

要控制 $P\{\text{拒绝}H_0\,|\,H_0\text{ 为真}\}\leqslant\alpha$,只需令

$$P\left\{\frac{\overline{X}-\mu}{\sigma/\sqrt{n}}\geqslant\frac{k-\mu_0}{\sigma/\sqrt{n}}\right\}=\alpha$$

由于 $\dfrac{\overline{X}-\mu_0}{\sigma/\sqrt{n}}\sim N(0,1)$,得(图 8.2 的阴影区域)

$$\frac{k-\mu_0}{\sigma/\sqrt{n}}=z_\alpha$$

即检验问题(8.4)的接受域为$(-\infty,z_\alpha)$,拒绝域为$[z_\alpha,+\infty)$.

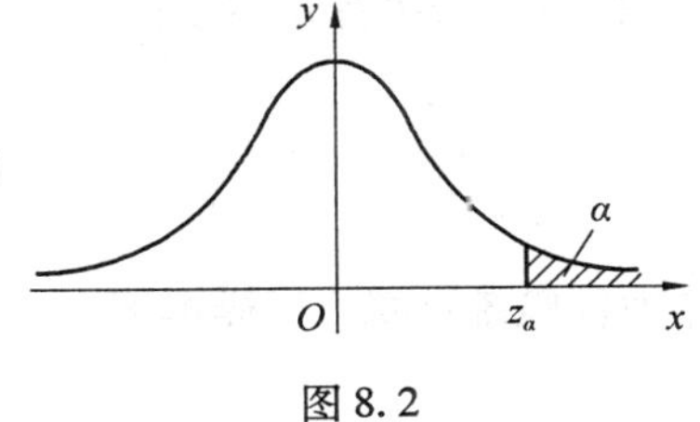

图8.2

类似地,可得左边检验

$$H_0:\mu \geqslant \mu_0,H_1:\mu < \mu_0 \tag{8.5}$$

的接受域为

$$z=\frac{\bar{x}-\mu_0}{\sigma/\sqrt{n}} > -z_\alpha$$

即$(-z_\alpha,+\infty)$,拒绝域为$(-\infty,-z_\alpha]$.

【例8.8】　某车间用一台包装机包装糖,额定标准为每袋净质量500 g. 该包装机包装出的每袋糖的质量$X \sim N(\mu,15^2)$. 某天随机的抽取9袋糖,称得其净质量(单位:g)为

513,506,518,511,498,520,512,497,524

给定显著性水平$\alpha=0.05$,问包装出的糖每袋质量是否大于额定标准500 g?

解　(1)这里问是否大于500 g,则备择假设应为$\mu > 500$. 这是右侧检验. 作出假设

$$H_0:\mu \leqslant 500,H_1:\mu > 500$$

(2)根据题意,因为方差σ^2已知,故取定检验统计量$Z=\frac{\bar{X}-\mu_0}{\sigma/\sqrt{n}}$,其服从标准正态分布$N(0,1)$. 而由题意,$n=9,\sigma=15$,求得样本均值$\bar{x}=511$,则检验统计量的值

$$z=\frac{\bar{x}-\mu_0}{\sigma/\sqrt{n}}=\frac{511-500}{15/\sqrt{9}}=2.2$$

(3)由显著性水平$\alpha=0.05$,查附表3,得$z_\alpha=z_{0.05}=1.64$.

(4)作出判断. 因为$z=2.2 > 1.64$,故拒绝原假设,接受备择假设,即可以认为平均质量大于额定标准.

上述讨论的正态总体$N(\mu,\sigma^2)$当σ^2已知时关于μ的检验问题(8.3)、(8.4)、(8.5)都是利用统计量$Z=\frac{\bar{X}-\mu_0}{\sigma/\sqrt{n}}$来确定拒绝域的,这种检验法常称为$Z$**检验法**.

8.2.2　方差σ^2未知,关于均值μ的检验(t检验)

在实际问题中,方差已知的情况比较少,更多的情况是只知道总体分布为$N(\mu,\sigma^2)$,而其中μ,σ^2均未知,$X_1,X_2,\cdots,X_n$是来自总体X的样本. 给定显著性水平α,求检验问题

$$H_0:\mu=\mu_0,H_1:\mu \neq \mu_0 \tag{8.6}$$

的接受域和拒绝域.

由于σ^2未知,现在不能利用$\frac{\bar{X}-\mu_0}{\sigma/\sqrt{n}}$来确定接受域和拒绝域了. 注意到,$S^2$是$\sigma^2$的无偏估

计,故用S来代替σ,采用

$$T=\frac{\overline{X}-\mu_0}{S/\sqrt{n}}$$

作为检验统计量. 当样本值$|t|=\left|\frac{\bar{x}-\mu_0}{s/\sqrt{n}}\right|$过大时就拒绝$H_0$,拒绝域的形式为

$$|t|=\left|\frac{\bar{x}-\mu_0}{s/\sqrt{n}}\right|\geqslant k$$

由定理6.2.6可知,当H_0为真时,$T=\frac{\overline{X}-\mu_0}{S/\sqrt{n}}\sim t(n-1)$. 故由

$$P\{拒绝H_0|H_0为真\}=P\left\{\left|\frac{\overline{X}-\mu_0}{S/\sqrt{n}}\right|\geqslant k\right\}=\alpha$$

得(图8.3的阴影区域)

$$k=t_{\alpha/2}(n-1)$$

即

$$|t|=\left|\frac{\bar{x}-\mu_0}{s/\sqrt{n}}\right|\geqslant t_{\alpha/2}(n-1)$$

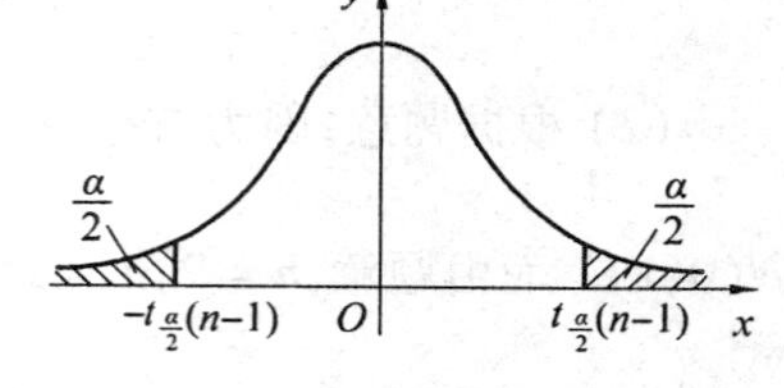

图8.3

则接受域为$(-t_{\alpha/2}(n-1),t_{\alpha/2}(n-1))$,拒绝域为$(-\infty,-t_{\alpha/2}(n-1)]\cup[t_{\alpha/2}(n-1),+\infty)$.

类似地,可求出正态总体$N(\mu,\sigma^2)$当方差σ^2未知时,关于期望μ的单边检验的接受域和拒绝域. 例如,右边检验

$$H_0:\mu\leqslant\mu_0,H_1:\mu>\mu_0 \tag{8.7}$$

其接受域为$(-\infty,t_\alpha(n-1))$,拒绝域为$[t_\alpha(n-1),+\infty)$.

左边检验

$$H_0:\mu\geqslant\mu_0,H_1:\mu<\mu_0 \tag{8.8}$$

其接受域为$(-t_\alpha(n-1),+\infty)$,拒绝域为$(-\infty,-t_\alpha(n-1)]$.

上述利用T统计量的检验法称为t **检验法**.

【例8.9】 某市居民上月平均伙食费为355元,随机抽取36个居民,他们本月平均伙食费为365元,由这36个样本算出的样本标准差$s=35$元. 假定该市居民伙食费X服从正态分布,分别在显著性水平$\alpha=0.10$和$\alpha=0.01$之下检验“本月该市居民平均伙食费较上月无变化”的假设.

解 (1) 依题意,检验问题

$$H_0:\mu=355,H_1:\mu\neq 355$$

(2) 由于 $X \sim N(\mu,\sigma^2)$，σ^2 未知，故采用 t 检验法，采取检验统计量

$$T = \frac{\overline{X} - \mu_0}{S/\sqrt{n}} \sim t(n-1)$$

由于样本容量 $n = 36$，样本均值 $\bar{x} = 365$，样本标准差 $s = 35$. 则检验统计量的值

$$|t| = \left|\frac{\bar{x} - \mu_0}{s/\sqrt{n}}\right| = \left|\frac{365 - 355}{35/\sqrt{36}}\right| \approx 1.714\ 3$$

(3) 当 $\alpha = 0.10$ 时，查附表5，有

$$t_{\alpha/2}(n-1) = t_{0.05}(35) = 1.689\ 6$$

(4) 因为 $|t| \approx 1.714\ 3 > 1.689\ 6$，故拒绝原假设 H_0，即认为在显著性水平 $\alpha = 0.10$ 下本月该市居民平均伙食费较上月有变化.

当 $\alpha = 0.01$ 时，查附表5，有

$$t_{\alpha/2}(n-1) = t_{0.005}(35) = 2.723\ 8$$

则检验统计量的值

$$|t| \approx 1.714\ 3 < 2.723\ 8$$

故接受原假设 H_0，即认为在显著性水平 $\alpha = 0.01$ 下本月该市居民平均伙食费较上月无变化.

【例8.10】 设某计算机公司所使用的现行系统通过每个程序的平均时间为45 s. 现在一个新的系统中进行试验，试通过9个程序，所需计算时间(单位:s)如下

30,37,42,35,36,40,47,48,45

在显著性水平 $\alpha = 0.05$ 下，由此数据能否断言，新系统能减少通过程序的平均时间？假设通过每个程序的时间服从正态分布 $N(\mu,\sigma^2)$.

解　(1) 提出检验假设

$$H_0:\mu \geqslant 45, H_1:\mu < 45$$

(2) 因为 σ^2 未知，采用 t 检验法，故取检验统计量

$$T = \frac{\overline{X} - \mu_0}{S/\sqrt{n}}$$

由题意，$n = 9$，$\bar{x} = 40$，$s = 6.042$，故检验统计量的值为

$$t = \frac{\bar{x} - \mu_0}{s/\sqrt{n}} \approx -2.482\ 6$$

(3) 给定显著性水平 $\alpha = 0.05$，查附表5，得临界值

$$-t_{\alpha}(n-1) = -t_{0.05}(8) = -1.859\ 5$$

(4) 因为样本值落入拒绝域 $(-\infty, -1.859\ 5]$，故拒绝原假设，即认为新系统能减少通过程序的平均时间，故优于现行系统.

【例8.11】 某生产过程的设计目的是向容器中装入货物,装入货物的平均质量为$\mu_0=16$盎司. 如果生产过程中装入的货物质量少于应装的质量,消费者就不能得到在容器上所注明质量的货物. 如果生产过程中装入的货物质量超过应装的质量,由于所载的质量比要求的多,公司利润就会减少. 为了监控生产过程,质量保证人员定期抽取8个容器作为一个简单随机样本,测得质量(单位:盎司)分别为

16.02,16.22,15.82,15.92,16.22,16.32,16.12,15.92

试问此生产过程是否符合设计要求?(假定货物的总体质量服从正态分布,给定显著性水平$\alpha=0.05$)

解 (1)依据题意,提出检验假设

$$H_0:\mu=16,H_1:\mu\neq 16$$

(2)给出检验统计量$T=\dfrac{\overline{X}-\mu_0}{S/\sqrt{n}}\sim t(n-1)$. 而样本容量$n=8$,样本均值

$$\bar{x}=\frac{1}{8}\sum_{i=1}^{8}x_i=\frac{128.56}{8}=16.07$$

样本标准差

$$s=\sqrt{\frac{1}{n-1}\sum_{i=1}^{n}(x_i-\bar{x})^2}=\sqrt{\frac{0.22}{7}}\approx 0.18$$

则检验统计量的值

$$|t|=\left|\frac{\bar{x}-\mu_0}{s/\sqrt{n}}\right|=\left|\frac{16.07-16}{0.18/\sqrt{8}}\right|\approx 1.10$$

(3)给定显著性水平$\alpha=0.05$,$t_{\alpha/2}(n-1)=t_{0.025}(7)=2.3646$.

(4)因为$|t|\approx 1.10<2.3646$,所以接受原假设H_0,即认为生产过程符合设计要求,可以使装入容器的货物平均质量在$\mu_0=16$盎司.

8.3 单个正态总体$N(\mu,\sigma^2)$方差σ^2的假设检验

设总体$X\sim N(\mu,\sigma^2)$,μ未知,σ^2未知,$X_1,X_2,\cdots,X_n$是来自总体X的样本. 对于显著性水平α,要求检验假设

$$H_0:\sigma^2=\sigma_0^2,H_1:\sigma^2\neq\sigma_0^2 \tag{8.9}$$

其中,σ_0^2为已知常数.

由于S^2是σ^2的无偏估计,当H_0为真时,样本方差S^2与σ_0^2的比值即$\dfrac{S^2}{\sigma_0^2}$一般来说应在1附近摆动,而不应过分大于1或过分小于1. 由定理6.4可知,当H_0为真时有

$$\frac{(n-1)S^2}{\sigma_0^2}\sim\chi^2(n-1).$$

取

$$\chi^2=\frac{(n-1)S^2}{\sigma_0^2}$$

作为检验统计量，则由此可知检验问题(8.9)的拒绝域应具有以下的形式

$$\frac{(n-1)s^2}{\sigma_0^2}\leqslant k_1 \text{ 或} \frac{(n-1)s^2}{\sigma_0^2}\geqslant k_2$$

此时，k_1，k_2 的值由下式确定

$$P\{\text{拒绝}H_0|H_0\text{ 为真}\}=P\left\{\left(\frac{(n-1)S^2}{\sigma_0^2}\leqslant k_1\right)+\left(\frac{(n-1)S^2}{\sigma_0^2}\geqslant k_2\right)\right\}=\alpha$$

为了计算方便起见，习惯上取（图 8.4 的阴影区域）

$$P\left\{\frac{(n-1)S^2}{\sigma_0^2}\leqslant k_1\right\}=\frac{\alpha}{2},P\left\{\frac{(n-1)S^2}{\sigma_0^2}\geqslant k_2\right\}=\frac{\alpha}{2}$$

故得

$$k_1=\chi^2_{1-\alpha/2}(n-1),k_2=\chi^2_{\alpha/2}(n-1)$$

于是接受域为$(\chi^2_{1-\alpha/2}(n-1),\chi^2_{\alpha/2}(n-1))$，拒绝域为

$$(-\infty,\chi^2_{1-\alpha/2}(n-1)]\cup[\chi^2_{\alpha/2}(n-1),+\infty)$$

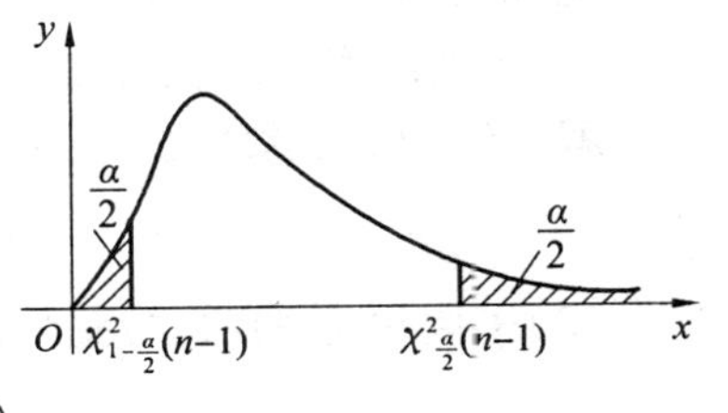

图 8.4

下面来求右边检验

$$H_0:\sigma^2\leqslant\sigma_0^2,H_1:\sigma^2>\sigma_0^2 \qquad (8.10)$$

的接受域和拒绝域. 因为 H_0 中的全部 σ^2 都比 H_1 中的 σ^2 要小，当 H_1 为真时，S^2 的样本值 s^2 往往偏大，因此拒绝域的形式为

$$s^2\geqslant k$$

下面，来确定常数 k.

$$P\{\text{拒绝}H_0|H_0\text{ 为真}\}=P\{S^2\geqslant k\}=$$

$$P\left\{\frac{(n-1)S^2}{\sigma_0^2}\geqslant\frac{(n-1)k}{\sigma_0^2}\right\}\leqslant P\left\{\frac{(n-1)S^2}{\sigma^2}\geqslant\frac{(n-1)k}{\sigma_0^2}\right\},\sigma^2\leqslant\sigma_0^2$$

要控制 $P\{\text{拒绝}H_0|H_0\text{ 为真}\}\leqslant\alpha$，只需令

$$P\left\{\frac{(n-1)S^2}{\sigma^2}\geqslant\frac{(n-1)k}{\sigma_0^2}\right\}=\alpha$$

因为

$$\frac{(n-1)S^2}{\sigma^2}\sim\chi^2(n-1)$$

则有

$$\frac{(n-1)k}{\sigma_0^2}=\chi_\alpha^2(n-1)$$

即得检验问题(8.10)的接受域(图 8.5 的阴影区域)为

$$\chi^2=\frac{(n-1)s^2}{\sigma_0^2}<\chi_\alpha^2(n-1)$$

即为$(-\infty,\chi_\alpha^2(n-1))$,拒绝域为$[\chi_\alpha^2(n-1),+\infty)$.

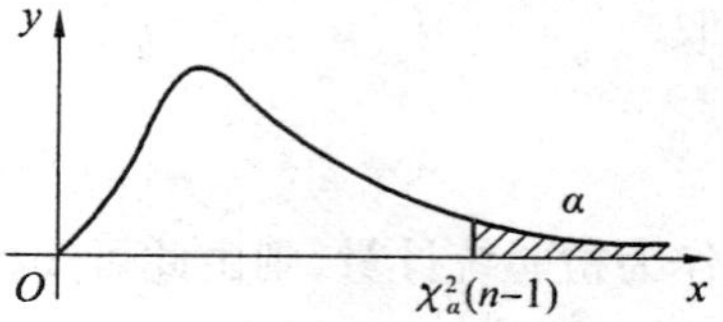

图 8.5

类似地,可得左边检验

$$H_0:\sigma^2\geqslant\sigma_0^2,H_1:\sigma^2<\sigma_0^2 \qquad (8.11)$$

的接受域为$(\chi_{1-\alpha}^2(n-1),+\infty)$,拒绝域为$(-\infty,\chi_{1-\alpha}^2(n-1)]$.

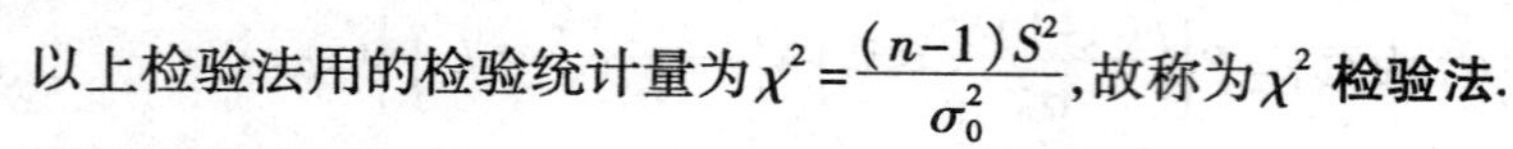

以上检验法用的检验统计量为$\chi^2=\frac{(n-1)S^2}{\sigma_0^2}$,故称为$\chi^2$ **检验法**.

【例 8.12】 某厂生产的某种型号的电池,其寿命(单位:h)长期以来服从方差 $\sigma_0^2=5\ 000$ 的正态分布,现有一批这种电池,从它的生产情况来看,寿命的波动性有所改变. 现随机取 26 节电池,测出其寿命的样本方差为 $s^2=9\ 200$. 问根据这一数据能否推断在显著性水平 $\alpha=0.02$ 下,这批电池的寿命的波动性较以往的有显著的变化?

解 (1)根据题意,提出检验假设

$$H_0:\sigma^2=5\ 000,H_1:\sigma^2\neq 5\ 000$$

(2)采取χ^2 检验法,检验统计量$\chi^2=\frac{(n-1)S^2}{\sigma_0^2}$,且

$$\chi^2=\frac{(n-1)S^2}{\sigma_0^2}\sim\chi^2(n-1)$$

已知样本容量 $n=26$,样本方差 $s^2=9\ 200$,方差 $\sigma_0^2=5\ 000$,则

$$\chi^2=\frac{(n-1)s^2}{\sigma_0^2}=\frac{25\times 9\ 200}{5\ 000}=46$$

(3)给定显著性水平 $\alpha=0.02$,而由附表 4,查得

$$\chi_{\alpha/2}^2(25)=\chi_{0.01}^2(25)=44.314,\chi_{1-\alpha/2}^2(25)=\chi_{0.99}^2(25)=11.524$$

(4)因为检验统计量的值$\chi^2=46>44.314$,故拒绝原假设 H_0,即认为这批电池寿命的波动性较以往的有显著的变化.

【例 8.13】 某自动车床生产的产品尺寸(单位:cm)服从正态分布 $N(\mu,\sigma^2)$. 按规定某类产品尺寸的方差 σ^2 不得超过 0.1,为检验该自动车床的工作精度,随机抽取 25 件产品,测算得样本方差为 $s^2=0.197\ 5$. 问在显著性水平 $\alpha=0.05$ 下,该车床生产的产品是否达到所需的精度?

解 (1)本问题为关于方差的右侧检验,提出假设

$$H_0:\sigma^2\leqslant 0.1,H_1:\sigma^2>0.1$$

(2)取检验统计量

$$\chi^2=\frac{(n-1)S^2}{\sigma_0^2}$$

已知样本容量 $n=25$,样本方差 $s^2=0.1975$,方差 $\sigma_0^2=0.1$,则统计量 χ^2 的值

$$\chi^2=\frac{24}{0.1}\times 0.1975=47.4$$

(3)给定显著性水平 $\alpha=0.05$,而由附表 4,查得 $\chi^2_{0.05}(24)=36.415$.

(4)因为 $\chi^2=47.4>36.415$,故拒绝原假设 H_0,即认为该车床生产的产品没有达到所要求的精度.

关于单个正态总体 $N(\mu,\sigma^2)$ 均值 μ、方差 σ^2 假设检验的各种情况下的拒绝域(显著性水平为 α)见表 8.2.

表 8.2

	原假设 H_0	检验统计量	备择假设 H_1	接受域	拒绝域
1	$\mu\leqslant\mu_0$ $\mu\geqslant\mu_0$(σ^2 已知) $\mu=\mu_0$	$Z=\frac{\overline{X}-\mu_0}{\sigma/\sqrt{n}}$	$\mu>\mu_0$ $\mu<\mu_0$ $\mu\neq\mu_0$	$z<z_\alpha$ $z>-z_\alpha$ $\lvert z\rvert<z_{\alpha/2}$	$z\geqslant z_\alpha$ $z\leqslant -z_\alpha$ $\lvert z\rvert\geqslant z_{\alpha/2}$
2	$\mu\leqslant\mu_0$ $\mu\geqslant\mu_0$(σ^2 未知) $\mu=\mu_0$	$t=\frac{\overline{X}-\mu_0}{S/\sqrt{n}}$	$\mu>\mu_0$ $\mu<\mu_0$ $\mu\neq\mu_0$	$t<t_\alpha(n-1)$ $t>-t_\alpha(n-1)$ $\lvert t\rvert<t_{\alpha/2}(n-1)$	$t\geqslant t_\alpha(n-1)$ $t\leqslant -t_\alpha(n-1)$ $\lvert t\rvert\geqslant t_{\alpha/2}(n-1)$
3	$\sigma^2\leqslant\sigma_0^2$ $\sigma^2\geqslant\sigma_0^2$($\mu$ 未知) $\sigma^2=\sigma_0^2$	$\chi^2=\frac{(n-1)S^2}{\sigma_0^2}$	$\sigma^2>\sigma_0^2$ $\sigma^2<\sigma_0^2$ $\sigma^2\neq\sigma_0^2$	$\chi^2<\chi^2_\alpha(n-1)$ $\chi^2>\chi^2_{1-\alpha}(n-1)$ $\chi^2_{1-\alpha/2}(n-1)<\chi^2<\chi^2_{\alpha/2}(n-1)$	$\chi^2\geqslant\chi^2_\alpha(n-1)$ $\chi^2\leqslant\chi^2_{1-\alpha}(n-1)$ $\chi^2\geqslant\chi^2_{\alpha/2}(n-1)$ 或 $\chi^2\leqslant\chi^2_{1-\alpha/2}(n-1)$

8.4 应用实例:食品检验

8.4.1 食品检验

从以往大量的文献研究来看,假设检验的应用基本上集中于以下几个方面:①原材料购进和产品交付时的检验. 在质量管理中为了判定原料和产品是否符合一定的质量要求,无论是在材料购买还是在产品交付中大多会采用抽样检查的方法,从而决定是接受还是拒绝. ②在产品生产过程中使用假设检验方法确定生产是否处于控制状态. 产品在生产过程中往往会受

到各种因素的干扰,这些因素中随机因素是不可避免的,而系统因素则是可以改进的,所以确定产品是否受到此类因素的影响即产品是否处于控制状态就对产品质量有着十分重要的影响. ③验证改进生产后改进方法是否有效. 随着市场需求的不断发展,企业发展自身产品,改进生产工艺已经是生存的需要,可究竟改进后的产品或者生产工艺到底有没有效果,通过假设检验就可以得到这方面的信息.

【例 8.14】 在食品的整个生产过程中,需要进行持续的质量跟踪控制. 生产始于原料的购进,某食品厂现为下一个季度的生产需要购进一批原料,按照相关规定每 100 g 此种原料中某元素的含量为 0.5 mg,并且经验表明此含量服从正态分布且标准差为 0.02 mg. 现在从中抽取 15 袋样本进行检验,每袋取出 100 g,经过化验得到如下样本数据(单位:mg)

0.506,0.518,0.498,0.520,0.497,0.511,0.512,0.515,
0.510,0.508,0.503,0.511,0.514,0.500,0.510

现在就需要判断在显著性水平为 $\alpha=0.05$ 时此批原料是否可以购入?

(1)建立假设.

$$H_0:\mu=0.5,H_1:\mu\neq 0.5$$

(2)选择检验统计量. 由于 σ 已知,所以该总体的均值假设检验采用 Z 检验法. 选取检验统计量为

$$Z=\frac{\overline{X}-\mu_0}{\sigma/\sqrt{n}}$$

(3)根据显著性水平和备择假设,查附表 3 可知,拒绝域为 $|z|\geqslant z_{\alpha/2}$,即 $|z|\geqslant 1.96$.

(4)根据样本观察值计算得 $\overline{X}=0.509$. 所以

$$|z|=\left|\frac{0.509-0.5}{0.02/\sqrt{15}}\right|\approx 1.743$$

由于样本观察值没有落在拒绝域中,所以接受原假设,该批原料质量合格,可以购进.

购入了原料就可以进行食品的生产了,一件合格的产品对其净重要求十分准确,否则会对企业的成本和信誉产生不利的影响,要时刻了解机器工作是否正常,产品生产是否处于控制状态,在生产中要随机进行检验,并依据一定的标准来判断. 包装机在正常工作的情况下,每袋的净重服从正态分布,要求标准重量为 1 000 g,标准差不超过 15 g. 为检查产品生产是否处于控制状态,从生产线上已经装好的产品中随机抽取 10 袋,数据如下

1 048,928,950,976,998,1 020,1 030,968,994,1 014

判断机器生产是否在正常状态?(显著性水平为 $\alpha=0.05$)

首先,要检验生产出的产品的净重是否符合要求.

(1)建立假设.

$$H_0:\mu=1\ 000,H_1:\mu\neq 1\ 000$$

(2)选择检验统计量. 由于 σ 未知,因此选用 t 统计量对均值进行检验. 检验统计量选取为

$$T=\frac{\overline{X}-\mu_0}{S/\sqrt{n}}$$

(3)根据显著性水平和备择假设,查附表 5,可知拒绝域为 $|t|>t_{\alpha/2}(n-1)$,即

$$|t|>2.262\,2$$

(4)根据样本计算得 $\overline{x}=992.6$,$s=37.38$. 所以 $|t|=0.626\,0<2.262\,2$,故接受原假设,认为食品的净重符合标准.

其次,要对产品方差进行假设检验.

(1)建立假设.

$$H_0:\sigma^2\leqslant 225,H_1:\sigma^2>225$$

(2)选择检验统计量. 由于 μ 是未知的,所以选择 χ^2 统计量检验. 检验统计量选取为

$$\chi^2=\frac{(n-1)S^2}{\sigma^2}$$

(3)根据显著性水平和备择假设,查附表 4,可知拒绝域为 $\chi^2\geqslant\chi^2_\alpha(n-1)$,即 $\chi^2\geqslant 16.919$.

(4)根据所取得样本计算 $s^2=1\,397.33$,$\sigma_0^2=225$. 由于

$$\chi^2=\frac{(10-1)\times 1\,397.33}{225}\approx 55.89>16.919$$

产品的标准差超过了标准,因此要拒绝原假设.

最后就要寻找原因,由于包装机长期处于超负荷运转状态,因此生产线的稳定性可能难以保证,为此有关技术部门对包装机进行了调试,并且对其中的零部件进行了更换,检验改进效果是否符合产品的包装标准. 通过此种方法可以检验出上述方差偏大到底是机器设备出了问题还是偶然性在作怪,至于如何检验,这里就不赘述.

8.4.2　实际推断原理:小概率事件原理

在心灵感应试验中,两个试验者甲和乙分别坐在两个房间里. 裁判给试验者甲 4 红 4 黑 8 张扑克,每发一张另一位试验者乙要说出是什么颜色的扑克. 他知道一共发了 4 红 4 黑 8 张扑克. 问:(1)如果在一次试验中,乙说对了至少 6 张牌,他们是否有心灵感应?(2)如果做 10 次试验,至少有 5 次乙说对了 6 张或 6 张以上,他们是否有心灵感应?如果做 10 次试验,至少有 6 次乙说对了 6 张或 6 张以上,他们是否有心灵感应?

分析:(1)如果两人没有心灵感应,则试验者乙至少能猜对 6 张的概率为

$$\frac{\mathrm{C}_4^3\mathrm{C}_4^3+\mathrm{C}_4^4\mathrm{C}_4^4}{\mathrm{C}_8^4}=\frac{17}{70}\approx 0.242\,9$$

这个概率不算小,虽然乙猜对了,但是不能说明甲和乙有心灵感应.

(2)如果把这种试验独立做 10 次,随机变量 X 表示"乙猜对了 6 张或 6 张以上(6 张或 8 张)的次数",在两人没有心灵感应的情况下,$X \sim B(10, 0.242\,9)$,故

$$P\{X \geqslant 5\} = \sum_{k=5}^{10} C_{10}^{k} 0.242\,9^{k} 0.757\,1^{10-k} \approx 0.067 = 6.7\%$$

$$P\{X \geqslant 6\} = \sum_{k=6}^{10} C_{10}^{k} 0.242\,9^{k} 0.757\,1^{10-k} \approx 0.017 = 1.7\%$$

因此在 10 次试验中,即使有 5 次猜对 6 张或 8 张,也不能说他们两人有心灵感应,因为 0.067不能算是小概率事件. 如果 6 次猜对 6 张或 8 张,这个事件发生的概率仅为 0.017,应该是一个小概率事件,"概率很小的事件在一次试验中实际上发生的可能性是很小的",则可以说明他们有心灵感应.

如果一个事件发生的概率小于 0.05,就把这个事件称为小概率事件. 在一般场合下,假定概率很小的事件在一次试验中不会发生,这个原理称为小概率事件原理或者称为实际推断原理.

习题八

1. 什么是第一类错误? 什么是第二类错误?

2. 什么是显著性水平? 若将显著性水平减小,对犯第二类错误的概率有什么影响?

3. 什么是否定域? 什么是接受域? 双边检验与单边检验的否定域有什么区别?

4. 长期统计资料表明,某市轻工产品月产值占该市工业产品总月产值的百分比 X 服从正态分布,方差 $\sigma^2 = 0.011$. 任意抽取 10 个月,得轻工产品产值的百分比为

$$31.31\%, 30.10\%, 32.16\%, 32.56\%, 29.66\%,$$
$$31.64\%, 30.00\%, 31.87\%, 31.03\%, 30.95\%$$

则在显著性水平 $\alpha = 0.05$ 下,可否认为过去该市轻工产品月产值占该市工业产品总月产值百分比的平均数为 32.50%.

5. 某地早稻收割根据长势估计平均亩产量为 310 kg,收割时随机抽取了 10 块地,测出每块地的实际亩产量为 $x_1, x_2, \cdots, x_{10}$,计算得 $\bar{x} = \frac{1}{10}\sum_{i=1}^{10} x_i = 320$. 如果已知早稻亩产量 $X \sim N(\mu, 12^2)$,所估产量是否正确?(取显著性水平 $\alpha = 0.01$)

6. 设某次考试的考生成绩服从正态分布,从中随机的抽取 36 位考生的成绩,算得平均成绩为 66.5 分,标准差为 15 分. 在显著性水平 $\alpha = 0.05$ 下,是否可以认为这次考试全体考生的平均成绩为 70 分?

7. 一个工厂制成一种新的钓鱼绳,声称其折断平均受力为 15 kg,已知标准差为 0.5 kg,为检验 15 kg 数字是否正确,在该厂产品中随机抽取 50 件,测得其折断平均受力为 14.8 kg. 若取显著性水平 $\alpha = 0.01$,是否可以接受厂家声称的 15 kg 这个数字?

8. 某化学日用品有限责任公司用包装机包装洗衣粉. 洗衣粉包装机在正常工作时,装包

量 $X\sim N(500,2^2)$(单位:g). 每天开工后,需先检验包装机工作是否正常. 某天开工后,在装好的洗衣粉中任取 9 袋,其质量如下

$$505,499,502,506,498,498,497,510,503$$

假设总体标准差 $\sigma=2$ 不变,是否可以认为这天包装机工作不正常?($\alpha=0.05$)

9. 已知某炼钢厂铁水含碳量服从正态分布 $N(4.55,0.108^2)$,现观测了 9 炉铁水,其平均含碳量为 4.484,如果估计方差没有变化,可否认为现在生产的铁水平均含碳量仍为 4.55?($\alpha=0.05$)

10. 要求一种元件平均使用寿命不得低于 1 000 h,生产者从一批这种元件中随机抽取 25 件,测得其寿命的平均值为 950 h. 已知这种元件寿命服从标准差为 $\sigma=100$ h 的正态分布. 在显著性水平 $\alpha=0.05$ 下确定这批元件是否合格?

11. 从清凉饮料自动售货机随机抽样 36 杯,其平均含量为 219 mL,标准差为 14.2 mL,在 $\alpha=0.05$ 的显著性水平下,检验假设

$$H_0:\mu\geqslant\mu_0=222,H_1:\mu<\mu_0=222$$

12. 设某产品的指标服从正态分布,它的标准差为 $\sigma=100$,今抽了一个容量为 26 的样本,计算出平均值为 1 580. 则在显著性水平 $\alpha=0.05$ 下,能否认为这批产品的指标的期望值 μ 不低于 1 600?

13. 一般情况下,某火车站停车场平均每辆车的停放时间为 40 min. 今天统计了 30 辆汽车的停放时间,测得平均停放时间为 45 min,标准差为 20 min,则能否说明今天每辆汽车的平均停放时间比其他天显著偏长.(取显著性水平 $\alpha=0.10$)

14. 随机抽取某班 28 名学生的英语考试成绩,得平均成绩 $\bar{x}=80$ 分,样本标准差 $s=8$ 分. 若全年级的英语成绩服从正态分布,且平均成绩为 85 分,则在显著水平 $\alpha=0.05$ 下,能否认为该班的英语成绩与全年级学生的英语成绩没有本质的区别.

15. 正常人的脉搏平均为 72 次/min,今对某种疾病的患者 10 人进行测量,测得脉搏为(单位:次/min)

$$54,68,65,77,70,64,69,72,62,71$$

设患者的脉搏次数 X 服从正态分布. 则在显著性水平 $\alpha=0.05$ 下,检验患者的脉搏与正常人脉搏有无显著性差异.

16. 下面列出的是某工厂随机选取的 20 只部件的装配时间(单位:min)

$$9.8,10.4,10.6,9.6,9.7,9.9,10.9,11.1,9.6,10.2,$$
$$10.3,9.6,9.9,11.2,10.6,9.8,10.5,10.1,10.5,9.7$$

设装配时间的总体服从正态分布 $N(\mu,\sigma^2)$,μ,σ^2 均未知. 是否可以认为装配时间的均值明显的大于 10(取 $\alpha=0.05$)?

17. 某电器元件的平均电阻一直保持在 2.64 Ω,改变加工工艺后,测得 25 个元件的电阻,计算的平均电阻为 2.62 Ω,样本标准差 s 为 0.06 Ω. 则求新工艺对此元件的(平均)电阻有无

显著影响?(给定显著性水平 $\alpha = 0.01$)

18. 设香烟的尼古丁含量(单位:mg) 服从正态分布. 某香烟厂过去生产的香烟的尼古丁含量平均为 18.3 mg,现从其样品中抽得容量为 8 的样本测得尼古丁含量分别为

$$20,17,21,19,22,21,20,16$$

检验尼古丁含量是否增加?($\alpha = 0.05$)

19. 某种合金弦的抗拉强度 $X \sim N(\mu,\sigma^2)$,由过去的经验知 $\mu \leqslant 10\ 560$ kg/cm³,今用新工艺生产了一批弦线,随机抽取 10 根作抗拉试验,测得数据如下

$$10\ 512,10\ 623,10\ 668,10\ 554,10\ 776,10\ 707,10\ 557,10\ 581,10\ 666,10\ 670$$

那么这批弦线的抗拉强度是否提高了?($\alpha = 0.05$)

20. 某特殊润滑油容器的容量为正态分布,其方差为 0.03,在 $\alpha = 0.01$ 的显著性水平下抽取样本 10 个,测得样本标准差为 $s = 0.246$,检验假设

$$H_0:\sigma^2 = 0.03,H_1:\sigma^2 \neq 0.03$$

21. 设有来自正态总体 $X \sim N(\mu,\sigma^2)$ 的容量为 100 的样本,样本均值 $\bar{x} = 2.7$,μ,σ^2 均未知,而 $\sum_{i=1}^{n}(x_i - \bar{x})^2 = 225$. 在 $\alpha = 0.05$ 下,检验下列假设

(1) $H_0:\mu = 3,H_1:\mu \neq 3$;(2) $H_0:\sigma^2 = 2.5,H_1:\sigma^2 \neq 2.5$.

22. 过去经验表明,高三学生完成标准考试的时间为一正态分布变量,其标准差为 6 min. 若随机样本为 20 位学生,其标准差为 $s = 4.51$. 则在显著性水平 $\alpha = 0.05$ 下,检验假设

$$H_0:\sigma \geqslant 6,H_1:\sigma < 6$$

23. 从某一正态总体中抽出一个容量为21 的简单随机样本,得样本方差为10,能否根据此结果得出总体方差小于 15 的结论?($\alpha = 0.05$)

24. 测定某种溶液中的水分,它的 10 个观测值给出 $s = 0.037\%$,设测定值总体服从正态分布,σ^2 为总体方差且未知. 在 $\alpha = 0.05$ 下检验假设

$$H_0:\sigma \geqslant 0.04\%,H_1:\sigma < 0.04\%$$

第9章

Chapter 9

回归分析简介

在许多实际问题中,经常需要研究多个变量之间的相互关系. 一般来说,变量之间的关系可分为两类:一类是确定关系,譬如所熟知的函数关系;另一类是不确定关系,无法用一个精确的函数关系式来表示. 例如,人的身高与体重之间存在一定关系,一般来说,人的身高越高,体重越重,但同样高度的人,体重却往往不同. 这种多个变量之间的不确定关系称之为**相关关系**.

对于具有相关关系的变量,虽然不能找到它们之间的确定表达式,但是通过大量的观测数据,可以发现它们之间具有一定的统计规律,这种统计规律可将相关关系转化为函数关系. 数理统计中研究变量之间相关关系的一种有效方法就是**回归分析**. **一元回归分析**是研究两个变量之间的相关关系,**多元回归分析**则研究多个变量之间的相关关系. 本章仅介绍一元回归分析.

9.1 一元线性回归方程

设两个变量 x 及 Y,其中 x 是可以精确测量或控制的非随机变量,而 Y 是随机变量,x 的变化会引起 Y 相应的变化,但它们之间的变化关系是不确定的. 如果当 x 取得任一可能值 x_i 时,Y 相应地服从一定的概率分布,则称**随机变量 Y 与变量 x 之间存在着相关关系**.

对 x 取定一组不完全相同的值 $x_1,x_2,\cdots,x_n$,做 n 次独立试验,得到 n 对观测结果

$$(x_1,y_1),(x_2,y_2),\cdots,(x_n,y_n)$$

其中 y_i 是 $x=x_i$ 时随机变量 Y 的观测结果. 将 n 对观测结果 $(x_i,y_i)(i=1,2,\cdots,n)$ 在直角坐标系中进行描点,这种描点图称为**散点图**. 可以通过散点图大致看出它们之间的关系形态.

【例 9.1】 某公司 1 月份至 8 月份的销售额 x 与利润 Y 见表 9.1.

表 9.1

万元

月份	1	2	3	4	5	6	7	8
x_i	25	31	35	42	51	56	63	68
y_i	1.9	2.8	3.3	4.1	5.0	5.7	6.5	7.1

可以看出,产品的销售额和利润之间不可能存在一个明确的函数关系. 而事实上,相同的销售额在不同的月份,因成本不同,利润也可能不同.

从图 9.1 中可以看出,随着销售额 x 的增加,利润 Y 也呈上升趋势. 图 9.1 中的点大致分布在一条向右上方延伸的直线附近,但各点不完全在同一条直线上,这是由于 Y 还受到其他一些随机因素的影响. 这样,Y 可以看成是由两部分叠加而成,一部分是 x 的线性函数 $a + bx$,另一部分是随机因素引起的误差 ε,即

$$Y = a + bx + \varepsilon \tag{9.1}$$

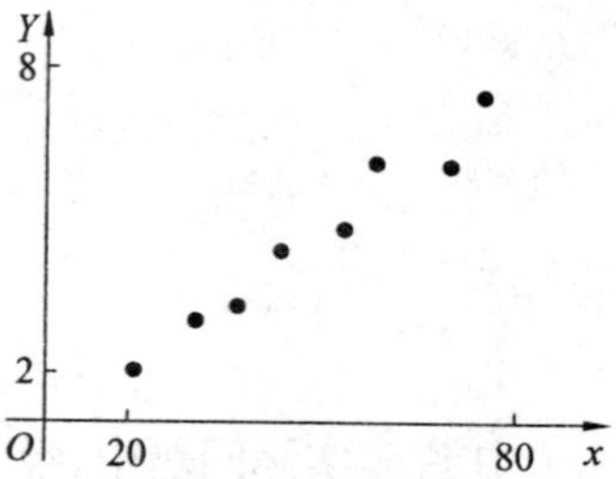

图 9.1

其中 a,b 为未知系数;ε 为随机误差且 $\varepsilon \sim N(0,\sigma^2)$. σ^2 未知, Y 与 x 的这种关系称为**一元线性回归模型**. $Y = a + bx$ 称为**回归直线**,b 称为**回归系数**,此时 $Y \sim N(a + bx,\sigma^2)$,对于$(x,Y)$ 的样本值$(x_1,y_1),(x_2,y_2),\cdots,(x_n,y_n)$ 有

$$\begin{cases} y_i = a + bx_i + \varepsilon_i, & i = 1,2,\cdots,n \\ \varepsilon_i \sim N(0,\sigma^2), & \varepsilon_1,\varepsilon_2,\cdots,\varepsilon_n \text{ 相互独立} \end{cases} \tag{9.2}$$

如果将样本代入到式(9.1) 中,a,b 的估计值为 $\hat{a},\hat{b}$,则称 $\hat{y} = \hat{a} + \hat{b}x$ 为**拟合直线**或**经验回归直线**,它可作为回归直线的估计. 经验回归直线的确定有很多种方法,下面介绍一种应用广泛的方法 —— **最小二乘法**.

将式(9.2) 中方程改写为

$$\varepsilon_i = y_i - a - bx_i, i = 1,2,\cdots,n$$

全部误差的平方和为

$$\sum_{i=1}^{n} \varepsilon_i^2 = \sum_{i=1}^{n} [y_i - (a + bx_i)]^2 \tag{9.3}$$

它是 a,b 的二元函数,称为**偏差平方和**,记作 $Q(a,b)$,最小二乘法就是选择 a,b 的估计值 $\hat{a},\hat{b}$,使得 $Q(a,b)$ 为最小.

$Q(a,b)$ 是 a,b 的二元函数,可以用多元函数求极值的方法求出 $\hat{a},\hat{b}$,即求解方程组

$$\begin{cases}\dfrac{\partial Q}{\partial a}=-2\sum\limits_{i=1}^{n}[y_i-(a+bx_i)]=0\\ \dfrac{\partial Q}{\partial b}=-2\sum\limits_{i=1}^{n}[y_i-(a+bx_i)]x_i=0\end{cases}$$

经整理得

$$\begin{cases}a+\bar{x}b=\bar{y}\\ n\bar{x}a+\sum\limits_{i=1}^{n}x_i^2b=\sum\limits_{i=1}^{n}x_iy_i\end{cases}\tag{9.4}$$

其中 $\bar{x}=\dfrac{1}{n}\sum\limits_{i=1}^{n}x_i,\bar{y}=\dfrac{1}{n}\sum\limits_{i=1}^{n}y_i$,此方程组称为正规方程组.

由于 x_i 不全相等,正规方程组的系数行列式

$$\begin{vmatrix}1 & \bar{x}\\ n\bar{x} & \sum\limits_{i=1}^{n}x_i^2\end{vmatrix}=\sum_{i=1}^{n}x_i^2-n\bar{x}^2=\sum_{i=1}^{n}(x_i-\bar{x})^2\neq 0$$

故此方程组有唯一解

$$\begin{cases}\hat{b}=\dfrac{\sum\limits_{i=1}^{n}(x_i-\bar{x})(y_i-\bar{y})}{\sum\limits_{i=1}^{n}(x_i-\bar{x})^2}\\ \hat{a}=\bar{y}-\hat{b}\bar{x}\end{cases}\tag{9.5}$$

记

$$l_{xx}=\sum_{i=1}^{n}(x_i-\bar{x})^2=\sum_{i=1}^{n}x_i^2-n\bar{x}^2$$

$$l_{yy}=\sum_{i=1}^{n}(y_i-\bar{y})^2=\sum_{i=1}^{n}y_i^2-n\bar{y}^2$$

$$l_{xy}=\sum_{i=1}^{n}(x_i-\bar{x})(y_i-\bar{y})=\sum_{i=1}^{n}x_iy_i-n\bar{x}\,\bar{y}$$

则式(9.5) 可改写为

$$\begin{cases}\hat{b}=\dfrac{l_{xy}}{l_{xx}}\\ \hat{a}=\bar{y}-\dfrac{l_{xy}\bar{x}}{l_{xx}}\end{cases}\tag{9.6}$$

用最小二乘法求出的估计 $\hat{a},\hat{b}$ 分别称为 a,b 的**最小二乘估计**. 此时,经验回归直线为

$$\hat{y}=\hat{a}+\hat{b}x=\bar{y}+\hat{b}(x-\bar{x}) \tag{9.7}$$

由此可知,回归直线总是通过样本点集的几何中心$(\bar{x},\bar{y})$.

在式(9.2) 中,$\varepsilon_1,\varepsilon_2,\cdots,\varepsilon_n$ 是相互独立的随机变量,且都服从均值为 0,方差相同的正态分布,即 $\varepsilon_i\sim N(0,\sigma^2)$ ($\sigma>0,\sigma^2$ 是与 x 无关的未知数). σ^2 可用

$$\sigma^2=\frac{1}{n-2}\sum_{i=1}^{n}(y_i-\hat{a}-\hat{b}x_i)^2=\frac{l_{yy}-\hat{b}l_{xy}}{n-2} \tag{9.8}$$

作估计.

可以证明 $E(\hat{b})=b,E(\hat{a})=a,E(\hat{\sigma}^2)=\sigma^2$,即 $\hat{a},\hat{b},\hat{\sigma}^2$ 分别是 a,b,σ^2 的无偏估计量. 证明请读者自己完成.

9.2 一元线性回归效果的显著性检验与预测

在实际问题中,事先并不能断定 Y 与 x 是否具有线性关系,$Y=a+bx+\varepsilon$ 只是一种假设,当然这个假设并不是没有根据的,可以通过专业知识和散点图来作粗略判断. 判断式(9.7) 是否具有意义,必须首先判断 Y 与 x 之间是否存在线性关系.

在实际中,判断是否存在线性关系最简单常用的方法就是相关系数检验法. 在第 4 章中提到,变量 X 与 Y 的相关系数 ρ_{XY} 是表示它们之间的线性相关性的一个数字特征. 因此要检验变量 Y 与 x 之间的线性关系是否显著,很自然地想到考察相关系数 ρ_{xY} 的大小,如果相关系数 ρ_{xY} 的绝对值很小,甚至 $\rho_{xY}=0$,则表明 Y 与 x 之间的线性相关关系不显著,或者根本不存在线性相关关系;只有在相关系数 ρ_{xY} 的绝对值接近 1 时,才表明 Y 与 x 之间的线性相关关系显著,这时线性回归方程才有实际意义.

定义 9.1 统计量

$$R=\frac{\sum_{i=1}^{n}(x_i-\bar{x})(Y_i-\bar{Y})}{\sqrt{\sum_{i=1}^{n}(x_i-\bar{x})^2\sum_{i=1}^{n}(Y_i-\bar{Y})^2}} \tag{9.9}$$

称为样本相关系数.

在相关系数ρ_{xY}未知的情况下,可以根据实验数据(x_i,y_i) $(i=1,2,\cdots,n)$ 计算样本相关系数值 r 作为相关系数 ρ_{xY} 的估计值,即

$$r=\hat{\rho}_{xY}=\frac{\sum_{i=1}^{n}(x_i-\bar{x})(y_i-\bar{y})}{\sqrt{\sum_{i=1}^{n}(x_i-\bar{x})^2\sum_{i=1}^{n}(y_i-\bar{y})^2}}=\frac{l_{xy}}{\sqrt{l_{xx}l_{yy}}} \tag{9.10}$$

然而,r 的绝对值究竟应当多大,才能认为 Y 与 x 之间的线性关系显著呢？为此给出相关系数临界值表(见附表6),对于给定的置信水平 $1-\alpha$,相关系数的临界值 r_α 依赖于自由度 $n-2$. 附表6给出了显著性水平 $\alpha=0.10$,$\alpha=0.05$,$\alpha=0.02$,$\alpha=0.01$,$\alpha=0.001$ 下的相关系数的显著性检验表,表中的数值是相关系数的临界值 r_α. 值得注意的是,在实际应用中,由实验数据计算出样本相关系数值 r,一般认为:

(1) 当 $|r|\leqslant r_{0.05}$ 时,则认为 Y 与 x 之间的线性相关关系不显著,或者不存在线性相关关系.

(2) 当 $r_{0.05}<|r|\leqslant r_{0.001}$ 时,则认为 Y 与 x 之间的线性相关关系显著.

(3) 当 $|r|>r_{0.001}$ 时,则认为 Y 与 x 之间的线性相关关系高度显著.

考虑一元线性回归模型 $Y=a+bx+\varepsilon$ 的回归方程 $\hat{y}=\hat{a}+\hat{b}x$,预测问题就是对当 $x=x_0$ 时 Y 的取值作点估计,因为 Y 是随机变量,Y 与 x 之间的关系不是确定性的,所以不能精确地计算出 Y 的相应值 y_0,这时可以利用 $\hat{y}_0=\hat{a}+\hat{b}x_0$ 作为 $\hat{y}_0=\hat{a}+\hat{b}x_0+\varepsilon_0$ 的预测值,这就是**点预测**.

在实际应用中,往往不满足于预测值的点估计,还需要知道预测的精确性与可靠性. 因此,应当对 y_0 做区间估计,即对于给定的置信水平 $1-\alpha$,求出 y_0 的置信区间,称为**预测区间**,这就是**区间预测**.

可以证明,当 n 值很大时,对于 x 的任一值 x_0,Y 的相应值 y_0 近似地服从正态分布 $N(\hat{y}_0,s_y^2)$,其中数学期望为 $\hat{y}_0=\hat{a}+\hat{b}x_0$,标准差为

$$s_y=\sqrt{\frac{l_{xx}l_{yy}-{l_{xy}}^2}{(n-2)l_{xx}}} \tag{9.11}$$

通常称 s_y 为**剩余标准差**,它表示观测值 $y_1,y_2,\cdots,y_n$ 偏离回归直线的平均误差.

于是,对于 x 的任一值 x_0,不难得到 Y 相应值 y_0 的预测区间(置信水平为 $1-\alpha$)为

$$(\hat{y}_0-z_{\alpha/2}s_y,\hat{y}_0+z_{\alpha/2}s_y) \tag{9.12}$$

例如,对应于置信水平为0.95的预测区间为

$$(\hat{y}_0-1.96s_y,\hat{y}_0+1.96s_y)$$

对应于置信水平为0.99的预测区间为

$$(\hat{y}_0-2.58s_y,\hat{y}_0+2.58s_y)$$

等. 显然,剩余标准差 s_y 的值越小,则由回归方程预测 y_0 的值就越精确,所以通常用 s_y 的大小来衡量预测的精确度.

应该指出,利用回归方程进行预测,一般只适用于原有的实验范围,不能随意把范围扩大.

【例9.2】　已知数据如例9.1中表9.1所示.

(1) 计算相关系数 r,判断 Y 与 x 的相关程度;

(2) 建立销售额 x 与利润 Y 的一元线性回归方程 $\hat{y}=\hat{a}+\hat{b}x$;

(3) 预测当销售额 x_0 为80万元时利润的范围(置信水平为95%).

解　分别计算出 x_i^2, y_i^2, x_iy_i 的结果见表 9.2.

表 9.2

月份	销售额 x_i	利润 y_i	x_i^2	y_i^2	x_iy_i
1	25	1.9	625	3.61	47.5
2	31	2.8	961	7.84	86.8
3	35	3.3	1 225	10.89	115.5
4	42	4.1	1 764	16.81	172.2
5	51	5.0	2 601	25.00	255.0
6	56	5.7	3 136	32.49	319.2
7	63	6.5	3 969	42.25	409.5
8	68	7.1	4 624	50.41	482.8
合计	371	36.4	18 905	189.3	1 888.5

由此可得

$$n = 8, \bar{x} = \frac{1}{8}\sum_{i=1}^{8} x_i = \frac{1}{8} \times 371 = 46.375, \bar{y} = \frac{1}{8}\sum_{i=1}^{8} y_i = \frac{1}{8} \times 36.4 = 4.55$$

$$l_{xx} = \sum_{i=1}^{8} x_i^2 - \frac{1}{8}\left(\sum_{i=1}^{8} x_i\right)^2 = 1\,699.875, l_{yy} = \sum_{i=1}^{8} y_i^2 - \frac{1}{8}\left(\sum_{i=1}^{8} y_i\right)^2 = 23.68$$

$$l_{xy} = \sum_{i=1}^{8} x_iy_i - \frac{1}{8}\sum_{i=1}^{8} x_i \sum_{i=1}^{8} y_i = 200.45$$

(1) 相关系数

$$r = \frac{l_{xy}}{\sqrt{l_{xx}l_{yy}}} = \frac{200.45}{\sqrt{1\,699.875 \times 23.68}} \approx 0.999\,1$$

当 $n - 2 = 6$ 时,查表得

$$r_{0.05}(6) = 0.706\,7, r_{0.001}(6) = 0.924\,93$$

由于 $r > r_{0.05}$,所以 Y 与 x 之间线性相关关系显著,又由于 $r > r_{0.001}$,所以 Y 与 x 之间线性相关关系高度显著.

(2) $\hat{b} = \frac{l_{xy}}{l_{xx}} \approx 0.117\,9, \hat{a} = \bar{y} - \hat{b}\bar{x} = 4.55 - 0.117\,9 \times 46.375 \approx -0.917\,6$. 所建立的线性回归方程为

$$\hat{y} = -0.917\,6 + 0.117\,9x$$

(3) 当 $x_0 = 80$ 万元时,$\hat{y}_0 = -0.917\,6 + 0.117\,9 \times 80 = 8.514\,4$

$$s_y = \sqrt{\frac{l_{xx}l_{yy} - l_{xy}{}^2}{6l_{xx}}} = \sqrt{\frac{1\ 699.875 \times 23.68 - 200.45^2}{6 \times 1\ 699.875}} \approx 0.084\ 5$$

所以,y_0 的置信水平为 95% 的预测区间为

$$(\hat{y}_0 - 1.96s_y, \hat{y}_0 + 1.96s_y) = (8.514\ 4 - 0.165\ 62, 8.514\ 4 + 0.165\ 62)$$

即当销售额为 80 万元时,利润在 8.348 78 万元至 8.680 02 万元之间的概率为 95%.

综上所述,讨论随机变量 Y 与非随机变量 x 之间的线性回归问题可按以下步骤进行.

(1) 首先根据实验数据$(x_i, y_i)(i=1,2,\cdots,n)$计算$\bar{x}, \bar{y}, l_{xx}, l_{yy}$及$l_{xy}$,再按式(9.10)计算样本相关系数值$r$. 然后根据题目中给定的置信水平$1-\alpha$查附表6得到相关系数的临界值$r_\alpha$,从而推断变量 Y 与 x 之间的线性相关关系是否显著.

(2) 如果 Y 与 x 之间的线性相关关系显著,则可利用式(9.6)计算 $\hat{b}$ 及 $\hat{a}$ 的值,代入式(9.7),即得到 Y 关于 x 的线性回归方程,它大致描述了 Y 随 x 的变化规律.

(3) 进一步利用得到的线性回归方程进行点预测和区间预测.

9.3 应用实例:气象观测站问题与时间序列预测问题

9.3.1 气象观测站问题

【例 9.3】 某地区有 12 个气象观测站,10 年来各观测站的降水量见表 9.3. 为了节省开支,现要适当撤销部分气象观测站. 问题:撤销哪几个气象观测站可以使得到的降水量信息量仍然足够大?

表 9.3

年份 \ 地点	x_1	x_2	x_3	x_4	x_5	x_6	x_7	x_8	x_9	x_{10}	x_{11}	x_{12}
1981 年	276.2	324.5	158.6	412.5	292.8	258.4	334.1	303.2	292.9	243.2	159.7	331.2
1982 年	251.6	287.3	349.5	297.4	227.8	453.6	321.5	451	466.2	307.5	421.1	455.1
1983 年	192.7	436.2	289.9	366.3	466.2	239.1	357.4	219.7	245.7	411.1	357	353.2
1984 年	246.2	232.4	243.7	372.5	460.4	158.9	298.7	314.5	256.6	327	296.5	423
1985 年	291.7	311	502.4	254	245.6	324.8	401	266.5	251.3	289.9	255.4	362.1
1986 年	466.5	158.9	223.5	425.1	251.4	321	315.4	317.4	246.2	277.5	304.2	410.7
1987 年	258.6	327.4	432.1	403.9	256.6	282.9	389.7	413.2	466.5	199.3	282.1	387.6
1988 年	453.4	365.5	357.6	258.1	278.8	467.2	355.2	228.5	453.6	315.6	456.3	407.2
1989 年	158.5	271	410.2	344.2	250	360.7	376.4	179.4	159.2	342.4	331.2	377.7
1990 年	324.8	406.5	235.7	288.8	192.6	284.9	290.5	343.7	283.4	281.2	243.7	411.1

解 减小观测站的个数,得到的信息量必将减少,但却能节省开支,因此最优的结果是观测站的数量比较少,同时得到的信息量仍足够大. 在观测站的数量与信息量这两个因素之间,信息量是主要因素. 因为信息量减少到一定程度,气象观测就失去了意义. 因此,问题明确为在信息量不小于一定值的条件下使观测站的数量尽量少.

首先考虑相关系数矩阵. 根据相关系数可将12个变量 $x_i(i=1,2,\cdots,12)$ 分为三类:

(1) 高度相关变量. 当 $|r_{ij}|\geqslant 0.7$ 时,称 x_i 与 x_j 高度相关. 通过计算得,x_3 与 x_7 相关系数为 $r_{37}=0.81$,故 x_3 与 x_7 高度相关.

(2) 中度相关变量. 当 $0.4\leqslant |r_{ij}|<0.7$ 时,称 x_i 与 x_j 中度相关. 通过计算得,$x_4,x_6,x_{10},x_{11},x_{12}$ 分别与4个变量中度相关;x_8 与3个变量中度相关.

(3) 轻度相关变量. 当 $|r_{ij}|<0.4$ 时,称 x_i 与 x_j 轻度相关.

显然,强相关变量与中度相关变量应优先考虑删除.

其次考虑标准差,各站降水量的标准差见表9.4.

表9.4

x	x_1	x_2	x_3	x_4	x_5	x_6	x_7	x_8	x_9	x_{10}	x_{11}	x_{12}
标准差	95.1	76.8	102.7	60.7	89.3	89.4	36.1	80.7	103.8	54.3	82.1	34.9

标准差越大的站,其个性特征就越明显,因而包含的信息量也越大. 在同等条件下,可优先考虑删除标准差较小的观测站.

综合以上两项标准,可以考虑删除的站有

$$D=\{x_4,x_6,x_7,x_8,x_{10},x_{11},x_{12}\}$$

由于表9.3中仅给出了10年的观测数据,故根据保留站观测数据去预测被删除站观测值,至少需删除3个站. 在 D 中任取 $n(n=3,4,5,6,7)$ 个变量作为拟删除变量的组合,这样的组合共有99种. 对每一种组合用回归分析方法进行线性拟合,根据剩余方差 σ_i^2 最小并且每一个回归自变量均为显著自变量的标准选出最佳组合,及相应的线性回归方程得到如下结果:删除观测站为 x_6,x_7,x_8,x_9,x_{10},相应的回归方程为

$$x_6=-0.745x_5+0.957x_{11}-0.730x_{12}+522.17$$

$$x_7=-0.059x_2+0.281x_3+0.077x_4+0.061x_9+0.085x_{11}-0.741x_{12}+491.41$$

$$x_8=-0.174x_1+0.552x_9-0.742x_{11}+1.664x_{12}-239.31$$

$$x_{10}=0.219x_2+0.183x_5-0.386x_9+0.510x_{11}+140.02$$

四个回归方程的剩余方差分别为

$$\sigma_6^2=30.72^2,\sigma_7^2=2.71^2,\sigma_8^2=39.62^2,\sigma_{10}^2=18.68^2$$

定义信息损失比率

$$\delta_i=\frac{\sigma_i}{\bar{y}_i}\times 100\%,i=6,7,8,10$$

其中，σ_i^2 为剩余方差；$\bar{y}_i$ 为第 i 站10年降水量的平均值. 计算出删除6，7，8，10四站的信息损失比率分别为

$$\delta_6 = 9.75\%, \delta_7 = 0.79\%, \delta_8 = 13.05\%, \delta_{10} = 6.24\%$$

平均信息量损失为

$$\delta = \frac{\delta_6 + \delta_7 + \delta_8 + \delta_{10}}{4} = 7.46\%$$

即删除四个观测站后各观测站的降水量信息仍保留了约90%，结果令人满意.

这只是解决问题的一个途径，当然也可以用其他方法（如向量组的极大无关组法，聚类分析法等）.

9.3.2　时间序列预测问题

在实际生活中，经常遇到时间序列问题，即在回归分析中，非随机变量 x 为时间序列（月份或年份），随机变量 Y 随 x 变化. 此时回归分析可以采用比较简单的方法.

以销售预测为例，随机变量 Y 代表销售量（或销售金额），x 代表时间，并且令 $\sum_i^n x_i = 0$. 具体做法分两种情况：(1) 若实际观测的次数(n) 为奇数，取 $x_1, x_2, \cdots, x_n$ 为公差为1的等差数列，且令 $x_{(n+1)/2} = 0$；(2) 若实际观测的次数(n) 为偶数，取 $x_1, x_2, \cdots, x_n$ 为公差为2的等差数列，且令 $x_{n/2} = -1$ 与 $x_{(n+2)/2} = 1$.

因为 $\sum_i^n x_i = 0$，所以最小二乘法计算中可以得到以下简化

$$l_{xx} = \sum_{i=1}^n x_i^2, l_{yy} = \sum_{i=1}^n y_i^2 - n\bar{y}^2, l_{xy} = \sum_{i=1}^n x_i y_i$$

则式(9.6) 可改写为

$$\begin{cases} \hat{b} = \dfrac{l_{xy}}{l_{xx}} = \dfrac{\sum_{i=1}^n x_i y_i}{\sum_{i=1}^n x_i^2} \\ \hat{a} = \bar{y} \end{cases} \tag{9.13}$$

【例9.4】　已知某公司某种产品的销售额（单位：万元），试用回归分析方法预测今年7月份的销售量.

(1) 若已知数据为偶数个月. 将表9.5中的数据代入式(9.13) 有

表 9.5

月份	x_i	销售量 y_i	x_iy_i	x^2
1	-5	138	-690	25
2	-3	136	-408	9
3	-1	142	-142	1
4	1	134	134	1
5	3	146	438	9
6	5	144	720	25
$n=6$	$\sum_{i=1}^{6} x_i = 0$	$\sum_{i=1}^{6} y_i = 840$	$\sum_{i=1}^{6} x_iy_i = 52$	$\sum_{i=1}^{6} x^2 = 70$

$$\begin{cases} \hat{b} = \dfrac{\sum_{i=1}^{n} x_iy_i}{\sum_{i=1}^{n} x_i^2} = \dfrac{52}{70} \approx 0.742\,9 \\ \hat{a} = \bar{y} = \dfrac{840}{6} = 140 \end{cases}$$

所以回归直线为

$$\hat{y} = 140 + 0.742\,9x$$

则七月份 x 的取值为$(5+2)=7$,预计销售额为

$$140 + 0.742\,9 \times 7 = 145.200\,3$$

(2) 若已知数据为奇数个月. 将表 9.6 中数据代入式(9.3)有

表 9.6

月份	x_i	销售量 y_i	x_iy_i	x^2
2	-2	136	-272	4
3	-1	142	-142	1
4	0	134	0	0
5	1	146	146	1
6	2	144	288	4
$n=5$	$\sum_{i=1}^{5} x_i = 0$	$\sum_{i=1}^{5} y_i = 702$	$\sum_{i=1}^{5} x_iy_i = 20$	$\sum_{i=1}^{5} x^2 = 10$

$$\begin{cases} \hat{b} = \dfrac{\sum_{i=1}^{n} x_i y_i}{\sum_{i=1}^{n} x_i^2} = \dfrac{20}{10} = 2 \\ \hat{a} = \bar{y} = \dfrac{702}{5} = 140.4 \end{cases}$$

所以回归直线为

$$\hat{y} = 140.4 + 2x$$

则七月份 x 的取值为 $(2+1)=3$，预计销售额为

$$140.4 + 2 \times 3 = 146.4$$

习题九

1. 营养学家为研究食物中蛋白质含量对婴幼儿生长的影响，调查了一批年龄在 2 个月到 3 周岁的婴幼儿，将食物按蛋白质含量的高低分为高蛋白食物组和低蛋白食物组两组，并测量身高（单位：cm），得到下面的数据：

高蛋白食物组

年龄	0.2	0.5	0.8	1	1	1.4	1.8	2	2	2.5	2.5	3	2.7
身高	54	54.3	63	66	69	73	82	83	80.3	91	93.2	94	94

低蛋白食物组

年龄	0.4	0.7	1	1	1.5	2	2	2.4	2.8	3	1.3	1.8	0.2
身高	52	55	61	63.4	66	68.5	67.9	72	76	74	65	69	51

分别建立相应的一元线性回归方程.

2. 某种产品的产量 x（单位：千件）与单位（每千件）成本 Y（单位：元）的资料如下：

x_i	2	3	4	3	4	5
y_i	73	72	71	73	69	68

（1）计算相关系数 r，判断其相关程度；（2）建立一元线性回归方程；（3）产量每增加 1 000 件时，单位成本平均下降了多少元？

3. 某地高校教育经费 x（单位：万元）与高校学生人数 Y（单位：万人）连续 6 年的统计资料如下：

x_i	316	343	373	393	418	455
y_i	11	16	18	20	22	25

(1) 建立 Y 与 x 的一元线性回归方程;(2) 预测教育经费为 500 万元的在校学生人数.

4. 根据调查得到某市职工个人月可支配收入 x(单位:元) 与月消费支出 Y(单位:元) 数据资料如下表:

x_i	800	1 000	1 200	1 400	1 600	1 800	2 000	2 200	2 400	2 600
y_i	700	650	900	950	1 100	1 150	1 200	1 400	1 550	1 500

(1) 建立 Y 与 x 的一元线性回归方程;

(2) 每月可支配收入为 1 600 元的家庭,消费支出置信水平为 95% 的置信区间.

附录　常用统计数值表

附表1　二项分布累计概率值表

$$\sum_{k=0}^{x} C_n^k p^k (1-p)^{n-k}$$

n	x	$p=0.01$	$p=0.02$	$p=0.03$	$p=0.04$	$p=0.05$
5	0	0.951 0	0.903 9	0.858 7	0.815 3	0.773 8
	1	0.998 0	0.996 2	0.994 5	0.985 2	0.977 4
	2			0.999 7	0.999 4	0.998 8
	3					
10	0	0.904 4	0.817 1	0.737 4	0.664 8	0.598 7
	1	0.995 7	0.983 8	0.965 5	0.941 8	0.913 9
	2	0.999 9	0.999 1	0.997 2	0.993 8	0.988 5
	3			0.999 9	0.999 6	0.999 0
15	0	0.860 1	0.738 6	0.633 3	0.542 1	0.463 3
	1	0.990 4	0.964 7	0.927 0	0.880 9	0.829 0
	2	0.999 6	0.997 0	0.990 6	0.979 7	0.963 8
	3		0.999 8	0.999 2	0.997 6	0.994 5
	4			0.999 9	0.999 8	0.999 4
	5					

续附表 1

n	x	$p=0.01$	$p=0.02$	$p=0.03$	$p=0.04$	$p=0.05$
20	0	0.817 9	0.667 6	0.543 8	0.442 0	0.358 5
	1	0.983 1	0.940 1	0.880 2	0.810 3	0.735 8
	2	0.999 0	0.992 9	0.979 0	0.956 1	0.924 5
	3		0.999 4	0.997 3	0.992 6	0.984 1
	4			0.999 7	0.999 0	0.997 4
	5				0.999 9	0.999 7
	6					
30	0	0.739 7	0.545 5	0.404 0	0.293 9	0.214 6
	1	0.963 9	0.879 7	0.773 1	0.661 2	0.553 5
	2	0.996 7	0.978 3	0.939 9	0.883 1	0.812 2
	3	0.999 8	0.997 1	0.988 1	0.969 4	0.939 2
	4	0.999 9	0.999 6	0.998 2	0.993 7	0.984 4
	5			0.999 7	0.998 9	0.996 7
	6				0.999 9	0.999 4
	7					0.999 9
40	0	0.669 0	0.445 7	0.295 7	0.195 4	0.128 5
	1	0.939 3	0.809 5	0.661 5	0.521 0	0.399 1
	2	0.992 5	0.954 3	0.882 2	0.785 5	0.676 7
	3	0.999 3	0.991 8	0.968 6	0.925 2	0.861 9
	4		0.998 8	0.993 3	0.979 0	0.952 0
	5		0.999 9	0.998 8	0.995 1	0.986 1
	6			0.999 8	0.999 0	0.996 6
	7				0.999 8	0.999 3
	8					0.999 9

续附表 1

n	x	$p=0.06$	$p=0.07$	$p=0.08$	$p=0.09$
5	0	0.733 9	0.695 7	0.659 1	0.624 0
	1	0.968 1	0.957 5	0.946 6	0.932 6
	2	0.998 0	0.996 9	0.995 5	0.993 7
	3		0.999 9	0.999 8	0.999 7
10	0	0.538 6	0.484 0	0.434 4	0.389 4
	1	0.882 4	0.848 3	0.812 1	0.774 6
	2	0.981 2	0.971 7	0.959 9	0.946 0
	3	0.998 0	0.996 4	0.994 2	0.991 2
15	0	0.395 3	0.336 7	0.286 3	0.243 0
	1	0.773 8	0.716 8	0.659 7	0.603 5
	2	0.942 9	0.917 1	0.887 0	0.853 4
	3	0.989 6	0.982 5	0.972 7	0.960 1
	4	0.998 6	0.997 2	0.995 0	0.991 8
	5	0.999 9	0.999 7	0.999 3	0.998 7
20	0	0.290 1	0.234 2	0.188 7	0.151 6
	1	0.660 5	0.586 9	0.516 9	0.454 6
	2	0.885 0	0.839 0	0.787 9	0.733 4
	3	0.971 0	0.952 9	0.929 4	0.900 7
	4	0.994 4	0.989 3	0.981 7	0.971 0
	5	0.999 1	0.998 1	0.996 2	0.995 2
	6	0.999 9	0.999 7	0.999 4	0.998 7

续附表 1

n	x	$p=0.06$	$p=0.07$	$p=0.08$	$p=0.09$
30	0	0.156 3	0.113 4	0.082 0	0.059 1
	1	0.455 5	0.369 4	0.295 8	0.234 3
	2	0.732 4	0.648 8	0.565 4	0.485 5
	3	0.897 4	0.845 0	0.784 2	0.717 5
	4	0.968 5	0.944 7	0.912 6	0.872 3
	5	0.992 1	0.983 8	0.970 7	0.951 9
	6	0.998 3	0.996 0	0.991 8	0.984 8
	7	0.999 7	0.999 2	0.998 0	0.995 9
40	0	0.084 2	0.054 9	0.035 6	0.023 0
	1	0.299 0	0.220 1	0.159 4	0.114 0
	2	0.566 5	0.462 5	0.369 4	0.289 4
	3	0.782 7	0.383 7	0.600 7	0.509 2
	4	0.910 4	0.854 6	0.786 8	0.710 3
	5	0.969 1	0.941 9	0.903 3	0.853 5
	6	0.990 9	0.980 1	0.962 4	0.936 1
	7	0.997 7	0.994 2	0.987 3	0.975 8
	8	0.999 5	0.998 5	0.996 3	0.992 0

续附表 1

n	x	p=0. 10	p=0. 20	p=0. 30	p=0. 40
5	0	0. 590 5	0. 327 7	0. 168 1	0. 077 8
	1	0. 918 5	0. 737 3	0. 528 2	0. 337 0
	2	0. 991 4	0. 942 1	0. 836 9	0. 682 6
	3	0. 999 5	0. 993 3	0. 969 2	0. 913 0
	4		0. 999 7	0. 997 6	0. 989 8
	5		1. 000 0	1. 000 0	1. 000 0
10	0	0. 348 7	0. 107 4	0. 028 2	0. 006 0
	1	0. 736 1	0. 375 8	0. 149 3	0. 046 4
	2	0. 929 8	0. 677 8	0. 382 8	0. 167 3
	3	0. 987 2	0. 879 1	0. 649 6	0. 382 3
	4	0. 998 4	0. 967 2	0. 849 7	0. 633 1
	5	0. 999 9	0. 993 6	0. 952 7	0. 833 8
	6		0. 999 1	0. 989 4	0. 945 2
	7		0. 999 9	0. 998 4	0. 987 7
	8			0. 999 9	0. 998 3
15	0	0. 205 9	0. 035 2	0. 004 7	0. 000 5
	1	0. 549 0	0. 167 1	0. 035 3	0. 005 2
	2	0. 815 9	0. 398 0	0. 126 8	0. 027 1
	3	0. 944 5	0. 648 2	0. 296 9	0. 090 5
	4	0. 987 3	0. 835 8	0. 515 5	0. 217 3
	5	0. 997 8	0. 938 9	0. 721 6	0. 403 2
	6	0. 999 7	0. 981 9	0. 868 9	0. 609 8
	7		0. 995 8	0. 950 0	0. 786 9
	8		0. 999 2	0. 984 8	0. 905 0
	9		0. 999 9	0. 996 3	0. 966 2
	10			0. 999 3	0. 990 7

续附表1

n	x	p=0.10	p=0.20	p=0.30	p=0.40
20	0	0.121 6	0.011 5	0.000 8	–
	1	0.391 7	0.069 2	0.007 6	0.000 5
	2	0.676 9	0.206 1	0.035 5	0.003 6
	3	0.867 0	0.411 4	0.107 1	0.016 0
	4	0.956 8	0.629 6	0.237 5	0.051 0
	5	0.988 7	0.804 2	0.416 4	0.125 6
	6	0.997 6	0.913 3	0.608 0	0.250 0
	7	0.999 6	0.967 9	0.772 3	0.415 9
	8	0.999 9	0.990 0	0.886 7	0.595 6
	9		0.997 4	0.952 0	0.755 3
	10		0.999 4	0.982 9	0.872 5
	11		0.999 9	0.994 9	0.943 5
	12			0.998 7	0.979 0
	13			0.999 7	0.993 5
30	0	0.042 4	0.001 2	0.000 0	
	1	0.183 7	0.040 5	0.000 3	
	2	0.411 4	0.044 2	0.002 1	0.000 0
	3	0.647 4	0.122 7	0.009 3	0.000 3
	4	0.824 5	0.255 2	0.030 2	0.001 5
	5	0.926 8	0.427 5	0.076 6	0.005 7
	6	0.974 2	0.607 0	0.159 5	0.017 2
	7	0.992 2	0.760 8	0.281 4	0.043 5
	8	0.998 0	0.871 3	0.431 5	0.094 0
	9	0.999 5	0.938 9	0.598 8	0.176 3
	10	0.999 9	0.974 4	0.730 4	0.291 5
	11		0.990 5	0.840 7	0.431 1

续附表 1

n	x	$p=0.10$	$p=0.20$	$p=0.30$	$p=0.40$
30	12		0.996 9	0.915 5	0.578 5
	13		0.999 1	0.959 9	0.714 5
	14		0.999 8	0.983 1	0.824 6
	15			0.993 6	0.902 9
	16			0.997 9	0.951 9
	17			0.999 4	0.979 8
	18			0.999 8	0.991 7
40	0	0.014 8	0.000 1		
	1	0.080 5	0.001 5		
	2	0.222 8	0.007 9	0.000 1	
	3	0.423 1	0.028 5	0.000 6	
	4	0.629 0	0.075 9	0.002 6	
	5	0.793 7	0.161 3	0.008 6	0.000 1
	6	0.900 5	0.285 9	0.023 8	0.000 6
	7	0.958 1	0.437 1	0.055 3	0.002 1
	8	0.984 5	0.593 1	0.110 0	0.006 1
	9	0.994 9	0.731 8	0.195 9	0.156 0
	10	0.998 5	0.839 2	0.308 7	0.035 2
	11	0.999 6	0.912 5	0.440 6	0.070 9
	12	0.999 9	0.956 8	0.577 2	0.128 5
	13		0.980 6	0.703 2	0.211 2
	14		0.992 1	0.807 4	0.317 4
	15		0.997 1	0.884 9	0.440 2
	16		0.999 0	0.936 7	0.568 1
	17		0.999 7	0.968 0	0.688 5
	18		0.999 9	0.985 2	0.791 1
	19			0.993 7	0.870 2
	20			0.997 6	0.925 6
	21			0.999 1	0.960 8
	22			0.999 7	0.981 1
	23			0.999 9	0.991 7

附表2　泊松分布概率值表

$$P\{X=k\}=\frac{\lambda^k}{k!}e^{-\lambda}$$

k \ λ	0.1	0.2	0.3	0.4	0.5	0.6	0.7	0.8	0.9
0	0.904 837	0.818 731	0.740 818	0.676 320	0.606 531	0.548 812	0.496 585	0.449 329	0.406 570
1	0.090 484	0.163 746	0.222 245	0.268 128	0.303 265	0.329 287	0.347 610	0.359 463	0.365 913
2	0.004 524	0.016 375	0.033 337	0.053 626	0.075 816	0.098 786	0.121 663	0.143 785	0.164 661
3	0.000 151	0.001 092	0.003 334	0.007 150	0.012 636	0.019 757	0.028 388	0.038 343	0.049 398
4	0.000 004	0.000 055	0.000 250	0.000 715	0.001 580	0.002 964	0.004 968	0.007 669	0.011 115
5		0.000 002	0.000 015	0.000 057	0.000 158	0.000 356	0.000 696	0.001 227	0.006 001
6			0.000 001	0.000 004	0.000 013	0.000 036	0.000 081	0.000 164	0.000 300
7					0.000 001	0.000 003	0.000 008	0.000 019	0.000 039
8							0.000 001	0.000 002	0.000 004
9									
10									
11									
12									
13									
14									
15									
16									
17									

续附表2

k \ λ	1.0	1.5	2.0	2.5	3.0	3.5	4.0	4.5
0	0.367 879	0.223 130	0.135 335	0.082 085	0.049 787	0.030 197	0.018 316	0.011 109
1	0.367 879	0.334 695	0.270 671	0.205 212	0.149 361	0.105 691	0.073 263	0.049 990
2	0.183 940	0.251 021	0.270 671	0.256 516	0.224 042	0.184 959	0.146 525	0.112 479
3	0.061 313	0.125 510	0.180 447	0.213 763	0.224 042	0.215 785	0.195 367	0.168 718
4	0.015 328	0.047 067	0.090 224	0.133 602	0.168 031	0.188 812	0.195 367	0.189 808
5	0.003 066	0.014 120	0.036 089	0.066 801	0.100 819	0.132 169	0.156 293	0.170 827
6	0.000 511	0.003 530	0.012 030	0.027 834	0.050 409	0.077 098	0.104 196	0.128 120
7	0.000 073	0.000 756	0.003 437	0.009 941	0.021 604	0.038 549	0.059 540	0.082 363
8	0.000 009	0.000 142	0.000 859	0.003 106	0.008 102	0.016 865	0.029 770	0.046 329
9	0.000 001	0.000 024	0.000 191	0.000 863	0.002 701	0.006 559	0.013 231	0.023 165
10		0.000 004	0.000 038	0.000 216	0.000 810	0.002 296	0.005 292	0.010 424
11			0.000 007	0.000 049	0.000 221	0.000 730	0.001 925	0.004 264
12			0.000 001	0.000 010	0.000 055	0.000 213	0.000 642	0.001 599
13				0.000 002	0.000 013	0.000 057	0.000 197	0.000 554
14					0.000 002	0.000 014	0.000 056	0.000 178
15					0.000 001	0.000 003	0.000 015	0.000 053
16						0.000 001	0.000 004	0.000 015
17							0.000 001	0.000 004
18								0.000 001

续附表2

k \ λ	5.0	5.5	6.0	6.5	7.0	7.5	8.0
0	0.006 738	0.004 087	0.002 479	0.001 503	0.000 912	0.000 553	0.000 335
1	0.033 690	0.022 477	0.014 873	0.009 773	0.006 383	0.004 148	0.002 684
2	0.084 224	0.061 812	0.044 618	0.031 760	0.022 341	0.015 556	0.010 735
3	0.140 374	0.113 323	0.089 235	0.068 814	0.052 129	0.038 888	0.028 626
4	0.175 467	0.155 819	0.133 853	0.111 822	0.091 226	0.072 917	0.057 252
5	0.175 467	0.171 001	0.160 623	0.145 369	0.127 717	0.109 374	0.091 604
6	0.146 223	0.157 117	0.160 623	0.157 483	0.149 003	0.136 719	0.122 138
7	0.104 445	0.123 449	0.137 677	0.146 234	0.149 003	0.146 484	0.139 587
8	0.065 278	0.084 872	0.103 258	0.118 815	0.130 377	0.137 328	0.139 587
9	0.036 266	0.051 866	0.068 838	0.085 811	0.101 405	0.114 441	0.124 077
10	0.018 133	0.028 526	0.041 303	0.055 777	0.070 983	0.085 830	0.099 262
11	0.008 242	0.014 263	0.022 529	0.032 959	0.045 171	0.058 521	0.072 190
12	0.003 434	0.006 537	0.011 264	0.017 853	0.026 350	0.036 575	0.048 127
13	0.001 321	0.002 766	0.005 199	0.008 927	0.014 188	0.021 101	0.029 616
14	0.000 472	0.001 086	0.002 228	0.004 144	0.007 094	0.011 305	0.016 924
15	0.000 157	0.000 399	0.000 891	0.001 796	0.003 311	0.005 652	0.009 026
16	0.000 049	0.000 137	0.000 334	0.000 730	0.001 448	0.002 649	0.004 513
17	0.000 014	0.000 044	0.000 118	0.000 279	0.000 596	0.001 169	0.002 124
18	0.000 004	0.000 014	0.000 039	0.000 100	0.000 232	0.000 487	0.000 944
19	0.000 001	0.000 004	0.000 012	0.000 035	0.000 085	0.000 192	0.000 397
20		0.000 001	0.000 004	0.000 011	0.000 030	0.000 072	0.000 159
21			0.000 001	0.000 004	0.000 010	0.000 026	0.000 061
22				0.000 001	0.000 003	0.000 009	0.000 022
23					0.000 001	0.000 003	0.000 008
24						0.000 001	0.000 003
25							0.000 001
26							

续附表 2

k \ λ	8.5	9.0	9.5	10	20	30
1	0.000 203	0.000 123	0.000 075	0.000 045		
2	0.001 730	0.001 111	0.000 711	0.000 454		
3	0.007 350	0.004 998	0.003 378	0.002 270		
4	0.020 826	0.014 994	0.010 696	0.007 567		
5	0.044 255	0.033 737	0.025 403	0.018 917	0.000 1	
6	0.075 233	0.060 727	0.048 265	0.037 833	0.000 2	
7	0.106 581	0.091 090	0.076 421	0.063 055	0.000 5	
8	0.129 419	0.117 116	0.103 714	0.090 079	0.001 3	
9	0.137 508	0.131 756	0.123 160	0.112 599	0.002 9	
10	0.129 869	0.131 756	0.130 003	0.125 110	0.005 8	
11	0.110 303	0.118 580	0.122 502	0.125 110	0.010 6	
12	0.085 300	0.097 020	0.106 662	0.113 736	0.017 6	0.000 1
13	0.060 421	0.072 765	0.084 440	0.094 780	0.027 1	0.000 2
14	0.039 506	0.050 376	0.061 706	0.072 908	0.038 2	0.000 5
15	0.023 986	0.032 384	0.041 872	0.052 077	0.051 7	0.001 0
16	0.013 592	0.019 431	0.026 519	0.034 718	0.064 6	0.001 9
17	0.007 220	0.010 930	0.015 746	0.021 699	0.076 0	0.003 4
18	0.003 611	0.005 786	0.008 799	0.012 764	0.814 0	0.005 7
19	0.001 705	0.002 893	0.046 440	0.007 091	0.088 8	0.008 9
20	0.000 762	0.001 370	0.002 322	0.003 732	0.088 8	0.013 4
21	0.000 324	0.000 617	0.001 103	0.001 866	0.084 6	0.019 2
22	0.000 132	0.000 264	0.000 433	0.000 889	0.076 7	0.026 1
23	0.000 050	0.000 108	0.000 216	0.000 404	0.066 9	0.034 1
24	0.000 019	0.000 042	0.000 089	0.000 176	0.055 7	0.042 6
25	0.000 007	0.000 016	0.000 025	0.000 073	0.044 6	0.057 1
26	0.000 002	0.000 006	0.000 014	0.000 029	0.034 3	0.059 0
27	0.000 001	0.000 002	0.000 004	0.000 011	0.025 4	0.065 5
28		0.000 001	0.000 002	0.000 004	0.018 2	0.070 2
29			0.000 001	0.000 001	0.012 5	0.072 6
30				0.000 001	0.008 3	0.072 6
31					0.005 4	0.070 3
32					0.003 4	0.065 9
33					0.002 0	0.059 9
34					0.001 2	0.052 9
35					0.007	0.045 3
36					0.004	0.037 8
37					0.002	0.030 6

附表3　正态分布表

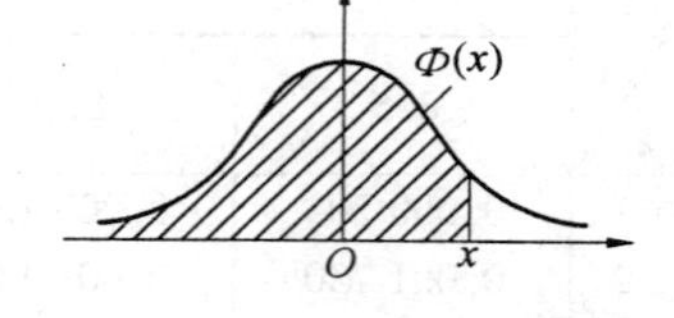

$$\Phi(x)=\frac{1}{\sqrt{2\pi}}\int_{-\infty}^{x}\mathrm{e}^{-\frac{t^2}{2}}\mathrm{d}t\ (x\geqslant 0)$$

x	0.00	0.01	0.02	0.03	0.04	0.05	0.06	0.07	0.08	0.09	x
0.0	0.500 0	0.504 0	0.508 0	0.512 0	0.516 0	0.519 9	0.523 9	0.527 9	0.531 9	0.535 9	0.0
0.1	0.539 8	0.543 8	0.547 8	0.551 7	0.555 7	0.559 6	0.563 6	0.567 5	0.571 4	0.575 3	0.1
0.2	0.579 3	0.583 2	0.587 1	0.591 0	0.594 8	0.598 7	0.602 6	0.606 4	0.610 3	0.614 1	0.2
0.3	0.617 9	0.621 7	0.625 5	0.629 3	0.633 1	0.636 8	0.640 6	0.644 3	0.648 0	0.651 7	0.3
0.4	0.655 4	0.659 1	0.662 8	0.666 4	0.670 0	0.673 6	0.677 2	0.680 8	0.684 4	0.687 9	0.4
0.5	0.691 5	0.695 0	0.698 5	0.701 9	0.705 4	0.708 8	0.712 3	0.715 7	0.719 0	0.722 4	0.5
0.6	0.725 7	0.729 1	0.732 4	0.735 7	0.738 9	0.742 2	0.745 4	0.748 6	0.751 7	0.754 9	0.6
0.7	0.758 0	0.761 1	0.764 2	0.767 3	0.770 3	0.773 4	0.776 4	0.779 4	0.782 3	0.785 2	0.7
0.8	0.788 1	0.791 0	0.793 9	0.796 7	0.799 5	0.802 3	0.805 1	0.807 8	0.810 6	0.811 3	0.8
0.9	0.815 9	0.818 6	0.821 2	0.823 8	0.826 4	0.828 9	0.831 5	0.834 0	0.836 5	0.838 9	0.9
1.0	0.841 3	0.843 8	0.846 1	0.848 5	0.850 8	0.853 1	0.855 4	0.857 7	0.859 9	0.862 1	1.0
1.1	0.864 3	0.866 5	0.868 6	0.870 8	0.872 9	0.874 9	0.877 0	0.879 0	0.881 0	0.883 0	1.1
1.2	0.884 9	0.886 9	0.888 8	0.890 7	0.892 5	0.894 4	0.896 2	0.898 0	0.899 7	0.901 47	1.2
1.3	0.903 20	0.904 90	0.906 58	0.908 24	0.909 88	0.911 40	0.913 09	0.914 66	0.916 21	0.91 774	1.3
1.4	0.919 24	0.920 73	0.922 20	0.923 64	0.925 07	0.926 47	0.927 85	0.929 22	0.930 56	0.93 189	1.4
1.5	0.933 19	0.934 48	0.935 74	0.936 99	0.938 22	0.939 43	0.940 62	0.941 79	0.942 95	0.944 08	1.5
1.6	0.945 20	0.946 30	0.947 38	0.948 45	0.949 50	0.950 53	0.951 54	0.952 54	0.953 52	0.954 49	1.6
1.7	0.955 43	0.956 37	0.957 28	0.958 18	0.959 07	0.959 94	0.960 80	0.961 64	0.962 46	0.963 27	1.7
1.8	0.964 07	0.964 85	0.965 62	0.966 38	0.967 12	0.967 84	0.968 56	0.969 26	0.969 95	0.970 62	1.8
1.9	0.971 28	0.971 93	0.972 57	0.973 20	0.973 81	0.974 41	0.975 00	0.975 58	0.976 15	0.976 70	1.9
2.0	0.977 25	0.977 78	0.978 31	0.978 82	0.979 32	0.979 82	0.980 30	0.980 77	0.981 24	0.981 69	2.0
2.1	0.982 14	0.982 57	0.983 00	0.983 41	0.983 82	0.984 22	0.984 61	0.985 00	0.985 37	0.985 74	2.1
2.2	0.986 10	0.986 45	0.986 79	0.987 13	0.987 45	0.987 78	0.988 09	0.988 40	0.988 70	0.988 99	2.2
2.3	0.989 28	0.989 56	0.989 83	0.990 10	0.990 36	0.990 61	0.990 86	0.991 11	0.991 34	0.991 58	2.3

续附表 3

x	0.00	0.01	0.02	0.03	0.04	0.05	0.06	0.07	0.08	0.09	x
2.4	0.991 80	0.992 02	0.992 24	0.992 45	0.992 66	0.992 86	0.993 05	0.993 24	0.993 43	0.993 61	2.4
2.5	0.993 79	0.993 96	0.994 13	0.994 30	0.994 46	0.994 61	0.994 77	0.994 92	0.995 06	0.995 20	2.5
2.6	0.995 34	0.995 47	0.995 60	0.995 73	0.995 86	0.995 98	0.996 09	0.996 21	0.996 32	0.996 43	2.6
2.7	0.996 53	0.996 64	0.996 74	0.996 83	0.996 93	0.997 02	0.997 11	0.997 20	0.997 28	0.997 37	2.7
2.8	0.997 45	0.997 52	0.997 60	0.997 67	0.997 74	0.997 81	0.997 88	0.997 95	0.998 01	0.998 07	2.8
2.9	0.998 13	0.998 19	0.998 25	0.998 31	0.998 36	0.998 41	0.998 46	0.998 51	0.998 56	0.998 61	2.9
3.0	0.998 65	0.998 69	0.998 74	0.998 78	0.998 82	0.998 86	0.998 89	0.998 93	0.998 97	0.999 00	3.0
3.1	0.999 03	0.999 06	0.999 10	0.999 13	0.999 16	0.999 18	0.999 21	0.999 24	0.999 26	0.999 29	3.1
3.2	0.999 31	0.999 34	0.999 36	0.999 38	0.999 40	0.999 42	0.999 44	0.999 46	0.999 48	0.999 50	3.2
3.3	0.999 52	0.999 53	0.999 55	0.999 57	0.999 58	0.999 60	0.999 61	0.999 62	0.999 64	0.999 65	3.3
3.4	0.999 66	0.999 68	0.999 69	0.999 70	0.999 71	0.999 72	0.999 73	0.999 74	0.999 75	0.999 76	3.4
3.5	0.999 77	0.999 78	0.999 78	0.999 79	0.999 80	0.999 81	0.999 81	0.999 82	0.999 83	0.999 83	3.5
3.6	0.999 84	0.999 85	0.999 85	0.999 86	0.999 86	0.999 87	0.999 87	0.999 88	0.999 88	0.999 89	3.6
3.7	0.999 89	0.999 90	0.999 90	0.999 90	0.999 91	0.999 91	0.999 92	0.999 92	0.999 92	0.999 92	3.7
3.8	0.999 93	0.999 93	0.999 93	0.999 94	0.999 94	0.999 94	0.999 94	0.999 95	0.999 95	0.999 95	3.8
3.9	0.999 95	0.999 95	0.999 96	0.999 96	0.999 96	0.999 96	0.999 96	0.999 96	0.999 97	0.999 97	3.9
4.0	0.999 97	0.999 97	0.999 97	0.999 97	0.999 97	0.999 97	0.999 98	0.999 98	0.999 98	0.999 98	4.0
4.1	0.999 98	0.999 98	0.999 98	0.999 98	0.999 98	0.999 98	0.999 98	0.999 98	0.999 99	0.999 99	4.1
4.2	0.999 99	0.999 99	0.999 99	0.999 99	0.999 99	0.999 99	0.999 99	0.999 99	0.999 99	0.999 99	4.2
4.3	0.999 99	0.999 99	0.999 99	0.999 99	0.999 99	0.999 99	0.999 99	0.999 99	0.999 99	0.999 99	4.3
4.4	0.999 99	0.999 99	1.000 00	1.000 00	1.000 00	1.000 00	1.000 00	1.000 00	1.000 00	1.000 00	4.4

附表4 χ^2 分布表

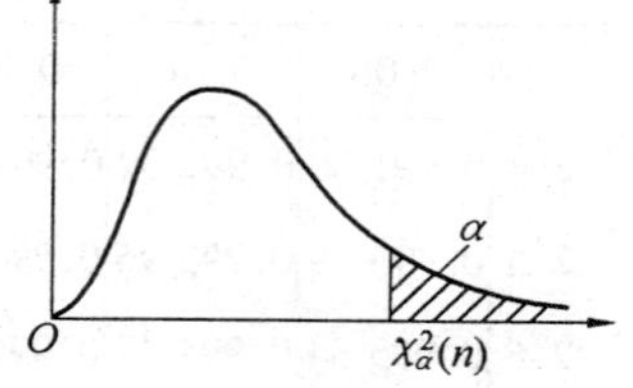

$$P\{\chi^2(n)>\chi^2_\alpha(n)\}=\alpha$$

n \ α	0.995	0.99	0.975	0.95	0.90	0.75	0.25	0.10	0.05	0.025	0.01	0.005
1	—	—	0.001	0.004	0.016	0.102	1.323	2.706	3.841	5.024	6.635	7.879
2	0.010	0.020	0.051	0.103	0.211	0.575	2.773	4.605	5.991	7.378	9.210	10.597
3	0.072	0.115	0.216	0.352	0.584	1.213	4.108	6.251	7.815	9.348	11.345	12.838
4	0.207	0.297	0.484	0.711	1.064	1.923	5.385	7.779	9.488	11.143	13.277	14.860
5	0.412	0.554	0.831	1.145	1.610	2.675	6.626	9.236	11.071	12.833	15.086	16.750
6	0.676	0.872	1.237	1.635	2.204	3.455	7.841	10.645	12.592	14.449	16.812	18.548
7	0.989	1.239	1.690	2.167	2.833	4.255	9.037	12.017	14.067	16.013	18.475	20.278
8	1.344	1.646	2.180	2.733	3.490	5.071	10.219	13.362	15.507	17.535	20.090	21.955
9	1.735	2.088	2.700	3.325	4.168	5.899	11.389	14.684	16.919	19.023	21.666	23.589
10	2.156	2.558	3.247	3.940	4.865	6.737	12.549	15.987	18.307	20.483	23.209	25.188
11	2.603	3.053	3.816	4.575	5.578	7.584	13.701	17.275	19.675	21.920	24.725	26.757
12	3.074	3.571	4.404	5.226	6.304	8.438	14.845	18.594	21.026	23.337	26.217	28.299
13	3.565	4.107	5.009	5.892	7.042	9.299	15.984	19.812	22.362	24.736	27.688	29.819
14	4.075	4.660	5.629	6.571	7.790	10.165	17.117	21.064	23.685	26.119	29.141	31.319
15	4.601	5.229	6.262	7.261	8.547	11.037	18.245	22.307	24.996	27.488	30.578	32.801
16	5.142	5.812	6.908	7.962	9.312	11.912	19.369	23.542	26.296	28.845	32.000	34.267
17	5.697	6.408	7.564	8.672	10.085	12.792	20.489	24.769	27.587	30.191	33.409	35.718
18	6.265	7.015	8.231	9.390	10.865	13.675	21.605	25.989	28.869	31.526	34.805	37.156
19	6.844	7.633	8.907	10.117	11.651	14.562	22.718	27.204	30.144	32.852	36.191	38.582
20	7.434	8.260	9.591	10.851	12.443	15.452	23.828	28.412	31.410	34.170	37.566	39.997
21	8.034	8.897	10.283	11.591	13.240	16.344	24.935	29.615	32.671	35.479	38.932	41.401
22	8.643	9.542	10.982	12.338	14.042	17.240	26.039	30.813	33.924	36.781	40.289	42.796

续附表4

n \ α	0.995	0.99	0.975	0.95	0.90	0.75	0.25	0.10	0.05	0.025	0.01	0.005
23	9.260	10.196	11.689	13.091	14.848	18.137	27.141	32.007	35.172	38.076	41.638	44.181
24	9.886	10.856	12.401	13.848	15.659	19.307	28.241	33.196	36.415	39.364	42.980	45.559
25	10.520	11.524	13.120	14.611	16.473	19.939	29.339	34.382	37.652	40.646	44.314	46.928
26	11.160	12.198	13.844	15.379	17.292	20.843	30.435	35.563	38.885	41.923	45.642	48.290
27	11.808	12.879	14.573	16.151	18.114	21.749	31.528	36.741	40.113	43.194	46.963	49.645
28	12.461	13.565	15.308	16.928	18.939	22.657	32.620	37.916	41.337	44.461	48.278	50.993
29	13.121	14.257	16.047	17.708	19.768	23.567	33.711	39.087	42.557	45.722	49.588	52.336
30	13.787	14.954	16.791	18.493	20.599	24.478	34.800	40.256	43.773	46.979	50.892	53.672
31	14.458	15.655	17.539	19.281	21.434	25.390	35.887	41.422	44.985	48.232	52.191	55.003
32	15.134	16.362	18.291	20.072	22.271	26.304	36.973	42.585	46.194	49.480	53.486	56.328
33	15.815	17.074	19.047	20.807	23.110	27.219	38.053	43.475	47.400	50.725	54.776	57.648
34	16.501	17.789	19.806	21.664	23.952	28.136	39.141	44.903	48.602	51.966	56.061	58.964
35	17.192	18.509	20.569	22.465	24.797	29.054	40.223	46.059	49.802	53.203	57.342	60.275
36	17.887	19.233	21.336	23.269	25.613	29.973	41.304	47.212	50.998	54.437	58.619	61.581
37	18.586	19.960	22.106	24.075	26.492	30.893	42.383	48.363	52.192	55.668	59.892	62.883
38	19.289	20.691	22.878	24.884	27.343	31.815	43.642	49.513	53.384	56.896	61.162	64.181
39	19.996	21.426	23.645	25.695	28.169	32.737	44.593	50.660	54.572	58.120	62.428	65.476
40	20.707	22.164	24.433	26.509	29.051	33.660	45.616	51.805	55.758	59.342	63.691	66.766
41	21.421	22.906	25.215	27.326	29.907	34.585	46.692	52.949	53.942	60.561	64.950	68.053
42	22.138	23.650	25.999	28.144	30.765	35.510	47.766	54.090	58.124	61.777	66.206	69.336
43	22.859	24.398	26.785	28.965	31.625	36.430	48.840	55.230	59.304	62.990	67.459	70.606
44	23.584	25.143	27.575	29.787	32.487	37.363	49.913	56.369	60.481	64.201	68.710	71.893
45	24.311	25.901	28.366	30.612	33.350	38.291	50.985	57.505	61.656	65.410	69.957	73.166

附表5　t 分布上侧分位数表

$$P\{t(n)>t_{\alpha}(n)\}=\alpha$$

n \ α	0.25	0.10	0.05	0.025	0.01	0.005
1	1.000 0	3.077 7	6.313 8	12.706 2	31.820 7	63.657 4
2	0.816 5	1.885 6	2.920 0	4.302 7	6.964 6	9.924 8
3	0.764 9	1.637 7	2.353 4	3.182 4	4.540 7	5.840 9
4	0.740 7	1.533 2	2.131 8	2.776 4	3.746 9	4.604 1
5	0.726 7	1.475 9	2.015 0	2.570 6	3.364 9	4.032 2
6	0.717 6	1.439 8	1.943 2	2.446 9	3.142 7	3.707 4
7	0.711 1	1.414 9	1.894 6	2.364 6	2.998 0	3.499 5
8	0.706 4	1.396 8	1.859 5	2.306 0	2.896 5	3.355 4
9	0.702 7	1.383 0	1.833 1	2.262 2	2.821 4	3.249 8
10	0.699 8	1.372 2	1.812 5	2.228 1	2.763 8	3.249 8
11	0.697 4	1.363 4	1.795 9	2.201 0	2.718 1	3.105 8
12	0.695 5	1.356 2	1.782 3	2.178 8	2.681 0	3.054 5
13	0.693 8	1.350 2	1.770 9	2.160 4	2.650 3	3.012 3
14	0.692 4	1.345 0	1.761 3	2.144 8	2.624 5	2.976 8
15	0.691 2	1.340 6	1.753 1	2.131 5	2.602 5	2.946 7
16	0.690 1	1.336 8	1.745 9	2.119 9	2.583 5	2.920 8
17	0.689 2	1.333 4	1.739 6	2.109 8	2.566 9	2.898 2
18	0.688 4	1.330 4	1.734 1	2.100 9	2.552 4	2.878 4
19	0.687 6	1.327 7	1.729 1	2.093 0	2.539 5	2.860 9
20	0.687 0	1.325 3	1.724 7	2.086 0	2.528 0	2.845 3
21	0.686 4	1.323 2	1.720 7	2.079 6	2.517 7	2.831 4
22	0.685 8	1.321 2	1.717 1	2.073 9	2.508 3	2.818 8
23	0.685 3	1.319 5	1.713 9	2.068 7	2.499 9	2.807 3

续附表5

n \ α	0.25	0.10	0.05	0.025	0.01	0.005
24	0.684 8	1.317 8	1.710 9	2.063 9	2.192 2	2.796 9
25	0.684 4	1.316 3	1.708 1	2.059 5	2.485 1	2.787 4
26	0.684 0	1.315 0	1.705 8	2.055 5	2.478 6	2.778 7
27	0.683 7	1.313 7	1.703 3	2.051 8	2.472 7	2.770 7
28	0.683 4	1.312 5	1.701 1	2.048 4	2.467 1	2.763 3
29	0.683 0	1.311 4	1.699 1	2.045 2	2.462 0	2.756 4
30	0.682 8	1.310 4	1.697 3	2.042 3	2.457 3	2.750 0
31	0.682 5	1.309 5	1.695 5	2.039 5	2.452 8	2.744 0
32	0.682 2	1.308 6	1.693 9	2.036 9	2.448 7	2.738 5
33	0.682 0	1.307 7	1.692 4	2.034 5	2.444 8	2.733 3
34	0.681 8	1.307 0	1.690 9	2.032 2	2.441 1	2.728 4
35	0.681 6	0.306 2	1.689 6	2.030 1	2.437 7	2.723 8
36	0.681 4	1.305 5	1.688 3	2.028 1	2.434 5	2.719 5
37	0.681 2	1.304 9	1.687 1	2.026 2	2.431 4	2.715 4
38	0.681 0	1.304 2	1.686 0	2.024 4	2.428 6	2.711 6
39	0.680 8	1.303 6	1.684 9	2.022 7	2.425 8	2.707 9
40	0.680 7	1.303 1	1.683 9	2.021 1	2.423 3	2.704 5
41	0.680 5	1.302 5	1.682 9	2.019 5	2.420 8	2.701 2
42	0.680 4	1.302 0	1.682 0	2.018 1	2.418 5	2.698 1
43	0.680 2	1.301 6	1.681 1	2.016 7	2.416 3	2.695 1
44	0.680 1	1.301 1	1.680 2	2.015 4	2.414 1	2.692 3
45	0.680 0	1.300 6	1.679 4	2.014 1	2.412 1	2.680 6

附表6　相关系数临界值表

$P\{|r|>r_\alpha\}=\alpha$

$n-2$ \ α	0.10	0.05	0.02	0.01	0.001
1	0.987 69	0.996 92	0.999 507	0.999 877	0.999 998 8
2	0.900 00	0.950 00	0.980 00	0.990 00	0.999 00
3	0.805 4	0.878 3	0.934 33	0.958 73	0.991 16
4	0.729 3	0.811 4	0.882 2	0.917 20	0.974 06
5	0.669 4	0.754 5	0.832 9	0.874 5	0.950 74
6	0.621 5	0.706 7	0.788 7	0.834 3	0.924 93
7	0.582 2	0.666 4	0.749 8	0.797 7	0.898 2
8	0.549 4	0.631 9	0.715 5	0.764 6	0.872 1
9	0.521 4	0.602 1	0.685 1	0.734 8	0.847 1
10	0.497 3	0.576 0	0.658 1	0.707 9	0.823 3
11	0.476 2	0.552 9	0.633 9	0.683 5	0.801 0
12	0.457 5	0.532 4	0.612 0	0.661 4	0.780 0
13	0.440 9	0.513 9	0.592 3	0.641 1	0.760 3
14	0.425 9	0.497 3	0.574 2	0.622 6	0.742 0
15	0.412 4	0.482 1	0.557 7	0.605 5	0.724 6
16	0.400 0	0.468 3	0.542 5	0.589 7	0.708 4
17	0.388 7	0.455 5	0.528 5	0.575 1	0.693 2
18	0.378 3	0.443 8	0.515 5	0.561 4	0.678 7
19	0.368 7	0.432 9	0.503 4	0.548 7	0.665 2
20	0.359 8	0.422 7	0.492 1	0.536 8	0.652 4
25	0.323 3	0.380 9	0.445 1	0.486 9	0.597 4
30	0.296 0	0.349 4	0.409 3	0.448 7	0.554 1
35	0.274 6	0.324 6	0.381 0	0.418 2	0.518 9
40	0.257 3	0.304 4	0.357 8	0.403 2	0.489 6
45	0.242 8	0.287 5	0.338 4	0.372 1	0.464 8
50	0.230 6	0.273 2	0.321 8	0.354 1	0.443 3
60	0.210 8	0.250 0	0.294 8	0.324 8	0.407 8
70	0.195 4	0.231 9	0.273 7	0.301 7	0.379 9
80	0.182 9	0.217 2	0.256 5	0.283 0	0.356 8
90	0.172 6	0.205 0	0.242 2	0.267 3	0.337 5
100	0.163 8	0.194 6	0.233 1	0.254 0	0.321 1

参考答案

习题一

1. (1)$\Omega=\{(0,0,0),(0,0,1),(0,1,0),(1,0,0),(0,1,1),(1,0,1),(1,1,0),(1,1,1)\}$

(2)$\Omega=\{(x,y,z)\mid x,y,z=1,2,3,4,5,6\}$;(3)$\Omega=\{0,1,2,\cdots\}$;(4)$\Omega=\{t\mid t\geqslant 0\}$

2. (1)$A=\{2,4,6,8,10\}$,$B=\{1,2,3,4\}$;

(2)$A+B=\{1,2,3,4,6,8,10\}$,$AB=\{2,4\}$,$A-B=\{6,8,10\}$,$B\bar{A}=\{1,3\}$

3. (1)$A\supset B$;(2)$A\supset B$　4. $\frac{1}{15}$　5. $\frac{8}{15}$　6. (1) $\frac{9}{245}$;(2) $\frac{16}{49}$　7. $\frac{19}{40}$　8. (1) $\frac{9}{28}$;(2) $\frac{1}{28}$

9. $\frac{3}{8},\frac{9}{16},\frac{1}{16}$　10. 0.212　11. 0.7　12. $\frac{5}{8}$

13. 经计算 $P(AB)=1-P(A+B)$,又 $P(\bar{A}\bar{B})=P(\overline{A+B})=1-P(A+B)$,即 $P(AB)=P(\bar{A}\bar{B})$

14. $p+q-r,r-p$　15. $\frac{1}{3}$　16. $\frac{7}{12}$　17. 0.6　18. $\frac{9}{1\,078}$　19. $\frac{3}{5}$　20. $\frac{16}{125}$　21. (1) $\frac{1}{10}$;(2) $\frac{1}{30}$　22. (1) $\frac{19}{58}$;(2) $\frac{19}{28}$　23. $\frac{3}{5}$　24. 0.44　25. 0.905　26. $\frac{39}{55}$　27. 0.866 3　28. 0.545　29. (1)0.96;(2)0.5　30. (1)0.988;(2)0.829　31. $\frac{7}{12}$　32. 0.5　33. (1) $\frac{11}{60}$;(2) $\frac{4}{11}$　34. $\frac{2}{3}$　35. (1)0.29;(2)0.44;(3)0.94　36. 6　37. $\frac{2}{3}$　38. 0.999 5　39. 0.532 8　40. 0.75

习题二

1. (1) 能;(2) 不能;(3) 不能

2.

X	0	1	2
p_k	$\frac{22}{35}$	$\frac{12}{35}$	$\frac{1}{35}$

3.

X	1	2	3
p_k	$\frac{4}{7}$	$\frac{2}{7}$	$\frac{1}{7}$

4. (1)

X	0	1	2	3	4
p_k	0.7	0.21	0.063	0.018 9	0.008 1

(2)0.91;(3)0.081 9

5. (1)

X	1	2	3	4
p_k	$\frac{3}{4}$	$\frac{9}{44}$	$\frac{9}{220}$	$\frac{1}{220}$

(2)

Y	0	1	2	3
p_k	$\frac{3}{4}$	$\frac{9}{44}$	$\frac{9}{220}$	$\frac{1}{220}$

6. $a=1$ 7. $c=\frac{1}{2}$ 8. $\frac{1}{3}$ 9. (1)0.009 0;(2)0.998 4 10. (1) $\frac{1}{32}$;(2) $\frac{5}{32}$;(3) $\frac{31}{32}$ 11. $\frac{19}{27}$ 12. $\frac{1}{e}$ 13. (1)0.104 196;(2)0.008 132 14. 0.168 031

15. (1) $F(x)=\begin{cases}0, & x<-2\\ \frac{1}{5}, & -2\leqslant x<-1\\ \frac{11}{30}, & -1\leqslant x<0\\ \frac{7}{10}, & 0\leqslant x<1\\ 1, & x\geqslant 1\end{cases}$;(2) $\frac{4}{5}$

16.

X	0	1	2	3
p_k	0.786 44	0.202 23	0.011 23	0.000 10

$$F(x)=\begin{cases}0, & x<0\\ 0.786\ 44, & 0\leqslant x<1\\ 0.988\ 67, & 1\leqslant x<2\\ 0.999\ 90, & 2\leqslant x<3\\ 1, & x\geqslant 3\end{cases}$$

17.

X	-1	1	3
p_k	0.4	0.4	0.2

18. 是

19. (1) $c=\frac{1}{\pi}$;(2) $\frac{1}{3}$

20. $a=1, b=\frac{1}{2}$

21. (1) $A=6$;(2) $F(x)=\begin{cases}0, & x<0\\ x^2(3-2x), & 0\leqslant x<1\\ 1, & x\geqslant 1\end{cases}$

22. (1) $a=\pi$;(2) $F(x)=\begin{cases}0, & x<0\\ \frac{x^2}{\pi^2}, & 0\leqslant x<\pi\\ 1, & x\geqslant \pi\end{cases}$

23. (1)$A=\frac{1}{2},B=\frac{1}{\pi}$;(2) $\frac{1}{2}$

24. (1)$A=1$;(2)0.5;(3)$f(x)=\begin{cases}\frac{1}{2\sqrt{x}}, & 0<x<1\\ 0, & \text{其他}\end{cases}$

25. $F(x)=\begin{cases}0, & x<1\\ 2(x+\frac{1}{x}-2), & 1\leqslant x<2\\ 1, & x\geqslant 2\end{cases}$

26. 0.6

27. (1)0.998 65;(2)0;(3)0.009 39

28. (1)0.021 4;(2)0.109 3;(3)0.983 6

29. (1)0.433 19;(2)0.006 21;(3)0.682 6

30. (1)0.682 6;(2)0.054 80

31. $\mu=5.08,\sigma=2$

32. $c=3.92,d=6$

33.

Y	0	1	4
p_k	0.3	0.5	0.2

34. (1)$f_Y(y)=\begin{cases}\frac{1}{y}, & 1<y<\mathrm{e}\\ 0, & \text{其他}\end{cases}$;(2) $f_Z(z)=\begin{cases}\mathrm{e}^{-z}, & z>0\\ 0, & \text{其他}\end{cases}$

35. $f_Y(y)=\begin{cases}\frac{2}{\pi\sqrt{1-y^2}}, & 0<y<1\\ 0, & \text{其他}\end{cases}$

36. $f_Y(y)=\begin{cases}\frac{1}{2\sqrt{y}}\mathrm{e}^{-\sqrt{y}}, & y>0\\ 0, & \text{其他}\end{cases}$

37. $f_Y(y)=\begin{cases}\frac{1}{2}\left(\frac{y-3}{2}\right)^3\mathrm{e}^{-\left(\frac{y-3}{2}\right)^2}, & y>3\\ 0, & \text{其他}\end{cases}$

38. 略

习题三

1.

$X \backslash Y$	0	3
0	0	$\frac{1}{8}$
1	$\frac{3}{8}$	0
2	$\frac{3}{8}$	0
3	0	$\frac{1}{8}$

2. 设目标被击中时甲射击了 X 次，乙射击了 Y 次，(X,Y) 联合概率分布为

$$P\{X=k,Y=k-1\}=0.2^{k-1}\times 0.6, P\{X=k,Y=k\}=0.2^k, k=1,2,\cdots$$

3. $P\{X=i\}=\frac{2+i}{7}, i=1,2; P\{Y=j\}=\frac{3+2j}{21}, j=1,2,3$

4.

$X \backslash Y$	0	1	2	3	$p_{i\cdot}$
0	0	0	$\frac{7}{40}$	$\frac{7}{24}$	$\frac{7}{15}$
1	0	$\frac{7}{60}$	$\frac{7}{20}$	0	$\frac{7}{15}$
2	$\frac{1}{120}$	$\frac{7}{120}$	0	0	$\frac{1}{15}$
$p_{\cdot j}$	$\frac{1}{120}$	$\frac{7}{40}$	$\frac{21}{40}$	$\frac{7}{24}$	1

5. $P\{X<Y\}=\frac{1}{2}$, $P\{X>Y\}=\frac{1}{2}$, $P\{X=Y\}=0$

6. (1) $\frac{1}{\pi R^2}$;

(2) $f_X(x)=\begin{cases}\frac{2}{\pi R^2}\sqrt{R^2-x^2}, & -R<x<R\\ 0, & \text{其他}\end{cases}$, $f_Y(y)=\begin{cases}\frac{2}{\pi R^2}\sqrt{R^2-y^2}, & -R<y<R\\ 0, & \text{其他}\end{cases}$;

(3) $\frac{a^2}{R^2}$

7. (1) $F_X(x)=\begin{cases}0, & 0<x<1\\ x^2, & x\geqslant 1\\ 1, & \text{其他}\end{cases}$, $F_Y(y)=\begin{cases}1-e^{-y}, & y>0\\ 0, & y\leqslant 0\end{cases}$;

(2) $f(x,y)=\begin{cases}2xe^{-y}, & 0<x<1, y>0\\ 0, & \text{其他}\end{cases}$

8. $f_X(x)=\begin{cases}2.4x^2(2-x), & 0<x<1\\ 0, & \text{其他}\end{cases}$, $f_Y(y)=\begin{cases}2.4y(3-4y+y^2), & 0<y<1\\ 0, & \text{其他}\end{cases}$

9. (1)

X	1	2
p_k	$\frac{1}{3}$	$\frac{1}{3}+\alpha+\beta$

Y	1	2	3
p_k	$\frac{1}{2}$	$\frac{1}{9}+\alpha$	$\frac{1}{18}+\beta$

(2) $\alpha=\frac{2}{9}$, $\beta=\frac{1}{9}$

10. (1)

X \ Y	0	1	$p_{i\cdot}$
−1	$\frac{1}{4}$	0	$\frac{1}{4}$
0	0	$\frac{1}{2}$	$\frac{1}{2}$

1	$\frac{1}{4}$	0	$\frac{1}{4}$
$p_{\cdot j}$	$\frac{1}{2}$	$\frac{1}{2}$	1

(2)X 与 Y 不相互独立

11. X 与 Y 不相互独立

12. (1)$A=2$;(2)$1-2e^{-1}+e^{-2}$;(3)X 与 Y 相互独立

13. $f_X(x)=\begin{cases}\frac{2}{3}x, & 1<x<2\\ 0, & \text{其他}\end{cases}$, $f_Y(y)=\begin{cases}\frac{2}{3}, & 0<y<1\\ \frac{2}{3}(2-y), & 1\leqslant y<2\\ 0, & \text{其他}\end{cases}$

14. 0.96

15. $\frac{2}{3}$

16. (1)$P\{X=-1\}=P\{X=0\}=0.5$;

(2)

$X+Y$	-2	-1	0	1
p_k	0.1	0.35	0.4	0.15

17. $\frac{1}{3}$

18.

Z	0	1	2	3	4
p_k	$\frac{1}{36}$	$\frac{1}{9}$	$\frac{5}{18}$	$\frac{1}{3}$	$\frac{1}{4}$

19. $f_Z(z)=\begin{cases}e^{-\frac{z}{2}}(-1+e^{\frac{z}{6}}), & z>0\\ 0, & \text{其他}\end{cases}$

习题四

1. 0.5　2. $\frac{2}{3}$　3. 1　4. $\frac{1}{3},\frac{2}{3},\frac{35}{24}$　5. $\frac{4}{3}$,3　6. 0.5,0.3, −0.1,0.3　7. $k=3,\alpha=2$　8. −1　9. 10　10. 甲好　11. 27,2.7　12. 0.3,0.319,0.4,1.409　13. $\frac{1}{6}$　14. 68　15. 6, $\frac{4}{3},\frac{28}{3}$　16. (1)$a=2,b=0$;(2) $\frac{2}{9}$　17. (1)1,1;(2)1,4;(3)$1-e^{-6}$　18. 0,1　19. $\frac{5}{252},\frac{17}{448}$　20. (1)2;(2) $\frac{1}{4},\frac{7}{144}$　21. $\frac{2}{3}$,0,0　22. 85,37　23. (1) $\frac{1}{8}$;(2) $\frac{7}{6},\frac{7}{6}$;(3) $\frac{11}{36},\frac{11}{36}$;(4) $-\frac{1}{36}$;(5) $-\frac{1}{11}$

习题五

1. 略　2. 0.4　3. 18 750　4. 略　5. μ　6. 0.822 8　7. 0.997 3　8. 147　9. 0.066 81　10. 250,68

习题六

1. (1)、(3)、(4)、(6) 为统计量;(2)、(5) 不是统计量

2. $\bar{x}=0.6;s^2=0.3$

3. (1)$\bar{X}\sim N\left(52,\frac{6.3^2}{36}\right)$;(2)0.829 3

4. $E(\bar{X})=n;D(\bar{X})=2$

5. 0.728 6　6. 0.1　7. 0.682 6

8. $a=\frac{1}{20},b=\frac{1}{100},Y\sim\chi^2(2)$

9. (1)31.410;(2)10.851;(3)2.763 8

10. $T\sim t(4),t_0=4.604\ 1$

习题七

1. 6.35, 5.5×10^{-4}　2. 2.68　3. $\frac{2}{25}$　4. $3\overline{X}$　5. $\frac{\overline{X}}{1-\overline{X}}$　6. (1) $\frac{ab}{c}$; (2) $\frac{ab}{c}-a-b+c$

7. $E(\hat{\theta})=\frac{2}{3}E(\overline{X})=\theta$　8. $\frac{1}{2(n-1)}$

9. (1) 略; (2) $a=\frac{n_1}{n_1+n_2}$, $b=\frac{n_2}{n_1+n_2}$, $D(Y)=\frac{\sigma^2}{n_1+n_2}$

10. (4.413 4, 4.554 6)

11. (2.225 9, 2.234 1), (2.223, 2.237)

12. (500.445, 507.055)

13. (33.761 0, 271.559 6)

14. (9.346, 34.473)

15. 1 064.9　16. 153

习题八

1. 略　2. 略　3. 略

4. 不可以认为过去该市轻工产品月产值占工业产品总月产值百分比的平均数为32.50%.

5. 不正确.

6. 可以认为这次考试全体考生的平均成绩为70分.

7. 不可以接受厂家声称的15公斤这个数字.

8. 可以认为这天洗衣粉包装机工作不正常.

9. 可以认为平均含碳量仍为4.55.

10. 认为这批元件不合格.

11. 可认为自动售货机售出的清凉饮料平均含量为222毫升.

12. 可以认为这批产品的指标的期望值μ不低于1 600.

13. 可以认为今天每辆汽车的平均停放时间比其他天显著偏长.

14. 不能认为该班英语成绩为85分.

15. 有显著性差异.

16. 可以认为装配时间的均值明显的大于10.

17. 不可以认为新工艺对此元件的(平均)电阻有显著影响.

18. 尼古丁的含量有所增加.

19. 可以认为抗拉强度提高了.

20. 可认为总体方差 $\sigma^2 = 0.03$.

21. (1) 拒绝 H_0,不认为 $\mu = 3$;(2) 接受 H_0,可以认为 $\sigma^2 = 2.5$.

22. 可以认为总体标准差 $\sigma = 6$.

23. 不能得出总体方差小于15的结论.

24. 接受 $\sigma \geqslant 0.04\%$.

习题九

1. $\hat{y} = 50.32 + 16.00x$,$\hat{y} = 51.1792 + 8.7298x$

2. (1)$r = -0.91$,线性相关关系显著;(2)$\hat{y} = 77.3636 - 1.8181x$;(3)1.82 元

3. (1)$\hat{y} = -17.92 + 0.0955x$;(2)29.83

4. (1)$\hat{y} = 244.5455 + 0.5091x$;(2) 消费支出在931.84 ~ 1 186.37 元之间的概率为95%.

参考文献

[1]邓华玲. 概率统计方法与应用[M]. 北京:中国农业出版社,2008.
[2]茆诗松,程一明,濮晓龙. 概率论与数理统计教程[M]. 北京:高等教育出版社,2004.
[3]龙永红. 概率论与数理统计中的典型例题分析与习题[M]. 北京:高等教育出版社,2009.
[4]吴传生,彭斯俊,陈盛双,等. 经济数学——概率论与数理统计[M]. 北京:高等教育出版社,2004.
[5]盛骤,谢式千,潘承毅. 概率论与数理统计[M]. 北京:高等教育出版社,1979.
[6]龚德恩,范培华,胡显佑. 经济数学基础:第三册[M]. 成都:四川人民出版社,2005.
[7]顾静相,张旭红. 经济数学基础:下册[M]. 北京:高等教育出版社,2000.
[8]周概容. 概率论与数理统计[M]. 北京:高等教育出版社,2008.
[9]彭美云,凌卫平,朱玉龙,等. 应用概率统计[M]. 北京:机械工业出版社,2009.
[10]叶中行,王蓉华,徐晓岭,等. 概率论与数理统计[M]. 北京:北京大学出版社,2009.
[11]何良材,田玉芳,李新. 经济管理数学学习指导与习题全解[M]. 重庆:重庆大学出版社,2006.
[12]孔繁亮,刘龙,洪港. 概率论与数理统计[M]. 哈尔滨:哈尔滨工业大学出版社,2010.
[13]李天民. 管理会计学[M]. 北京:中央广播电视大学出版社,1984.
[14]沈恒范. 概率论与数理统计教程[M]. 北京:高等教育出版社,1995.
[15]吴赣昌. 概率论与数理统计(经管类)[M]. 北京:中国人民大学出版社,2007.
[16]ROGER B,MYERSON. 经济决策的概率模型[M]. 董志强,汤灿晴,译. 北京:机械工业出版社,2009.
[17]吴传生. 经济数学[M]. 北京:高等教育出版社,2003.
[18]姜启源. 数学模型[M]. 北京:高等教育出版社,1992.
[19]钱小军. 数量方法[M]. 北京:高等教育出版社,1998.
[20]李允. 经济应用数学[M]. 哈尔滨:黑龙江科技出版社,2002.
[21]李允. 企业管理的数学方法论[M]. 哈尔滨:哈尔滨出版社,1994.

读者反馈表

尊敬的读者：

您好！感谢您多年来对哈尔滨工业大学出版社的支持与厚爱！为了更好地满足您的需要，提供更好的服务，希望您对本书提出宝贵意见，将下表填好后，寄回我社或登录我社网站（http://hitpress.hit.edu.cn）进行填写。谢谢！您可享有的权益：

☆ 免费获得我社的最新图书书目　　☆ 可参加不定期的促销活动

☆ 解答阅读中遇到的问题　　☆ 购买此系列图书可优惠

读者信息

姓名________　□先生　□女士　年龄______　学历______

工作单位________________　职务________

E-mail ________________　邮编________

通讯地址________________

购书名称________________　购书地点________________

1. 您对本书的评价

内容质量　□很好　□较好　□一般　□较差

封面设计　□很好　□一般　□较差

编排　□利于阅读　□一般　□较差

本书定价　□偏高　□合适　□偏低

2. 在您获取专业知识和专业信息的主要渠道中，排在前三位的是：

①________　②________　③________

A. 网络 B. 期刊 C. 图书 D. 报纸 E. 电视 F. 会议 G. 内部交流 H. 其他：______

3. 您认为编写最好的专业图书（国内外）

书名	著作者	出版社	出版日期	定价

4. 您是否愿意与我们合作，参与编写、编译、翻译图书？

____

5. 您还需要阅读哪些图书？

____

网址：http://hitpress.hit.edu.cn

技术支持与课件下载：网站课件下载区

服务邮箱 wenbinzh@hit.edu.cn　duyanwell@163.com

邮购电话 0451－86281013　0451－86418760

组稿编辑及联系方式　赵文斌（0451－86281226）　杜燕（0451－86281408）

回寄地址：黑龙江省哈尔滨市南岗区复华四道街10号　哈尔滨工业大学出版社

邮编：150006　传真 0451－86414049